DIE ENZYKLOPÄDIE DER

FISCHE

DIE ENZYKLOPÄDIE DER
FISCHE

BERATER

Dr. Stephen Hutchinson
Gastdozent
National Oceanography Centre
Southampton, Großbritannien

NATIONAL GEOGRAPHIC

NATIONAL GEOGRAPHIC

Autorisierte deutsche Ausgabe veröffentlicht von
NATIONAL GEOGRAPHIC DEUTSCHLAND
(G+J/RBA GmbH & Co KG), Hamburg 2008

Titel der englischen Originalausgabe:
The Encyclopedia of Fishes – A Complete Visual Guide.

Text Stephen Hutchinson, Karen McGhee
Illustrationen der Arten MagicGroup s.r.o. (Tschechische Republik)
Illustrationen der biologischen Merkmale Guy Troughton
Karten Andrew Davies Creative Communication, Map Illustrations
Info-Grafiken Andrew Davies Creative Communication
Litho Chroma Graphics (Overseas) Pte Ltd
Druck SNP Leefung Printers Ltd.

Übersetzung Christiane Gsänger, Dr. Gabriele Lehari,
Renate Weinberger, Manfred Wolf
Produktion Print Company Verlagsges.m.b.H.

Printed in China
ISBN 978-3-86690-049-3

NATIONAL GEOGRAPHIC SOCIETY
INCORPORATED A.D. 1888

INHALT

8 Vorwort
10 Wegweiser durch das Buch

12 EINFÜHRUNG
14 Fische
16 Evolution der Fische
20 Systematik
22 Biologie und Verhalten
30 Lebensräume und Anpassungen
58 Bedrohte Fischarten

64 FISCHGRUPPEN
66 Kieferlose
68 Haie
84 Rochen und Verwandte
90 Knochenfische
92 *Lungenfische und Verwandte*
94 *Flösselhechte und Verwandte*
96 *Knochenhechte und Schlammfische*
98 *Knochenzünglerartige*
100 *Aalartige und Tarpone*
105 *Heringsfische*
108 *Karpfenfische und Verwandte*
126 *Lachsfische und Verwandte*
134 *Großmünder*
135 *Eidechsenfische und Verwandte*
136 *Laternenfische*
136 *Bartfische*
137 *Glanzfische und Verwandte*
138 *Dorschartige und Verwandte*
142 *Stachelflosser*

200 Glossar
202 Register
208 Bildnachweis

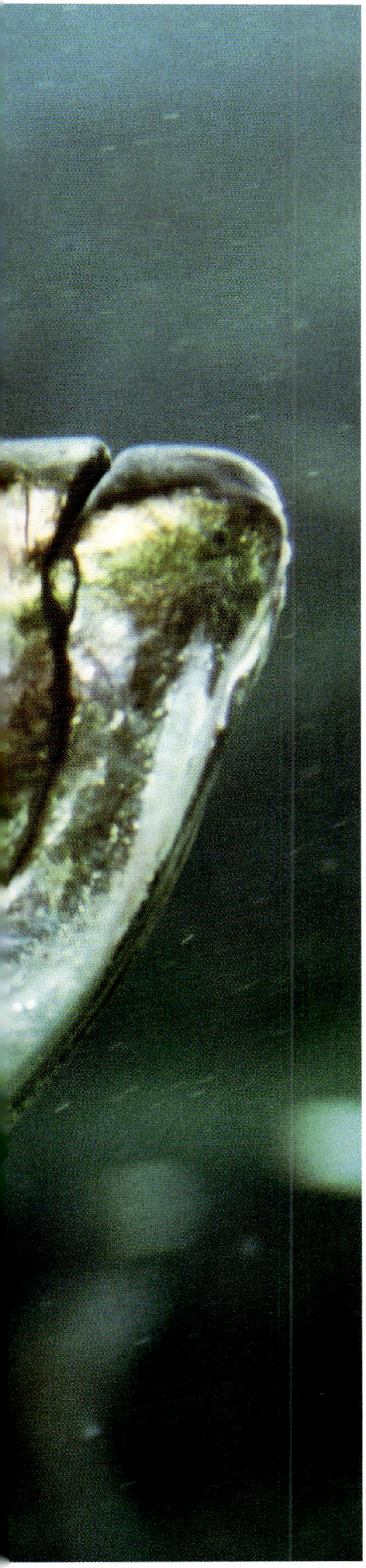

VORWORT

Eine der ersten bekannten wissenschaftlichen Abhandlungen über Fische stammt aus den Schriften des Aristoteles. Vor beinahe zweieinhalb Tausend Jahren hat er die Biologie von 115 verschiedenen Arten beschrieben. Zu allen Zeiten hat der Mensch die Vielfalt, den wirtschaftlichen Wert und die Schönheit der Fische geschätzt. Die paar Jahrtausende menschlichen Interesses stellen in der Geschichte der Fische jedoch nur einen kurzen Moment dar. Über einen Zeitraum von 500 Millionen Jahren hinweg haben sich die Fische von primitiven, kieferlosen, im Wasser lebenden Tieren zur artenreichsten Wirbeltiergruppe der Erde entwickelt.

Ihre erste Blütezeit erlebten die Fische vor etwa 400 Millionen Jahren im Devon, das auch das „Zeitalter der Fische" genannt wird. Doch wegen ihrer weiten Verbreitung und ihrer riesigen Bestände zählen Fische bis heute zu den erstaunlichsten Geschöpfen der Natur, denn sie bevölkern alle Gewässer der Erde und sind in kleinen, eisigen Gebirgsbächen ebenso zu Hause wie in den tiefsten Meeresgräben, im Süß- wie auch im Salzwasser und manchmal sogar außerhalb des Wassers. In all ihren unterschiedlichen Körperformen und Lebensweisen lassen sich auch unsere eigenen Ursprünge als Luft atmende Landtiere mit vier Gliedmaßen erahnen.

Zur Zeit sind der Wissenschaft rund 30000 Fischarten bekannt und laufend werden neue entdeckt. Bei einer Bestandsaufnahme von Wasserlebewesen wurden jüngst in einem einzigen Jahr 100 neue Arten entdeckt. Doch die Überfischung der Bestände von einst im Überfluss vorhandenen Fischarten, die Umweltverschmutzung und die Zerstörung der Lebensräume bedrohen diesen Fischreichtum. *Die Enzyklopädie der Fische* kann zwar nicht jede einzelne Art auflisten, aber sie bietet einen Einblick in die Arten- und Formenvielfalt einer Gruppe von Tieren, die eine Schlüsselrolle in den Ökosystemen der Gewässer spielt und die die zahl- sowie artenreichsten aller Wirbeltiere unseres Planeten darstellt.

DR. STEPHEN HUTCHINSON
Gastdozent am National Oceanography Centre in Southampton, Großbritannien

WEGWEISER DURCH DAS BUCH

Der erste Abschnitt dieses Buchs gibt eine Einführung in das Reich der Fische und beschreibt allgemeine Merkmale, Entwicklungsgeschichte, Taxonomie, Biologie, Verhaltensweisen, Lebensräume, Anpassungen und Artenschutz. Im zweiten Teil werden die Fische gemäß ihrer Systematik aufgelistet, wobei größere Gruppen wie Haie und Rochen oder die Knochenfische in Untergruppen wie Haie, Aalartige oder Welsartige unterteilt sind. Das Buch endet mit einem fachwissenschaftlichen Glossar und einem detaillierten Register.

Globale Verbreitung Eine Karte zeigt die weltweite Verbreitung der jeweiligen Gruppe, gefolgt von genaueren Angaben über die Verbreitung spezieller Untergruppen.

SYMBOLE ZUM LEBENSRAUM

Die folgenden sechs Symbole weisen auf die verschiedenen Lebensräume hin, in denen man eine Art oder Gruppe finden kann. Die Symbole werden das ganze Buch hindurch in derselben Reihenfolge verwendet. Auf den Seiten 30 bis 57 werden die typischen Merkmale der unterschiedlichen Lebensräume näher beschrieben.

- Polarregionen
- Meere
- Korallenriffe
- Mangrovensümpfe
- Küstengebiete wie Sand- und Felsstrände, Dünen, Gezeitentümpel oder Küstengewässer
- Flüsse und Bäche einschließlich ihrer Ufer

Kolumnentitel Hier findet sich die Bezeichnung der jeweiligen Fischgruppe.

Klassifizierung Die farbigen Kästchen zeigen die taxonomischen Gruppen, zu denen die Fische gehören.

Zahlreiche Fotografien Bilder der besten Wildtierfotografen zeigen die Verhaltensweisen und Lebensräume der verschiedenen Arten.

Aus dem Leben der Fische Fotografien, Zeichnungen und informative Texte bieten einen interessanten Einblick in die Lebens- und Verhaltensweisen bestimmter Fischarten.

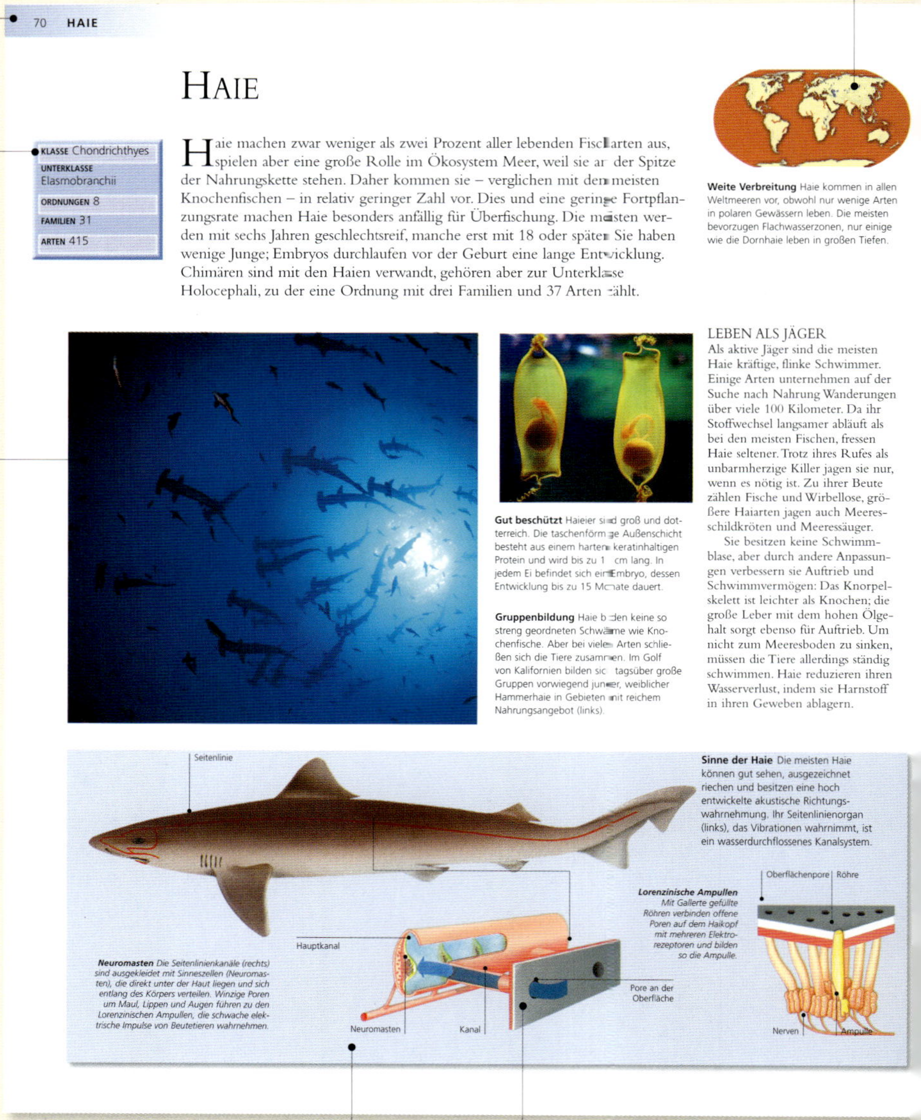
70 HAIE

HAIE

KLASSE	Chondrichthyes
UNTERKLASSE	Elasmobranchii
ORDNUNGEN	8
FAMILIEN	31
ARTEN	415

Haie machen zwar weniger als zwei Prozent aller lebenden Fischarten aus, spielen aber eine große Rolle im Ökosystem Meer, weil sie an der Spitze der Nahrungskette stehen. Daher kommen sie – verglichen mit den meisten Knochenfischen – in relativ geringer Zahl vor. Dies und eine geringe Fortpflanzungsrate machen Haie besonders anfällig für Überfischung. Die meisten werden mit sechs Jahren geschlechtsreif, manche erst mit 18 oder später. Sie haben wenige Junge; Embryos durchlaufen vor der Geburt eine lange Entwicklung. Chimären sind mit den Haien verwandt, gehören aber zur Unterklasse Holocephali, zu der eine Ordnung mit drei Familien und 37 Arten zählt.

Weite Verbreitung Haie kommen in allen Weltmeeren vor, obwohl nur wenige Arten in polaren Gewässern leben. Die meisten bevorzugen Flachwasserzonen, nur einige wie die Dornhaie leben in großen Tiefen.

Gut beschützt Haieier sind groß und dotterreich. Die taschenförmige Außenschicht besteht aus einem harten, keratinhaltigen Protein und wird bis zu 1 cm lang. In jedem Ei befindet sich ein Embryo, dessen Entwicklung bis zu 15 Monate dauert.

Gruppenbildung Haie bilden keine so streng geordneten Schwärme wie Knochenfische. Aber bei vielen Arten schließen sich die Tiere zusammen. Im Golf von Kalifornien bilden sich tagsüber große Gruppen vorwiegend junger, weiblicher Hammerhaie in Gebieten mit reichem Nahrungsangebot (links).

LEBEN ALS JÄGER

Als aktive Jäger sind die meisten Haie kräftige, flinke Schwimmer. Einige Arten unternehmen auf der Suche nach Nahrung Wanderungen über viele 100 Kilometer. Da ihr Stoffwechsel langsamer abläuft als bei den meisten Fischen, fressen Haie seltener. Trotz ihres Rufes als unbarmherzige Killer jagen sie nur, wenn es nötig ist. Zu ihrer Beute zählen Fische und Wirbellose, größere Haiarten jagen auch Meeresschildkröten und Meeressäuger.

Sie besitzen keine Schwimmblase, aber durch andere Anpassungen verbessern sie Auftrieb und Schwimmvermögen: Das Knorpelskelett ist leichter als Knochen; die große Leber mit dem hohen Ölgehalt sorgt ebenso für Auftrieb. Um nicht zum Meeresboden zu sinken, müssen die Tiere allerdings ständig schwimmen. Haie reduzieren ihren Wasserverlust, indem sie Harnstoff in ihren Geweben ablagern.

Sinne der Haie Die meisten Haie können gut sehen, ausgezeichnet riechen und besitzen eine hoch entwickelte akustische Richtungswahrnehmung. Ihr Seitenlinienorgan (links), das Vibrationen wahrnimmt, ist ein wasserdurchflossenes Kanalsystem.

Neuromasten *Die Seitenlinienkanäle (rechts) sind ausgekleidet mit Sinneszellen (Neuromasten), die direkt unter der Haut liegen und sich entlang des Körpers verteilen. Winzige Poren um Maul, Lippen und Augen führen zu den Lorenzinischen Ampullen, die schwache elektrische Impulse von Beutetieren wahrnehmen.*

Lorenzinische Ampullen *Mit Gallerte gefüllte Röhren verbinden offene Poren auf dem Haikopf mit mehreren Elektrorezeptoren und bilden so die Ampulle.*

Wissenswertes In einem farbig unterlegten Kästchen werden besondere Facetten der Biologie oder der Verhaltensweisen einer bestimmten Art erläutert und anhand von Fotografien, Zeichnungen oder Diagrammen genauer beschrieben.

Detailzeichnungen Diagramme und Zeichnungen veranschaulichen Informationen über Körperbau oder Anpassungen.

ANGABEN ÜBER GEFÄHRDUNGSGRAD UND BESTAND

Gefährdungsgrade gemäß der Roten Liste der IUCN (International Union for the Conservation of Nature and Natural Resources; deutsch: Weltnaturschutzunion):

✝ Bedeutet, dass eine Art in folgende Kategorien eingeordnet wird:
Ausgestorben (IUCN) Das letzte Exemplar einer bestimmten Art ist ausgestorben.
In freier Wildbahn ausgestorben (IUCN) Hat nur in Gefangenschaft überlebt oder als Gefangenschaftsflüchtling außerhalb des natürlichen Verbreitungsgebiets.

Bedeutet, dass eine Art in folgende Kategorien eingeordnet wird:
Vom Aussterben bedroht (IUCN) Große Gefahr des Aussterbens in unmittelbarer Zukunft.
Stark gefährdet (IUCN) Große Gefahr des Aussterbens in absehbarer Zeit.

Auch folgende Kategorien werden benutzt:
Gefährdet (IUCN) Mittelfristig große Gefahr des Aussterbens.
Potenziell gefährdet (IUCN) In naher Zukunft wahrscheinlich in eine der oberen Kategorien einzuordnen.
Von Schutzmaßnahmen abhängig (IUCN) Um eine Gefährdung abzuwenden, bedarf es art- und habitatspezifischer Schutzmaßnahmen, um die Einstufung in eine der oberen Kategorien zu verhindern.

Daten ungenügend (IUCN) Die verfügbaren Informationen reichen nicht aus, um den Gefährdungsgrad zu bestimmen.
Unbekannt Der Bestand ist nicht bekannt oder zu wenig erforscht.
Häufig Häufig und zahlreich.
Lokal häufig Große Bestände innerhalb eines bestimmten Gebietes.
Bedingt häufig In bestimmten Gebieten in geringen Beständen weit verbreitet.
Selten Äußerst geringe Bestände in eng begrenzten Lebensräumen.

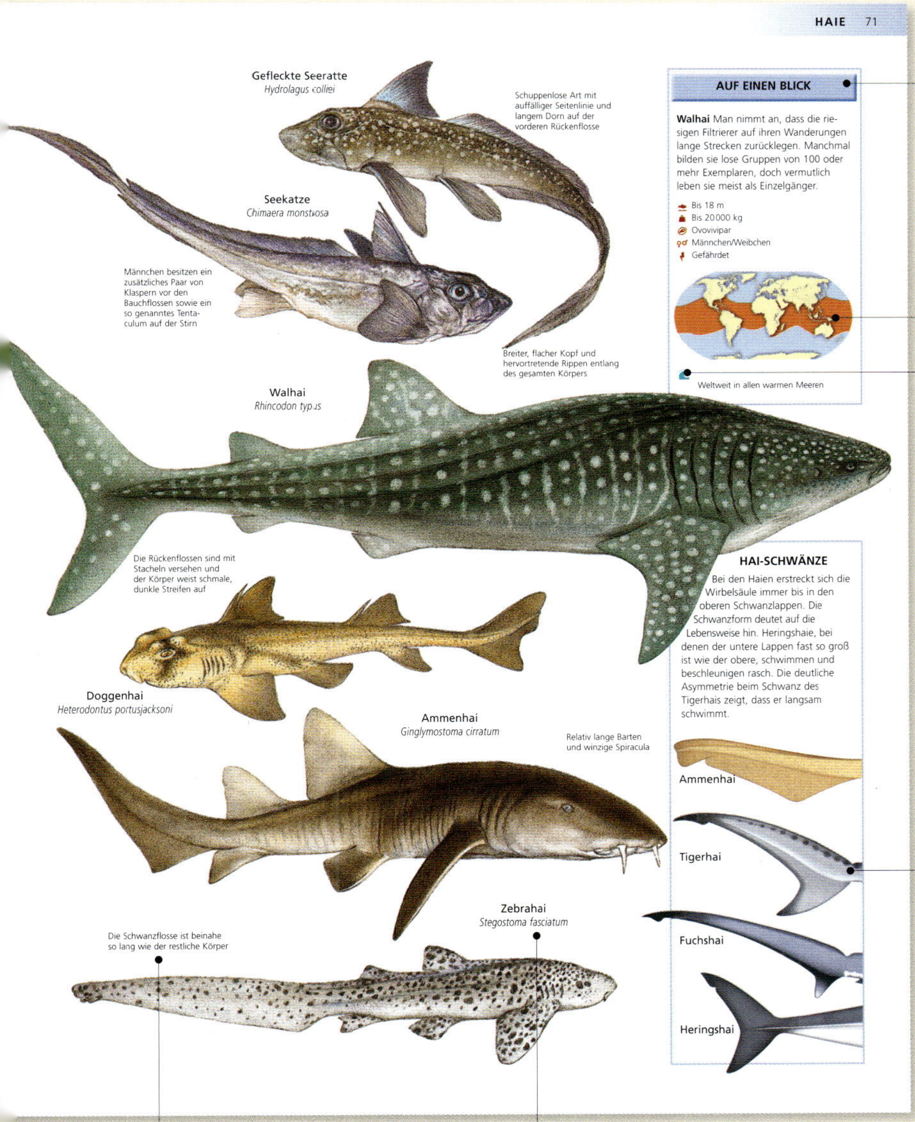
HAIE 71

Gefleckte Seeratte
Hydrolagus colliei

Schuppenlose Art mit auffälliger Seitenlinie und langem Dorn auf der vorderen Rückenflosse

Seekatze
Chimaera monstrosa

Männchen besitzen ein zusätzliches Paar von Klaspern vor den Bauchflossen sowie ein so genanntes Tentaculum auf der Stirn

Breiter, flacher Kopf und hervortretende Rippen entlang des gesamten Körpers

Walhai
Rhincodon typus

AUF EINEN BLICK

Walhai Man nimmt an, dass die riesigen Filtrierer auf ihren Wanderungen lange Strecken zurücklegen. Manchmal bilden sie lose Gruppen von 100 oder mehr Exemplaren, doch vermutlich leben sie meist als Einzelgänger.

Bis 18 m
Bis 20000 kg
Ovovivipar
Männchen/Weibchen
Gefährdet

Weltweit in allen warmen Meeren

Die Rückenflossen sind mit Stacheln versehen und der Körper weist schmale, dunkle Streifen auf

Doggenhai
Heterodontus portusjacksoni

Ammenhai
Ginglymostoma cirratum

Relativ lange Barten und winzige Spiracula

Zebrahai
Stegostoma fasciatum

Die Schwanzflosse ist beinahe so lang wie der restliche Körper

HAI-SCHWÄNZE

Bei den Haien erstreckt sich die Wirbelsäule immer bis in den oberen Schwanzlappen. Die Schwanzform deutet auf die Lebensweise hin. Heringshaie, bei denen der untere Lappen fast so groß ist wie der obere, schwimmen und beschleunigen rasch. Die deutliche Asymmetrie beim Schwanz des Tigerhais zeigt, dass er langsam schwimmt.

Ammenhai
Tigerhai
Fuchshai
Heringshai

Auf einen Blick
Hier werden einige der abgebildeten Arten genauer vorgestellt. Dazu gehören Informationen über Körpergröße, Aussehen, Lebensraum, Fortpflanzung, Wanderungen, Verhaltensweisen oder regionale Variationen.

Verbreitungskarten
In den Karten sind die Verbreitungsgebiete einer Art oder Gruppe je nach Bedarf auf einer Weltkarte oder einem Kartenausschnitt eingezeichnet.

Symbole zum Lebensraum
Die Symbole weisen auf verschiedene Lebensräume hin, z. B. Korallenriffe oder Mangrovensümpfe, und werden auf der gegenüberliegenden Seite erläutert.

Besonderheiten
Abbildungen und Text informieren über besonders interessante Verhaltensweisen oder typische Merkmale einer bestimmten Art oder Gruppe.

Schutzstatus
Hier finden sich erklärende Angaben über den Schutzstatus der beschriebenen Art oder Gruppe gemäß der Roten Liste der IUCN. Zudem informieren diese Kästchen über die Ursachen der bestehenden Gefährdung.

Bemerkungen
Die Texte neben den Abbildungen weisen auf typische Merkmale der Art hin wie z. B. Farbvarianten, Verhalten, Lebensraum, Größe und anatomische Besonderheiten.

Namen
Der gängige deutsche Name sowie die wissenschaftliche Bezeichnung der abgebildeten Art.

FAKTEN UND DATEN

Die Symbole weisen auf spezifische Angaben über die jeweilige Art oder Gruppe hin. Bei Maßen und Gewichten ist stets der Maximalwert angeführt.

Körperlänge
Kopf bis Schwanzspitze

Masse
Körpergewicht

Fortpflanzung
Vivipar (lebend gebärend)
Ovipar (die Eier entwickeln sich außerhalb des mütterl. Körpers)
Ovovivipar (Junge schlüpfen im Körper der Mutter/kurz nach Eiablage)

Geschlecht
Getrenntgeschlechtlich, Zwitter oder im Lauf des Lebens das Geschlecht wechselnd

SCHUTZSTATUS

Von den 221 Arten der Ordnung Osteoglossiformes (Knochenzünglerartige) stehen vier auf der Roten Liste der IUCN:

1 Stark gefährdet
2 Potenziell gefährdet
1 Daten ungenügend

EINFÜHRUNG IN DAS REICH DER FISCHE

FISCHE

STAMM	Chordata
UNTERSTAMM	Vertebrata
KLASSEN	5
ORDNUNGEN	62
FAMILIEN	504
ARTEN	rund 30 000

Mit bisher rund 30 000 beschriebenen Arten und wohl mehreren tausend noch zu entdeckenden Arten machen die Fische über die Hälfte aller lebenden Wirbeltierarten aus. Sie entstanden vor über 500 Millionen Jahren und besiedeln heute beinahe jedes Gewässer vom Eismeer bis zum tropischen Tümpel. Manche Fische leben als Parasiten, während einige wenige sogar kurzzeitig an Land kommen. Fünf Fischklassen haben bis heute überlebt: Inger, Neunaugen, Knorpelfische, Fleischflosser und die Strahlenflosser, die Wirbeltierklasse mit der größten Artenvielfalt.

FORTBEWEGUNG

Durch ihre Flossen unterscheiden sich Fische eindeutig von anderen Wirbeltieren. Zwar haben einige wenige Arten diese im Laufe der Evolution verloren, doch die meisten Fische bewegen sich mit Hilfe ihrer Flossen fort und können durch kontrollierte Flossenschläge eine Vielzahl von Schwimmbewegungen ausführen. Flossen dienen aber nicht nur zum Schwimmen, einige Arten können damit einige Meter weit übers Wasser gleiten. Andere Flossentypen werden sowohl unter Wasser als auch an Land zum „Gehen" verwendet.

Kiemenatmung Wasser wird mit dem Maul aufgenommen und durch die gut durchbluteten Kiemenblättchen geleitet. Jedes besitzt viele Falten und dadurch eine riesige Fläche für den Gasaustausch. Wenn Blut und Wasser in entgegengesetzte Richtungen strömen, wird Sauerstoff aufgenommen und Kohlendioxid abgegeben.

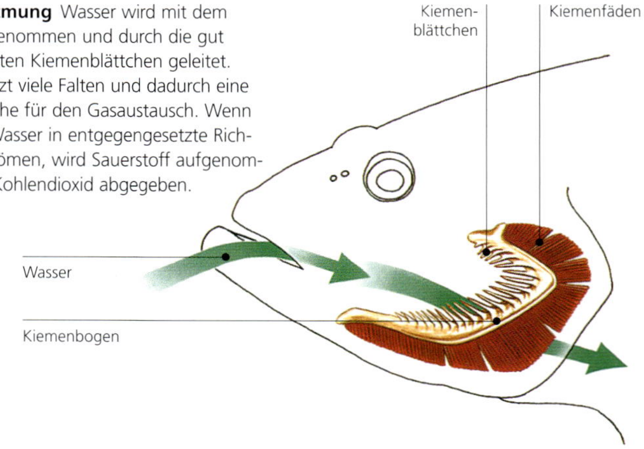

SCHUPPENFORMEN

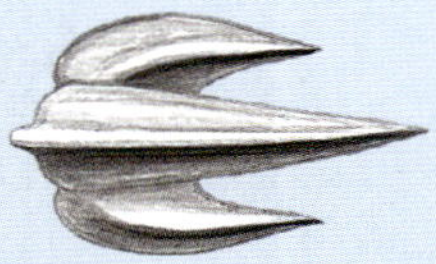
Placoid

Ganoid

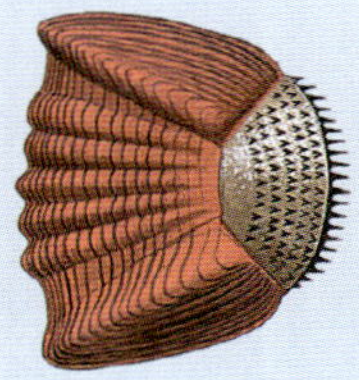
Ctenoid

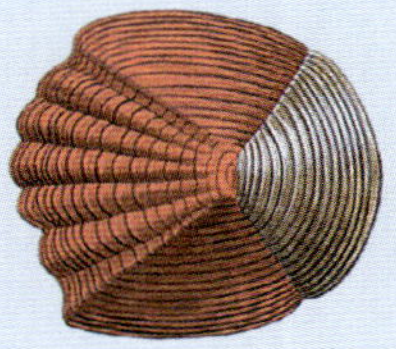
Cycloid

■ Eingebetteter Teil der Schuppe

Schutz durch Schuppen Es gibt verschiedene Schuppenformen: Haie und Rochen besitzen zahnähnliche placoide Schuppen, harte ganoide Schuppen schützen Störe und einige andere alte Arten wie eine Rüstung. Die meisten Knochenfische haben dünne Schuppen, die dachziegelartig ineinander verkeilt und an den Rändern entweder gezackt (ctenoid) oder glatt (cycloid) sind.

Larvenbabys Beim *Acanthurus sohal*, einem Doktorfisch, und den meisten anderen Fischarten entwickeln sich aus den Eiern frei schwimmende Larven, die nach einer Metamorphose die Gestalt adulter Tiere annehmen (rechts). Bei einigen Arten, z.B. dem Schleimfisch *Chasmodes bosquianus,* durchlaufen die Jungen das Larvenstadium im Ei und schlüpfen als winzige erwachsene Fische (unten).

EVOLUTION DER FISCHE

Die ersten Fische waren die kieferlosen Agnathen, die sich höchstwahrscheinlich vor über 530 Millionen Jahren, im Kambrium, aus kleinen kaulquappenförmigen Tieren entwickelten, die Nahrung aus dem Wasser filterten und den heutigen Lanzettfischchen ähnelten. Obwohl sie keine Kiefer hatten, waren viele dieser Arten durch schwere Platten und Schuppen gut vor Räubern geschützt. Über den Aufbau ihrer Skelette weiß man wenig: Sie hatten ein Schädelskelett, aber es ist unklar, ob alle Agnathen Wirbel hatten. Vor mehr als 360 Millionen Jahren, gegen Ende des Devon, verschwanden die meisten Arten und bis heute haben nur zwei Gruppen überlebt: Inger und Neunaugen. Lange nach den ersten kieferlosen Fischen, am Beginn des Silur vor etwa 430 Millionen Jahren, entstanden die ersten Kieferfische, die Gnathostomen, mit den Placodermen als größter Gruppe.

UNTERSCHIEDLICHE ENTWICKLUNGEN

Placodermen waren an Kopf und Schultern durch knöcherne Platten geschützt. Diese Gruppe trat erstmals vor etwa 430 Millionen Jahren im frühen Silur auf und entwickelte im weiteren Verlauf des Paläozoikum eine große Artenvielfalt. Vor 360 Millionen Jahren, zu Beginn des Karbon, starb diese Fischgruppe jedoch wieder aus.

Das Skelett der Knorpelfische, zu denen die vor 400 Milllionen Jahren auftretenden Haie zählen sowie die 200 Millionen Jahre danach entstandenen Rochen, besteht komplett aus Knorpeln. Knorpelfische waren wahrscheinlich von Anfang an im Meer lebende Raubtiere.

Eine weitere frühe Gruppe sind die Acanthodii, die Stachelhaie, die heute ausgestorben sind. Sie wurden früher als primitive Kieferfische angesehen und entweder den Placodermen oder den Knorpelfischen zugeordnet. Erst in jüngster Vergangenheit wurden sie als Nebengruppe der Knochenfische identifiziert.

Frühe Fischart Dieses 50 Millionen Jahre alte Fossil weist bemerkenswerte Ähnlichkeiten mit heutigen Knochenfischen auf.

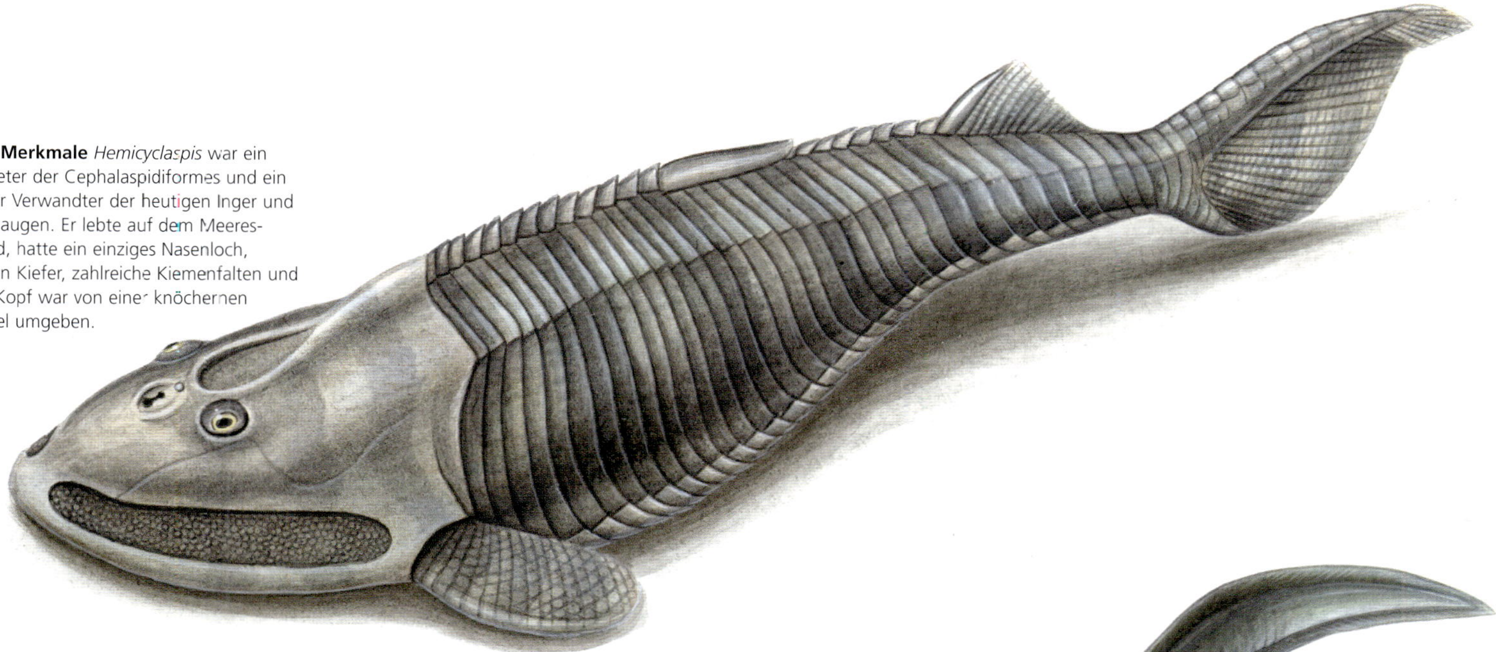

Alte Merkmale *Hemicyclaspis* war ein Vertreter der Cephalaspidiformes und ein ferner Verwandter der heutigen Inger und Neunaugen. Er lebte auf dem Meeresgrund, hatte ein einziges Nasenloch, keinen Kiefer, zahlreiche Kiemenfalten und sein Kopf war von einer knöchernen Kapsel umgeben.

Rauhe Schale Placodermen waren frühe Kieferfische mit charakteristischen Kopf- und Schulterpanzern, von denen eine Untergruppe, die sogenannten Arthrodiren, aus großen, räuberischen Arten bestand, wie zum Beispiel dem monströsen *Dunkleosteus*, der eine Länge von über 1,8 Metern erreichte.

Kieferfische Zu den ersten bekannten Kieferfischen zählten die Acanthodien. Sie hatten haifischähnliche Schwänze, ein stumpfes Kopfprofil und oft große, nach vorne gerichtete Augen. Zu dieser Gruppe zählte auch *Climatius*, der vermutlich ein aktiver Schwimmer war und sich von Wirbellosen ernährte.

Früher Strahlenflosser *Cheirolepis* (oben) kennt man von Mitte des 19. Jahrhunderts in Schottland entdeckten Fossilien. Er ist einer der ältesten bekannten Strahlenflosser und war wahrscheinlich ein Raubfisch des mittleren Devon. Sein haiähnlicher Schwanz ist ein ursprüngliches Merkmal, das bei späteren Strahlenflossern wieder verschwunden ist.

Prähistorische Ähnlichkeiten Unter polarisiertem Licht weist der Querschnitt eines fossilen Knochen der Placodermen-Art *Asterolepis ornata* aus dem mittleren Devon überraschende Ähnlichkeiten mit den Knochen heutiger Fische auf. Die Haverschen Kanäle, in denen Blutgefäße und Nerven verlaufen, erscheinen schwarz (unten links).

Land lieber der Fisch Beobachtet man Schlammspringer (unten) beim Klettern, so kann man sich leicht vorstellen, wie die erste Landbesiedelung ausgesehen haben mag. Ihre Flossen unterscheiden sich jedoch grundlegend von den lappenartigen Flossen der Fische, die zu den Vorfahren der Landwirbeltiere wurden.

KNÖCHERNE ANFÄNGE

Die Gruppe der Osteichthyes oder Knochenfische besteht aus zwei Hauptgruppen: Sarcopterygii und Actinopterygii. Sarcopterygii oder Fleischflosser sind heute nur noch mit sechs Lungenfischarten vertreten und mit zwei Quastenflosserarten, die als Relikte aus dem Zeitalter der Dinosaurier angesehen werden. Die Actinopterygii oder Strahlenflosser bilden die zweite große Gruppe von Knochenfischen, die mit etwa 20000 bekannten Arten etwa die Hälfte aller lebenden Wirbeltiere stellen. Fossilien von Schuppen weisen darauf hin, dass die Strahlenflosser vor etwa 420 Millionen Jahren im ausgehenden Silur entstanden sind, aber der erste vollständige Fossilfund stammt aus dem frühen Devon.

Eine dritte einst große, doch wieder ausgestorbene Gruppe von Knochenfischen, die so genannten Osteolepimorphen, waren möglicherweise erheblich an der Evolution anderer Wirbeltiergruppen beteiligt. Sie lebten im Süßwasser und viele Paläontologen meinen, dass einige Vertreter dieser Gruppe die Vorfahren der ersten Terapoden, der Amphibien, sein könnten.

Urhaie Der seit langem ausgestorbene *Cladoselache*, der vor etwa 370 Millionen Jahren im Zeitalter des Devon lebte, teilte viele körperlichen Merkmale mit heutigen Haien. Er wurde bis zu 1,2 Meter lang und war ein flinker, kräftiger Raubfisch, der große, schnell schwimmende Beutetiere jagte (oben).

Ursprüngliche Gruppe Die Salmlerart *Ctenolucius hujeta* zählt zu einer Ordnung von Süßwasserfischen (Characiformes), die in den Flüssen und Bächen Afrikas und Amerikas leben, was darauf hinweist, dass sie sich schon vor der Bildung dieser beiden Landmassen (vor 150 bis 80 Millionen Jahren) entwickelt haben (unten).

SYSTEMATIK

Die biologische Systematik verfolgt zwei Hauptziele, von denen das erste in der wissenschaftlichen Beschreibung der Arten unseres Planeten besteht, sowohl der lebenden als auch der ausgestorbenen. Die lebenden Organismen werden anhand von Ähnlichkeiten und Unterschieden in bestimmte Kategorien eingeteilt und die einzelnen Arten mit einheitlichen wissenschaftlichen Namen versehen, die auf der ganzen Welt verwendet werden. Die zweite Aufgabe liegt in der Erstellung von Stammbäumen, die der Wissenschaft Informationen über die Evolution der Arten und deren verwandtschaftliche Beziehungen zueinander liefern. Ohne diese Einteilung bestünde unser biologisches Wissen lediglich aus einer Reihe von Fakten. Unsere eigene Entwicklungsgeschichte bliebe im Dunkeln und wir wären nicht in der Lage, unsere biologischen Erkenntnisse zur Arterhaltung, in der Medizin, der Landwirtschaft und der Industrie einzusetzen.

Farbverwirrung Die äußere Erscheinung kann täuschen und muss bei der Klassifikation genau untersucht werden. Zum Beispiel sind Männchen und Weibchen des Purpur-Fahnenbarsches (*Pseudanthias tuka*) unterschiedlich gefärbt und könnten deshalb als verschiedene Arten angesehen werden.

REICH
Animalia
Purpur-Fahnenbarsch, Mensch, Hauskatze, Papagei, Krokodil, Gespenstheuschrecke

STAMM
Chordata
Purpur-Fahnenbarsch, alle anderen Fischarten, Mensch, Hauskatze, Papagei, Krokodil

KLASSE
Actinopterygii
Purpur-Fahnenbarsch, alle anderen Strahlenflosser

ORDNUNG
Perciformes
Purpur-Fahnenbarsch, alle Barschartigen

FAMILIE
Serranidae
Purpur-Fahnenbarsch, Barsche, Sägebarsche

GATTUNG
Pseudanthias
Purpur-Fahnenbarsch, Huchts Fahnenbarsch, Diadem-Fahnenbarsch

ART
Pseudanthias tuka
Purpur-Fahnenbarsch

FISCHE

Alle Untersuchungen von Fischen zeigen, dass es eine immense Vielfalt in dieser Tiergruppe gibt, die sich in unterschiedlichen Körperformen, Anpassungen und bewohnten Lebensräumen äußert. Daher verwenden Biologen den Begriff Fische nicht als taxonomisch definierte Einheit, sondern als allgemeine Bezeichnung für im Wasser lebende Wirbeltiere, z. B. Inger, Neunaugen, Haie, Rochen, Lungenfische, Störe, Knochenhechte und die modernen Strahlenflosser. Es gibt eine Reihe von Systemen zur Einteilung von Fischen, wobei das neueste und am meisten anerkannte (und hier aufgeführte) System von 5 rezenten und 3 ausgestorbenen Klassen ausgeht. Die 5 Klassen sind Inger, Neunaugen, Knorpelfische, Fleischflosser und Strahlenflosser, die in 2 Überklassen unterteilt werden: Kieferlose und Kiefertragende Fische. Die 3 ausgestorbenen Klassen sind: Pteraspidomorpha (Kieferlose Panzerfische), Kiefertragende Placodermi, die mit Knochenplatten besetzt waren, und Acanthodii, kleine echte Knochenfische mit zwei langen Rückenstacheln.

KIEFERLOSE
Überklasse Agnatha
Neunaugen und Inger

Überklasse Agnatha, Seite 67

KIEFERTRAGENDE FISCHE
Überklasse Gnathostomata
(alle unten aufgeführten Gruppen)

KNORPELFISCHE – „Chondrichthyes“
Klasse Chondrichthyes
Haie, Rochen und Verwandte

Unterklasse Elasmobranchii – Plattenkiemer
Haie
Rochen und Verwandte

Unterklasse Holocephali
Chimären, Seedrachen

KNOCHENFISCHE – „Osteichthyes“

Klasse Sarcopterygii – Fleischflosser
Lungenfische und Quastenflosser

Klasse Actinopterygii – Strahlenflosser

Unterklasse Chondrostei
Flösselhechte, Störe und Verwandte

Unterklasse Elasmobranchii, Seite 85

Unterklasse Neopterygii – Neuflosser

Primitive Neopterygii
(Knochenhechte, Schlammfische)

Abteilung Teleostei

Unterabteilung Osteoglossomorpha
Knochenzünglerartige

Unterabteilung Elopomorpha
Aalartige

Unterabteilung Clupeomorpha
Heringsfische

Unterabteilung Euteleostei
(alle nachfolgend aufgeführten Gruppen)

Unterabteilung Osteoglossomorpha, Seite 98

Überordnung Ostariophysi
Karpfenfische und Verwandte

Überordnung Protacanthopterygii
Lachsfische und Verwandte

Überordnung Stenopterygii
Großmünder

Überordnung Cyclosquamata
Eidechsenfische und Verwandte

Überordnung Scopelomorpha
Laternenfische und Verwandte

Überordnung Polymixiomorpha
Bartfische, Schleimkopfartige

Überordnung Lampridiomorpha
Glanzfische und Verwandte

Überordnung Paracanthopterygii
Dorsch-, Anglerfische u. Verwandte

Überordnung Acanthopterygii
Stachelflosser

Überordnung Acanthopterygii, Seite 152

WISSENSCHAFTLICHE NAMEN

Der schwedische Naturforscher Carl von Linné entwickelte im frühen 18. Jahrhundert anhand beobachtbarer Ähnlichkeiten ein Schema zur Benennung und Einteilung verschiedener Organismen, das noch heute für Biologen auf der ganzen Welt den Grundstock zur Klassifizierung bildet. Das Linnésche System versieht jeden Organismus mit einem zweiteiligen Namen: Der erste Teil bezieht sich auf die Gattung, der ein bestimmter Organismus zugeordnet wird und verweist auf alle anderen lebenden oder ausgestorbenen Arten, mit denen der genannte Organismus entwicklungsgeschichtlich eng verwandt ist. Der zweite Teil ist der Artname, der nur einmal innerhalb einer Gattung vergeben werden kann.

Allgemeine Probleme Diese Süßlippenfischart ist unter zahlreichen Namen bekannt. Die überall auf der Welt gebräuchliche wissenschaftliche Bezeichnung *Plectorhinchus picus* verhindert, dass es zu Verwechslungen kommt (rechts).

Familienmerkmal Das Praeoperculum – ein Knochen des Kiemendeckels – von Pfauen-Kaiserfischen (*Pygoplites diacanthus*) ist mit einem Dorn besetzt, ein Merkmal der Familie der Kaiserfische (Pomacanthidae; unten).

BIOLOGIE UND VERHALTEN

Die Entwicklung vieler Anpassungen in Biologie und Verhalten von Fischen wurde durch die physikalischen und chemischen Eigenschaften des Mediums bestimmt, in dem sie leben. Wasser ist dichter als Luft, chemische Signale verteilen sich schneller, und Schallwellen werden weiter getragen als Licht. Wie bei allen Tieren wird das Verhalten der Fische vor allem von der Notwendigleit bestimmt, Futter und Partner zu finden sowie Räubern auszuweichen. Fische erreichen diese Ziele oft durch den Einsatz spezieller Sinnesorgane, von denen manche bei anderen Wirbeltieren nicht vorhanden sind.

SINNESORGANE

Das Sehen ist bei den meisten Fischen gut entwickelt, wird aber oft durch die Wassertiefe eingeschränkt. Möglicherweise verfügen viele Fischarten deshalb über einen hervorragenden Geruchs- sowie Gehörsinn. Zwar haben Fische keine Nasen wie wir, aber Nasenlöcher, mit denen sie Substanzen bereits in kleinsten Mengen riechen.

Der Geruch ist eng mit dem Geschmack verbunden. Die meisten Fische haben keine Zunge, ihre „Geschmacksknospen" oder Chemorezeptoren sind über das Gesicht und manchmal über den ganzen Körper verteilt.

Viele Fische verfügen über ein hochentwickeltes Gehör; einige können Geräusche über beträchtliche Distanzen hin wahrnehmen. Sie benutzen den Schall nicht nur, um Beute zu lokalisieren und Raubfeinden auszuweichen, sondern auch, um mit ihren Artgenossen zu kommunizieren.

Fische besitzen ein zusätzliches Sinnesorgan, das bei anderen Wirbeltieren nicht vorhanden ist. Mit Hilfe dieses beiderseits am Körper entlang verlaufenden Seitenlinienorgans können sie ferne Druckreize wahrnehmen. Vor allem im trüben Wasser oder in der Dunkelheit benutzen Fische das Seitenlinienorgan, um in Schwärmen den Abstand zum jeweiligen Nachbarn zu regulieren. Knorpelfische (Haie, Rochen und Chimären) verfügen über ein weiteres hochspezialisiertes Sinnessystem, das man bei den anderen großen Fischgruppen nicht findet. Durch ein über den ganzen Kopf verteiltes Netz aus Sinneszellen können sie die schwachen elektrischen Felder erkennen, die jedes Lebewesen erzeugt.

In Sichtweite Vom Goldfisch bis zum Weißen Hai ist das Sehen für Fische wichtig, um Informationen über die Umgebung zu sammeln. Mit zunehmender Wassertiefe verliert sich das Sonnenlicht und die meisten Fische können bei Lichtstärken sehen, die wir Dunkelheit nennen würden.

Tastsinn auf dem Kinn Wie alle Meerbarben besitzen Gelbflossen-Meerbarben (*Mulloidichthys vanicolensis*) zwei Kinnbarten, mit denen sie im Sand des Meeresbodens nach kleinen Wirbellosen und anderer Nahrung wühlen (unten).

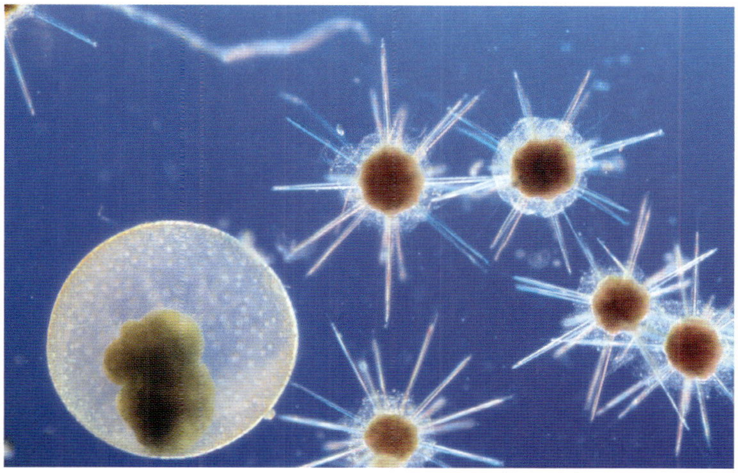

Schwebendes Futter Die Eier und Larven vieler Fischarten bilden einen wichtigen Bestandteil des Zooplanktons, der Grundlage vieler ozeanischer Nahrungsketten (oben).

Wahllose Räuber Viele Fischarten stürzen sich auf verschiedene Beutetiere. Bei den meisten Raubfischen beschränkt der Umfang des Mauls die Größe der Beute (links).

Dynamische Nahrungsketten Die Basis einer Nahrungskette besteht aus vielen Kleinstlebewesen, die von einer stetig abnehmenden Zahl größerer Organismen gefressen werden. Dadurch entsteht eine Pyramide, deren Spitze die großen Raubfische bilden. Dieser Aufbau ist vermutlich darauf zurückzuführen, dass auf jeder Stufe 90 Prozent der Energie verloren gehen (unten).

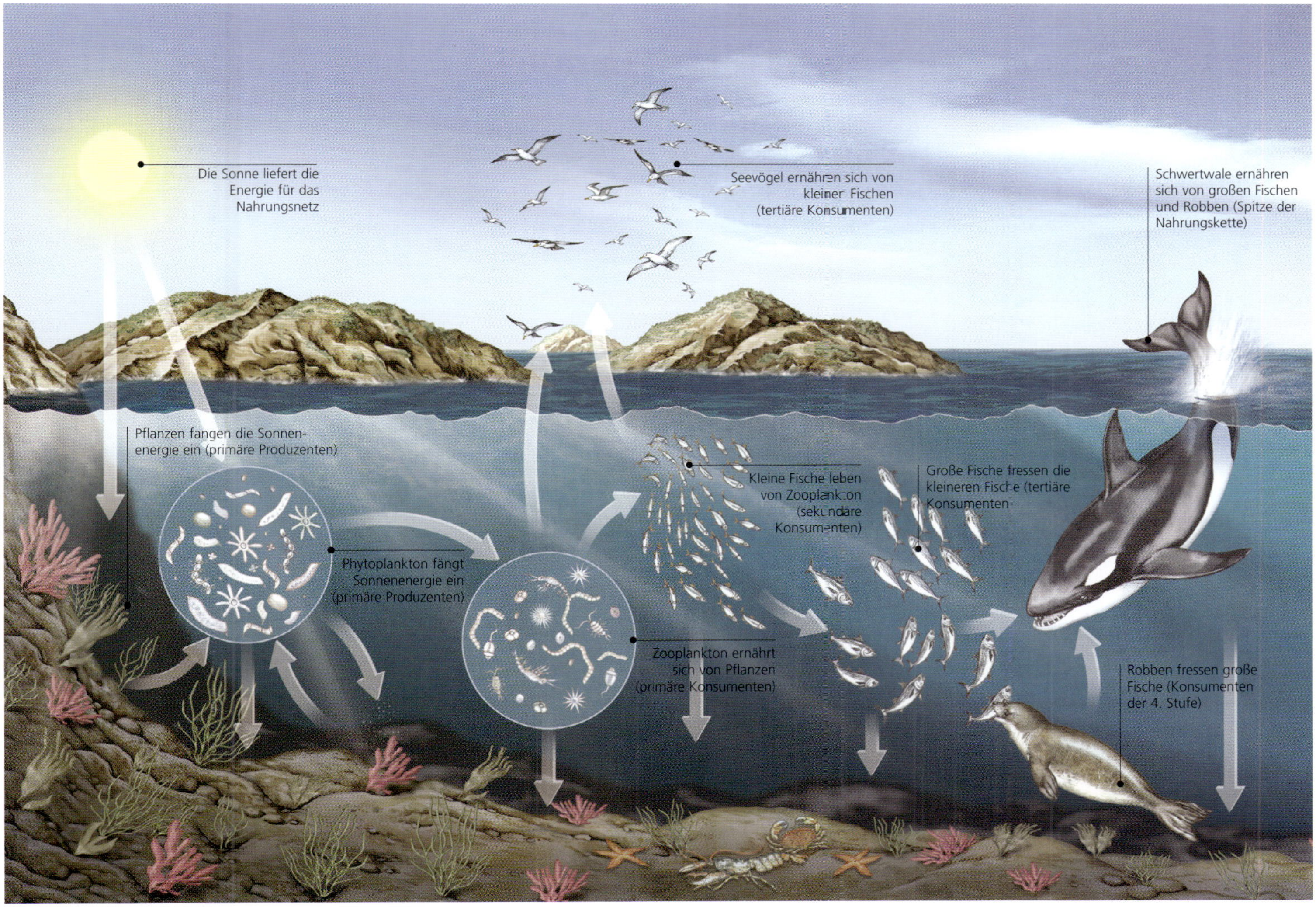

BEUTEFANG

Nahrung zu finden kann für viele Tiere zu einer schwierigen Aufgabe werden, Fische bilden da keine Ausnahme. Viele Arten haben bestimmte Bedürfnisse, die spezielle Fangmethoden erfordern. Schützenfische z.B. „schießen" Insekten mit einem Wasserstrahl aus ihrem Maul ins Wasser.

Futter ist im Wasser oft nur zu zu bestimmten Zeiten vorhanden. Deshalb futtern sich viele Fische voll, sowie genug Nahrung verfügbar ist, um dann tage- oder in einigen Fällen sogar wochenlang auf die nächste Mahlzeit zu warten.

Bei Fischen, die in erster Linie andere Fische fressen, kann man zwei Jagdmethoden unterscheiden: Einige Arten pirschen sich an die Beute heran, während andere gut getarnt auf der Lauer liegen.

Getarnte Gefahr Der Fransen-Teppichhai (*Eucrossorhinus dasypogon*) ist ein auf dem Meeresgrund lebender nachtaktiver Räuber, der seine perfekte Tarnung nutzt, um sich vor seinen wirbellosen Beutetieren zu verbergen. Sein Kopf und Körper sind von ausgefransten Lappen überzogen, die ihm das Aussehen eines Seegrasbüschels oder Steines verleihen.

Im Schwarm Das Schwimmen in Gruppen verwirrt potenzielle Räuber und kann diese vertreiben, denn viele kleine Lebewesen, die sich im Einklang bewegen, erwecken den Anschein eines einzigen großen Tieres (unten).

IN SICHERHEIT

Im Verlauf der Evolution haben sowohl Jäger als auch Gejagte zahlreiche Strategien entwickelt, wobei die Beutetiere in den meisten Fällen einen Schritt voraus sind. Viele Fische verbergen sich in Ritzen oder Höhlen auf dem Meeresgrund, aber manche Arten benutzen weitaus einfallsreichere Verstecke. Junge Kardinalfische suchen beispielsweise Zuflucht zwischen den langen, spitzen Stacheln von Seeigeln.

Einige Fische setzen chemische Substanzen ein, um Räuber abzuwehren. Papageienfische produzieren Schleimblasen, in denen sie sich vor Raubfischen verbergen. Am weitesten verbreitet ist jedoch die Strategie, innerhalb eines großen Schwarmes Schutz zu suchen.

Fangen und zermalmen Der Juwelen-Zackenbarsch (*Cephalopholis miniata*) ernährt sich von Krebstieren und Fischen. In seiner Kehle befinden sich Platten, mit denen er harte Schalen aufbricht (rechts).

Aggressiver Fleischfresser Sein torpedoförmiger Körper und seine rasiermesserscharfen Zähne machen den Barrakuda (*Sphyraena barracuda*) zu einem äußerst erfolgreichen Fischjäger (unten).

FORTPFLANZUNG

Die Fortpflanzungssysteme der Fische sind vielseitiger als bei anderen Wirbeltieren und werden in vier Phasen unterteilt: Balz, Paarung, Laichablage und Aufzucht. Einige Arten versammeln sich zum Laichen bei Vollmond in Gruppen, damit Eier und Spermien im Wasser zusammen treffen können. Andere suchen sich ihre Laichplätze sorgfältig aus, werben mit ausgefeilten Balzritualen um Partner und verteidigen hartnäckig Eier und Nachwuchs.

Bei den meisten Fischarten fallen Partnersuche und Laichablage zusammen, aber bei Arten mit innerer Befruchtung, wie Knorpelfischen und auch einigen Knochenfischen wie den Guppys, werden die Jungfische nach einer bestimmten Tragzeit lebend geboren.

Bei Fischen, die ihren Laich im Schwarm ablegen, wie zum Beispiel Sardellen, sehen Männchen und Weibchen gleich aus und vollführen keine Paarungsrituale. Doch Arten, die ihre Eier in Nestern ablegen und die Jungen großziehen, haben verschiedene Balzrituale entwickelt. Die Paarung geht meist so vor sich, dass die Männchen die Aufmerksamkeit der Weibchen erregen, weshalb sie oft auffällige Farben und Muster oder zusätzliche Gebilde auf ihren Flossen tragen, um rivalisierende Männchen zu übertrumpfen. Gelegentlich sind sie auch größer als die Weibchen.

Bei vielen Buntbarschen erfolgt die Laichablage erst nach einem tagelangen Ritual, bei dem ein geeigneter Platz für das Nest gesucht wird. Dort werden die Eier versteckt und die Jungfische von beiden Eltern bewacht aufgezogen. Oft werden die Aufgaben geteilt: Die Weibchen bleiben bei den Eiern, während die Männchen das Revier verteidigen.

Paarungssysteme, bei denen ein einzelnes Männchen die Eier mehrerer Weibchen befruchtet (Polygynie), sind charakteristisch für eine Umgebung, in der die Männchen die benötigten Ressourcen wie Nahrung und Versteck erfolgreich verteidigen können.

Bei Arten, die Eier und Sperma direkt ins Wasser entlassen, wie die Putzerfische, funktionieren die polygynen Paarungssysteme wie Harems. Ein einziges Männchen pflanzt sich mit mehreren Weibchen fort. Kompliziert wird das Paarungssystem der Putzerfische noch durch deren Fähigkeit zur Geschlechtsumwandlung.

Sexualparasiten Bei einigen Anglerfischarten leben die winzigen Männchen als Parasiten auf den Weibchen und sind ohne diese nicht überlebensfähig. Die Weibchen sondern Pheromone ab, um die Männchen anzulocken und können bis zu drei Männchen auf ihrem Körper tragen (oben links).

Sanfte Laichablage Mandarinfische (*Synchiropus splendidus,* links) lassen sich im Wasser nach oben treiben und lassen dabei Eier und Spermien ab. Bei dieser Art wie auch bei den meisten anderen Leierfischen (Callionymidae) sehen die Weibchen anders aus als die Männchen, die mit prächtigen Rückenflossen ausgestattet sind.

Enge Partner Paarbindungen sind bei Fischen äußerst selten, aber in Lebensräumen mit vielen potenziellen Eierräubern stellen Monogamie und gemeinsame Brutpflege oft die einzige Möglichkeit zur erfolgreichen Aufzucht der Jungfische dar. Schmetterlingsfische wie der Blauwangen-Schmetterlingsfisch (*Chaetodon semilarvatus,* rechts), gehören zu den wenigen Fischen, die längerfristige monogame Partnerschaften eingehen, die bei manchen Arten mehrere Jahre bestehen können. Einige Fischarten aus der Familie der Buntbarsche und deren naher Verwandter im Süß- sowie Salzwasser gehen kurzzeitige monogame Bindungen ein.

FORTPFLANZUNG DER FORELLEN

Zum Laichen ziehen Bachforellen (*Salmo trutta*) flussaufwärts und kehren an ihre Geburtsorte zurück. Das Weibchen gräbt mit Körper und Flossen eine kleine Furche in den Kies und legt darin bis zu 10 000 Eier ab, die von mehreren Männchen befruchtet werden. Danach bedeckt das Weibchen die Eier mit einer leichten Kiesschicht, und die Fische schwimmen zurück in die unteren Flussläufe. Im Frühling schlüpfen die Jungfische und halten sich zu Beginn in der Nähe der Nester auf, wo sie sich von ihren Dottersäcken ernähren.

Weibchen legen die Eier ab

Männchen verteilen Sperma über den Eiern

Larven ernähren sich vom Dottersack

NACHWUCHS

Die Männchen der verschiedenen Seenadel- und Seepferdchenarten sowie deren nahe Verwandte besitzen Brutbeutel, die außen am Körper angebracht sind und in die entweder sie selbst oder die Weibchen die befruchteten Eier legen. Die Männchen tragen die Eier danach bis zum Schlüpfen bei sich, um sie vor potenziellen Räubern zu beschützen.

Bei den meisten Fischarten erfolgt die Befruchtung außerhalb des Körpers. Doch bei einer nicht unbeträchtlichen Anzahl, vor allem bei den Knorpelfischen, kommt es zu einer inneren Befruchtung und die Jungen werden lebend geboren. Diese Fische brauchen weder ein Nest zu bauen, noch sich um den Nachwuchs zu kümmern, denn die Jungen sind bei der Geburt bereits voll entwickelt. Diese Strategie verringert den Verlust an Eiern und Jungfischen, begrenzt jedoch auch die Zahl der Nachkommen, weshalb einige Haiarten jeweils nur ein Junges zur Welt bringen.

PFLEGE DES NACHWUCHSES

Fische haben viele unterschiedliche Arten der Brutpflege entwickelt. Fischarten, die in Schwärmen und im offenen Wasser leben, laichen in großen Ansammlungen. Dabei werden oft Millionen von Eiern abgelegt, die sich im Wasser mit den Spermien vermischen und davongetragen werden. Dieser Überfluss an Eiern stellt sicher, dass zumindest einige bis zum Schlüpfen der Jungfische überleben.

Die Eier von Fischen, die Nester anlegen und ihren Nachwuchs großziehen, sind groß. Sie werden in geringerer Anzahl produziert als bei Fischen, die ihren Laich im Wasser ablegen, da weniger Eier zur Beute von Raubfischen werden. In Umgebungen, wo es viele Eierräuber gibt, kümmern sich die erwachsenen Fische intensiv um den Nachwuchs. Männliche Stichlinge bauen Nester aus Algen und bewachen die Eier.

Einige Buntbarsche brüten die Eier im Maul aus und auch die frisch geschlüpften Jungfische suchen bei Gefahr Schutz in der Mundhöhle der Eltern.

Brüten im Maul Viele Arten der tropischen Gattung *Opistognathus* brüten die Eier im Maul aus. Wie bei den meisten anderen Fischgruppen, die ihren Nachwuchs in der Mundhöhle aufbewahren, erledigen die Männchen diese Aufgabe. Dieses Phänomen hat sich vermutlich entwickelt, damit die Vaterschaft sicher gestellt wird (oben links).

Hingebungsvoller Vater Das Männchen des Fetzenfisches (*Phycodurus eques*) brütet die Eier in einem Säckchen aus, das sich unter seinem Schwanz befindet. Das Weibchen legt darin bis zu 250 Eier ab. Nach zwei Monaten schlüpfen die Jungen (links).

Futter zum Mitnehmen Die Weibchen des in der Tiefsee lebenden Schwarzen Dornhaies (*Etmopterus spinax*) produzieren große Eier, die bis zum Schlüpfen im Innerern des Körpers bleiben. Die Jungen sind bei der Geburt gut entwickelt, fressen aber noch eine Zeit lang am Dottersack, bis sie sich selbst ernähren können (oben rechts).

Schleimige Kinderstube Männliche Flussbarsche (*Perca fluviatilis*) kommen im Frühling vor den Weibchen zu den Laichplätzen. Die Männchen stoßen gegen die Bäuche der Weibchen und regen sie dadurch zum Laichen an. Die Weibchen legen bis zu 300 000 Eier, die in ein schleimiges Band eingebettet sind, das an Gräsern und Wasserpflanzen befestigt wird. Sobald die Eier abgelegt sind, werden sie von den Männchen befruchtet. Je nach Wassertemperatur schlüpfen die Jungen nach ungefähr zwei Wochen (rechts).

LEBENSRÄUME UND ANPASSUNGEN

Fische sind in beinahe jedem Gewässer zu finden: von hochgelegenen Seen und Gebirgsbächen bis zu den tiefsten Süßwasserseen und breiten, langsam fließenden Strömen; von 40 Grad warmen Wüstenquellen bis zu den eisigen, minus zwei Grad kalten antarktischen Gewässern; von den sonnendurchfluteten seichten Stellen großer Korallenriffe über die unendlichen Weiten des offenen Ozeans bis hinab in die Dunkelheit der Tiefseegräben. Einige Fische können sogar außerhalb des Wassers überleben. Fliegende Fische gleiten, Schmetterlingsfische hüpfen, Beilbauchfische „fliegen" kurze Strecken durch die Luft. Schlammspringer unternehmen ausgedehnte Expeditionen über die Schlammflächen der Mangrovensümpfe. Manche Lungenfischarten vergraben sich im Boden ausgetrockneter Wasserlöcher und können so monate- oder sogar jahrelange Trockenzeiten überstehen. Wanderwelse und manche Süßwasseraale legen auf der Suche nach Partnern, Futter oder geeigneten Lebensräumen beträchtliche Strecken an Land zurück.

BÄCHE UND FLÜSSE

Es überrascht wohl kaum, dass auf den beiden trockensten Kontinenten (Australien und Antarktis) die wenigsten Süßwasserfische zu finden sind. In der Antarktis existiert keine einzige Art, doch Fossilien beweisen, dass dort in der Vergangenheit Süßwasserfische gelebt haben. In Australien gibt es nur 200 Arten. Die Artenvielfalt von Süßwasserfischen nimmt in Richtung Tropen zu.

Bäche und Flüsse bieten viele unterschiedliche Lebensräume. Die Anpassung der Fische wird stark von der Wasserqualität beeinflusst, wie zum Beispiel dem Sauerstoffgehalt, der Trübung und der Strömungsgeschwindigkeit. Die rasch fließenden Quellen der Gebirgsbäche mit ihrem felsigen Grund und kaltem, sauerstoffreichem Wasser stellen gänzlich andere Anforderungen als das langsam dahinströmende warme und oft trübe Wasser der Flussmündungen. Die Forellen der Gebirgsbäche sind scharfsichtige, flinke Räuber, die zum Überleben niedrige Temperaturen und einen hohen Sauerstoffgehalt benötigen. Die im ruhigen Wasser der Teiche und Flüsse lebenden Karpfen bewegen sich langsam, sie sind an höhere Temperaturen und weniger Sauerstoff angepasst.

Die zur Monsunzeit reißenden Hügelbäche Asiens sind die Heimat der Flossensauger, deren Brust- und Bauchflossen sich zu kräftigen Saugscheiben entwickelt haben. In diesen Bächen leben auch einige andere Mitglieder aus der Ordnung der Karpfen- sowie Welsartigen, die sich mit Hilfe ihrer großen Saugmünder und Falten im Bereich des Bauches an ein Leben unter diesen extremen Bedingungen angepasst haben.

Regionaler Reichtum Dieser Wasserfall auf Borneo (oben links) ist einer der vielen Süßwasserhabitate Südostasiens, vermutlich die Gegend mit den meisten Süßwasserfischarten der Erde.

Reiseanforderungen Viele Fische passen sich im Verlauf ihres Lebens gut an sehr unterschiedliche Lebensräume an. Einige Forellenarten wandern zwischen Salz- und Süßwasser hin und her, was extreme Anpassungen ihrer Körperchemie voraussetzt (links).

Biodiversität Der Amazonas (rechts) beherbergt über 1500 verschiedene Fischarten, von den winzigen Neontetras bis zum riesigen, entwicklungsgeschichtlich sehr alten, Luft atmenden Arapaima. Er kann eine Länge von 3 m und ein Gewicht von 180 kg erreichen und zählt somit zu den größten Süßwasserfischen der Erde.

Lebensraum für Spezialisten Die Xpuhil-Höhle auf der mexikanischen Halbinsel Yucatán ist Teil eines Systems aus Seen und Flüssen, die durch Kanäle und Höhlen miteinander verbunden sind. Die Fische haben sich hier an hohe Konzentrationen von gelöstem Kalziumkarbonat angepasst (links).

HEISSE QUELLEN UND HÖHLEN

Zu den extremsten Lebensräumen von Süßwasserfischen zählen Wüstenquellen mit bis zu 38 Grad warmem Wasser. Nur einige wenige Arten, wie zum Beispiel die nordamerikanischen Wüstenkärpflinge und eine afrikanische Buntbarschart, sind an derart hohe Temperaturen angepasst.

Das Wasser unterirdischer Höhlen bildet einen weiteren Lebensraum, der hochspezialisierte Anpassungen erfordert. Die dort lebenden Arten stammen zwar aus nicht verwandten Familien, sind jedoch alle blind und besitzen keine Farbpigmente. Ihre Haut weist Felder mit Sinneszellen auf, mit denen sie von Beute- oder Raubtieren ausgelöste Druckwellen wahrnehmen können.

Experimente haben bewiesen, dass der Verlust des Augenlichts und der Pigmentierung nicht immer irreversibel ist, sondern abhängig davon, ob sich einzelne Individuen unter hellen Bedingungen oder in der Dunkelheit entwickeln.

Sichtloses Leben Den Blinden Höhlensalmler (*Astyanax jordani*) kennt man nur aus drei mexikanischen Höhlen. Er benutzt seinen Geruchssinn, um Futter zu finden (unten links).

Hohe Toleranz Der Tüpfelgrunzbarsch (*Leiopotherapon unicolor*) ist die am weitesten verbreitete Fischart Australiens. Er lebt im Süß- und Salzwasser bei pH-Werten von 4–8,6 und Temperaturen von 4–44 °C. Wenige andere Fische können in einem so breiten Bereich unterschiedlicher Bedingungen überleben (unten).

TEICHE UND SEEN

Etwa fünf Millionen Seen und weitaus mehr Teiche sind über die Kontinente verstreut. Je älter sie sind, desto größer sind die Vielfalt und Anzahl ursprünglicher Fischarten. Das zeigt sich deutlich an den Großen Seen Afrikas: Im Malawi-, Victoria- und Tanganjika-See leben ungefähr 1500 verschiedene Arten von Buntbarschen, die vor 500000 bis 2 Millionen Jahren entstanden sind. Vermutlich hat sich diese außergewöhnliche Biodiversität in jedem dieser Seen aus nur einigen wenigen ursprünglichen Arten entwickelt.

Wunderbare Wasserwelt Dieses Gebiet bildet den Lebensraum für eine der größten Ansammlungen von Wildtieren Südamerikas. Zur Regenzeit breitet sich der Pantanal aus und wird zum größten Süßwasserlebensraum der Erde. Bisher wurden dort mehr als 250 Fischarten entdeckt (rechts).

Uralter Lebensraum Der sibirische Baikalsee entstand vor 20 bis 25 Millionen Jahren und ist der älteste und mit 1637 m auch der tiefste See. Er birgt das größte Süßwasservolumen der Erde und bietet Lebensraum für über 50 endemische Fischarten (unten).

WELTMEERE

Zwei Drittel unseres Planeten sind von Meeren bedeckt, die über die Hälfte aller Fischarten beherbergen und in vier große ozeanische Becken unterteilt werden: Pazifischer, Atlantischer und Indischer Ozean sowie das Polarmeer.

Der Pazifik ist das größte und tiefste Meer. Er erstreckt sich mit einer durchschnittlichen Tiefe von 4001 m über ein Drittel der Erdoberfläche. An seiner breitesten Stelle (18 000 km) reicht er beinahe um den halben Planeten. Das Polarmeer ist das kleinste und seichteste Meer. Weil die großen Ozeane miteinander verbunden sind, kommt es zum Austausch von Wasser, Wärme und lebenden Organismen.

Vom Südpol aus betrachtet sehen der Atlantische, Indische und Pazifische Ozean wie Zweige eines einzigen Systems aus, das sich vom Südlichen Ozean zwischen den großen Landmassen nach Norden ausdehnt. Der Südliche Ozean, dessen nördliche Grenze auf 60° südlicher Breite liegt, trägt diese Bezeichnung erst seit dem Jahr 2000. Das Polarmeer wird vom eurasischen Kontinent und Nordamerika begrenzt und ist zum Großteil mit ewigem Eis bedeckt.

Die großen Ozeane sind in kleinere Meere, Golfe und Buchten unterteilt, wie zum Beispiel das Mittelmeer und das Schwarze Meer, die durch ihre geographischen Grenzen definiert sind. Andere Regionen zeichnen sich durch weniger offensichtliche Merkmale aus. Die Sargasso-See im Atlantischen Ozean ist beispielsweise charakteristisch für die gewaltigen Massen an Seetang, die sich dort ansammeln.

Die Ozeane werden gewöhnlich von den Küstenlinien der kontinentalen Landmassen oder von großen Tiefseegebirgszügen begrenzt.

Aber nicht alle Meere sind Teil des Weltmeeres. Es gibt auch große, isolierte Salzgewässer wie das Kaspische Meer, das bei genauer Betrachtung eigentlich ein Salzsee ist, oder den großen Saltonsee in der Coloradowüste Südkaliforniens.

OSMOREGULATION

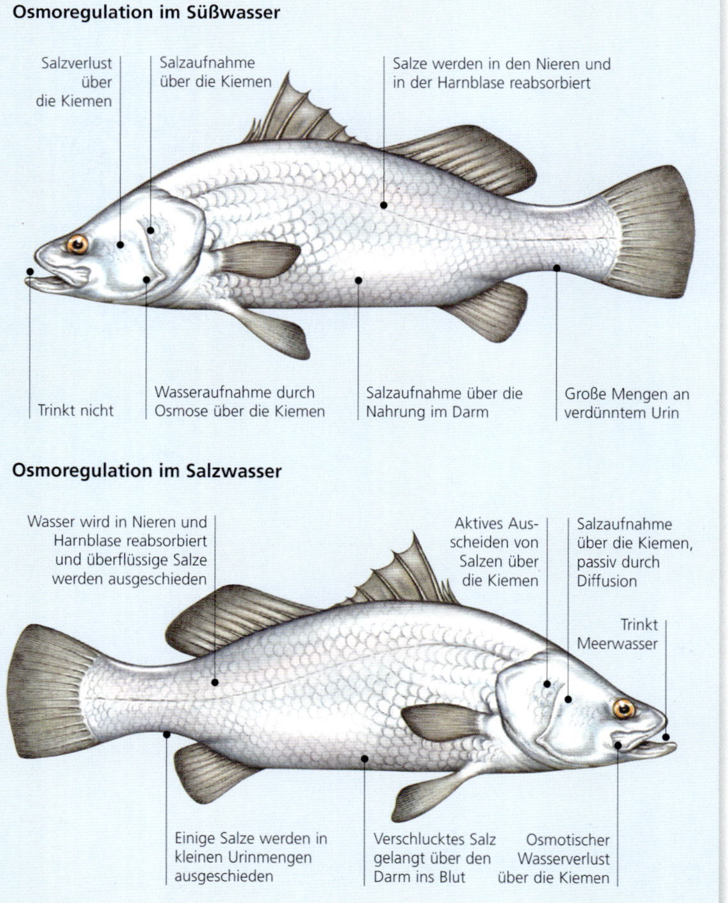

Der Blaue Planet 71 Prozent der Erdoberfläche sind mit flüssigem Wasser bedeckt. Diese Tatsache beruht ebenso wie die Entstehung der Ozeane auf einer Kombination verschiedener kosmischer Faktoren, vor allem aber aus der Position der Erde im Sonnensystem: weit genug von der Sonne entfernt, dass das Wasser nicht verdampft, aber doch so nahe, dass der Großteil davon nicht gefriert.

Wasserkontrolle Fische können die Zusammensetzung ihrer Körperflüssigkeiten kontrollieren. Süßwasserfische nehmen Wasser auf und verlieren Salze: Sie reabsorbieren Natrium und Kalium aus ihrem Urin, nehmen Salze aus dem Wasser auf und produzieren große Mengen an verdünntem Urin, um das überflüssige Wasser auszuscheiden. Salzwasserfische scheiden die überflüssigen Salze über Kiemen und Nieren aus, wobei sie hochkonzentrierten Urin produzieren.

WASSERVERTEILUNG

Der Großteil des Wassers der Erde befindet sich in den Meeren. Den Rest bilden das Wasser im Boden, das Grundwasser, das Süßwasser der Seen und Flüsse, die Polkappen und Gletscher sowie der Wasserdampf in der Atmosphäre. Lediglich ein Prozent des Süßwassers ist lebenden Organismen zugänglich, davon ist ein Prozent in den Lebewesen selbst enthalten.

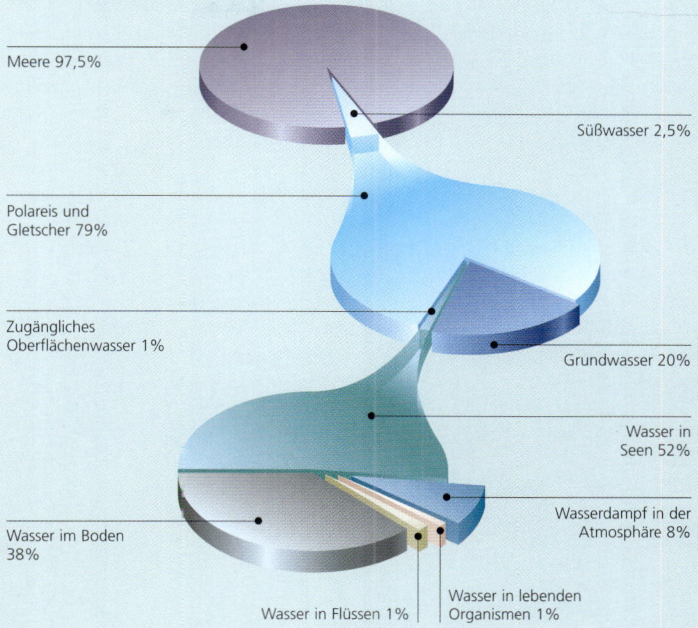

Ozeanische Reichtümer Trotz der enormen Breite und Tiefe des Pazifik scheint die Artenvielfalt an den seichten Stellen entlang der Küstenlinien und rund um die Riffe am größten zu sein. Die tropischen Korallenriffe des Pazifischen Ozeans beherbergen außergewöhnlich viele unterschiedliche Fischarten (rechts).

MEERESSTRÖMUNGEN

Das Wasser der Ozeane teilt sich in zwei Hauptschichten: eine dünnere, leichtere und wärmere Oberflächenschicht, die in eine Tiefe von etwa 200 m reicht und auf dem tieferen, dichteren und kälteren Wasser sitzt. In der dazwischenliegenden dünnen Grenzschicht ändern sich Temperatur und Salzgehalt ständig.

Die Strömungen in den oberen Schichten werden in offene Meeresströmungen und Grenzströmungen unterteilt, die sich entlang der Ränder der Kontinente bewegen.

Nördlich und südlich des Äquators werden die offenen Meeresströmungen von den Passatwinden angetrieben und fließen nach Westen. In den höheren Breiten der Nordhalbkugel gibt es aber auch ostwärts fließende Oberflächenströmungen und die antarktische Strömung umkreist den Südpol ebenso in östlicher Richtung. Auf den subtropischen Breiten entstehen durch die Wechselwirkungen zwischen ost- bzw. westwärts gerichteten Strömungen beiderseits des Äquators große kreisförmige Wirbel.

Lediglich 10 Prozent des Wassers der Ozeane sind den Oberflächenströmungen unterworfen. Der Großteil führt größere, tiefere und langsamere Bewegungen aus. Das Bewegungsmuster dieser tief gelegenen Meereströme nennt man thermohaline Zirkulation. Sie wird von Schichten unterschiedlicher Wasserdichte angetrieben, die durch Veränderungen der Temperatur und des Salzgehaltes entstehen. Die gewaltigen Wassermassen, die in diese Zirkulation eingebunden sind, vermischen sich nur schwer und es kann Jahrhunderte dauern, bis sie ihre Umkreisung der Weltmeere vollendet haben.

Die systematische Aufzeichnung der Meeresströmungen in den vergangenen 150 Jahren zeigte nicht nur, wie sie entstehen, sondern wies auch deren Bedeutung für das Klima der Erde nach.

Nach Norden Der atlantische Golfstrom ist eine warme Oberflächenströmung, die im Golf von Mexiko entsteht und entlang der nordamerikanischen Ostküste mit 6,5 km/h nach Norden treibt. Er transportiert warmes Wasser und Salz in Richtung Nordpol und erwärmt dadurch den europäischen Kontinent. Auf diesem Falschfarben-Satellitenfoto erscheint wärmeres Wasser rot und kälteres blau (unten links).

Küstenwirbel Wo Flüsse ins Meer fließen, entstehen oft starke Oberflächenströmungen. Auf diesem Satellitenfoto kann man die Wirbel vor der Küste Alaskas erkennen, die durch nährstoffreiches Flusswasser entstehen, das in den Pazifik strömt und dort ein intensives Wachstum von Phytoplankton auslöst (unten).

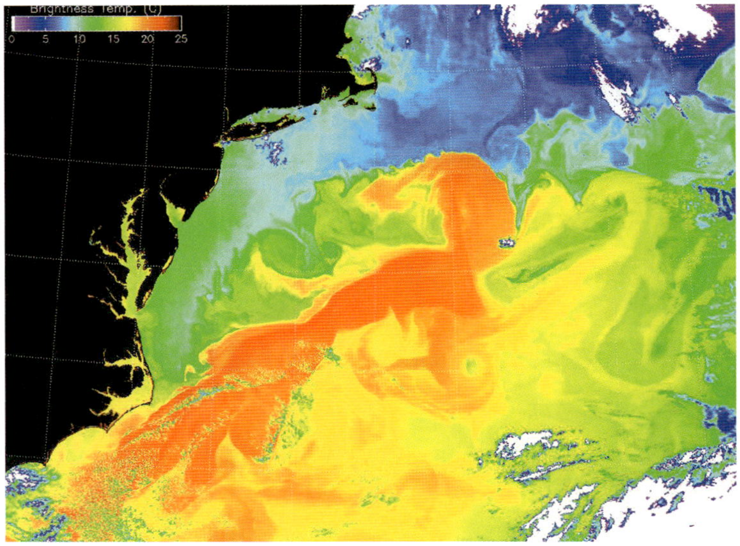

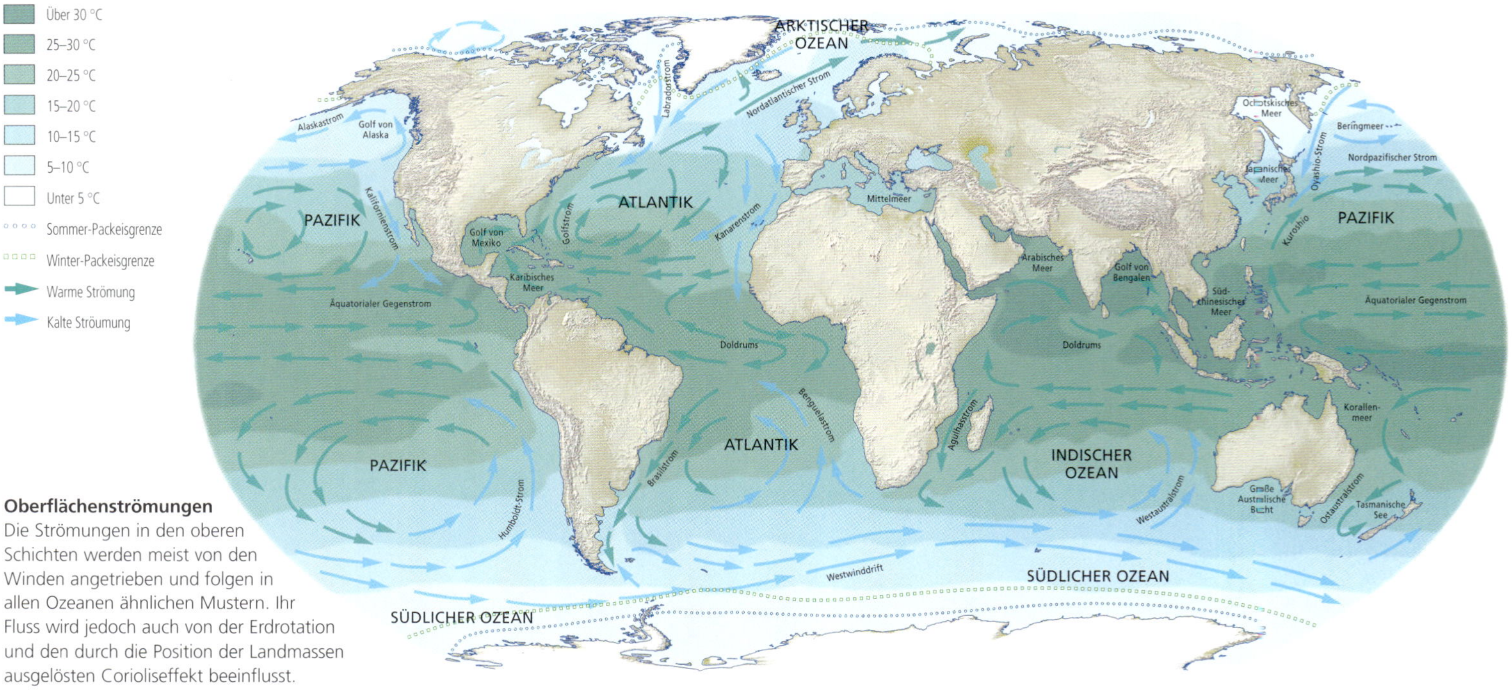

Oberflächenströmungen
Die Strömungen in den oberen Schichten werden meist von den Winden angetrieben und folgen in allen Ozeanen ähnlichen Mustern. Ihr Fluss wird jedoch auch von der Erdrotation und den durch die Position der Landmassen ausgelösten Corioliseffekt beeinflusst.

SALZGEHALT UND GEZEITEN

Die physikalischen, chemischen und biologischen Prozesse in den Meeren sind stark vom Salzgehalt beeinflusst. Große Mengen an gelöstem Salz verändern die Wasserdichte, weshalb Salzwasser bei gleicher Temperatur etwas schwerer ist als Süßwasser.

Der durchschnittliche Salzgehalt nach der „Practical Salinity Scale" liegt bei 35. Der Wert für den Großteil des Meerwassers ist zwischen 33 und 37 angesiedelt und verändert sich ständig: Die Verdampfung lässt ihn steigen, der Regen wieder sinken. Im Roten Meer führt die starke Verdunstung zu einem Salzgehalt von 40. Dagegen verdünnen die zahlreichen Flüsse, die in die Ostsee münden, das Wasser an der Oberfläche derart, dass der Wert bei 7 liegt.

Auch die Gezeiten beeinflussen das Verhalten und die Verteilung der Fische. Sie entstehen durch die Wechselwirkung der Gravitationskräfte von Sonne und Mond, aber durch unterschiedliche Wassertiefen, verschiedene Formen angrenzender Landmassen und die Erdrotation wird dieser von den Himmelskörpern vorgegebenen Rhythmus noch etwas komplizierter gestaltet.

Verteilung der Fische Die Muster der Meeresströmungen tragen zur Verteilung der Fische bei. Das Schwarzachsel-Schwalbenschwänzchen (*Chromis atripectoralis*) ist eine im Indischen Ozean weit verbreitete Art, deren Larven in den äquatorialen Strömen treiben (rechts).

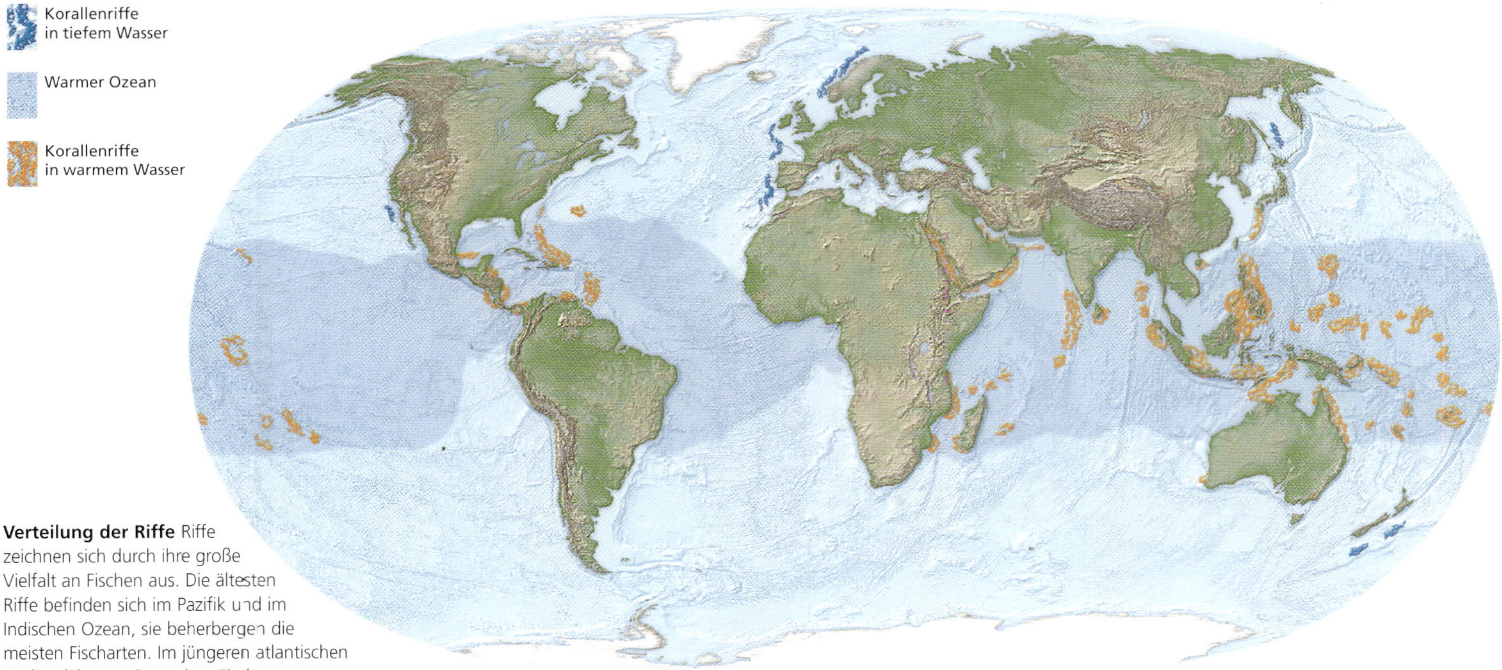

Verteilung der Riffe Riffe zeichnen sich durch ihre große Vielfalt an Fischen aus. Die ältesten Riffe befinden sich im Pazifik und im Indischen Ozean, sie beherbergen die meisten Fischarten. Im jüngeren atlantischen Becken leben weit weniger Fischarten.

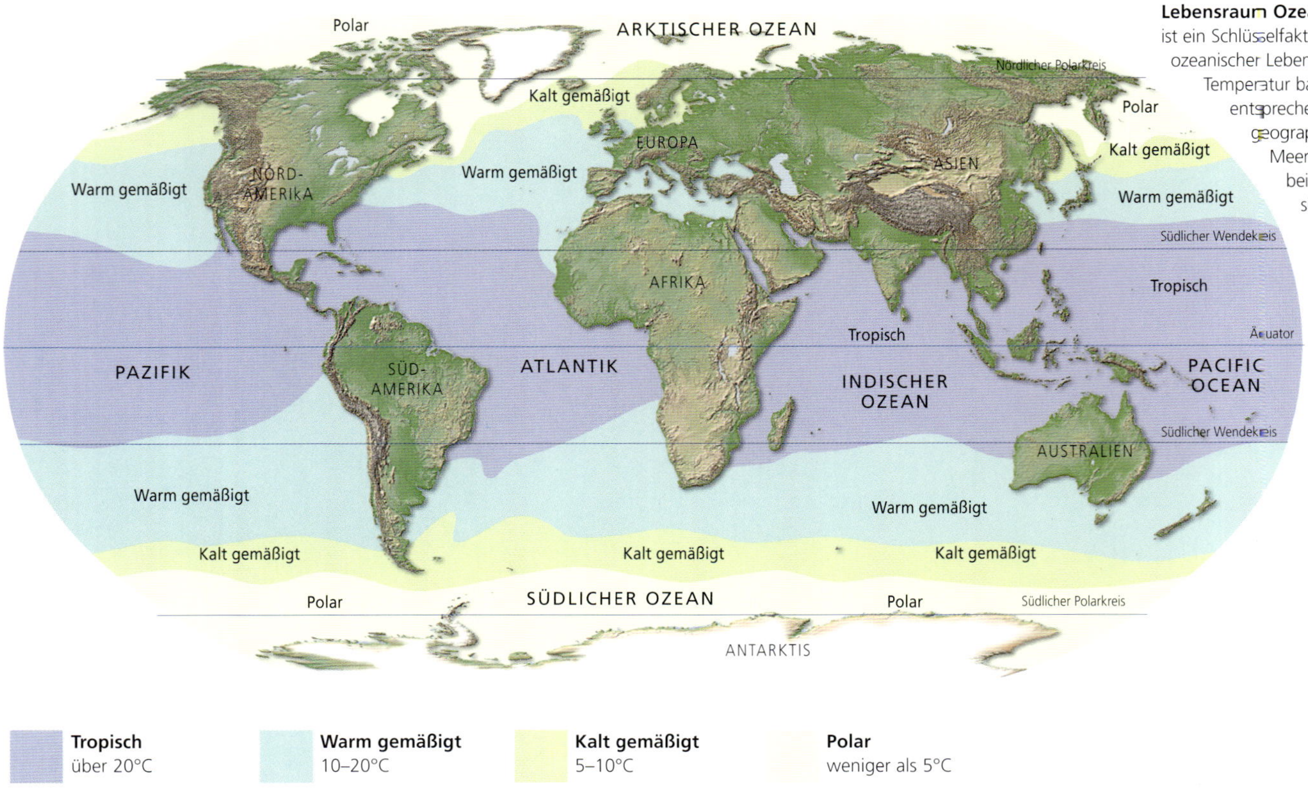

Lebensraum Ozean Die Wassertemperatur ist ein Schlüsselfaktor bei der Gestaltung ozeanischer Lebensräume, doch die auf der Temperatur basierenden Klimazonen entsprechen nicht immer den geographischen Zonen. Kalte Meeresströmungen führen beispielsweise dazu, dass sich die warmen Zonen an den Westküsten Afrikas und Südamerikas weit nach oben hin verschieben.

TROPISCHE ZONEN

In den Tropen befinden sich die meisten nährstoffreichen Wässer unterhalb von 150 m, die höchsten Konzentrationen liegen in Tiefen zwischen 500 und 1000 m. Dadurch wird das Wachstum von Phytoplankton, das auf die sonnendurchfluteten oberen Wasserschichten begrenzt ist, durch das Fehlen von Phosphaten und Nitraten stark eingeschränkt.

Es gibt jedoch Ausnahmen für diese Produktivitätseinschränkung: In einigen Teilen des Ostpazifik bringen aufwärts gerichtete äquatoriale Strömungen Nährstoffe an die Oberfläche und fördern die Sardellenfischerei Perus. Auch andere tropische Küstenregionen werden durch solche aufsteigenden Strömungen mit Nährstoffen versorgt, wie zum Beispiel die Nordwestküste Marokkos oder die Küste Südwestafrikas.

In der Umgebung der Riffe wird das Wasser von Korallenpolypen langsam mit Nährstoffen angereichert.

Kristallklares Wasser Das Oberflächenwasser tropischer Meere enthält weniger als ein Prozent des Phytoplanktons, das in den Gewässern der gemäßigten Regionen zu finden ist. Das ist einer der Gründe, warum das Meer um die australischen Whitsunday-Inseln so klar ist (rechts).

POLARREGIONEN

Die Lebensräume in den Meeren der Polarregionen sind vor allem von außergewöhnlich tiefen Temperaturen – unter 3,5 °C – geprägt. Süßwasser gefriert bei 0 °C, dagegen senkt das Salz den Gefrierpunkt des Meerwassers auf -2 °C. Viele Fischarten, die unter diesen Bedingungen leben, verfügen über spezielle Proteine, sogenannte Glykopeptide, die verhindern, dass ihr Blut gefriert. Bei abnehmender Temperatur steigt die Dichte, weshalb die tiefen Schichten in der Antarktis die höchste Wasserdichte aufweisen.

Südpol-Fische In den antarktischen Gewässern leben mehr als 260 verschiedene Fischarten, von denen keine einzige große Schwärme bildet. Etwa 75 Prozent dieser Arten gehören zur Unterordnung der Notothenioidei (Ordnung Perciformes), die nur in der Antarktis zu finden ist (rechts).

GEMÄSSIGTE ZONEN

Die klar definierten Jahreszeiten stützen die hohe Produktivität in den gemäßigten Gewässern und führen dazu, dass das Oberflächenwasser im Winter mit Nährstoffen angereichert wird. Sobald das Licht im Frühling stärker wird, herrschen optimale Bedingungen für das Wachstum und die Fortpflanzung von Phytoplankton. Diese winzigen im Wasser treibenden Pflanzen vermehren sich rasch und bilden die Grundlage der Nahrungskette. Ihre explosionsartige Vermehrung führt in den gemäßigten Gewässern zu einem ähnlichen Produktivitätsanstieg des Zooplanktons, das sich von Phytoplankton ernährt, der kleinen Fische, die das Zooplankton fressen und so weiter bis zu den Haien und Meeressäugetieren.

Produktive Gewässer Wegen der starken Phytoplanktonblüte, die im Frühling ein explosionsartiges Wachstum in der Nahrungskette auslöst, leben in gemäßigten Gewässern mehr kommerziell nutzbare Arten als in anderen, wie z.B. der Mittelmeer-Fahnenbarsch (*Anthias anthias*; unten).

MANGROVEN

In den Tropen und Subtropen sind die Ufer der Flussdeltas mit Mangroven bewachsen. Die meisten tropischen Küsten sind von diesem Lebensraum umrahmt, der von Bäumen und Büschen beherrscht wird, die mit dem Salzgehalt des Wassers zurande kommen. Das verzweigte Wurzelgeflecht der Pflanzen hält das Erdreich zusammen und schafft eine Umgebung, in der kleine Organismen von Bakterien bis zu Würmern leben. Es bietet auch Nahrung und Schutz für zahlreiche Weich- und Krebstiere.

Mangrovensümpfe werden von Wirbeltieren eher selten bewohnt, aber bei der Aufzucht einer Reihe von Fischarten im Larven- und Juvenilstadium spielen sie eine bedeutende Rolle. Außerdem gibt es eine Gruppe von Fischen, die Schlammspringer, die sich im Erwachsenenstadium in diese Zonen zwischen den Gezeiten begeben.

FLUSSMÜNDUNGEN

An den Mündungen der Flüsse vermischt sich das Salzwasser der Meere mit dem Süßwasser der Flusssysteme und schafft dadurch optimale Lebensbedingungen für eine hochspezialisierte Gruppe von Tieren und Pflanzen. Diese Organismen sind einer ständigen Veränderung der Temperatur und des Salzgehaltes ausgesetzt. Sie müssen sowohl unter Wasser als auch in der Luft überleben können, da dieser Lebensraum abwechselnd Ebbe und Flut ausgesetzt ist.

Alle Tiere müssen in ihren Zellen ein Gleichgewicht zwischen Wasser und Salz aufrechterhalten, doch im Bereich von Flussmündungen wird diese Aufgabe durch die von den Gezeiten verursachte rasche Veränderung des Salzgehaltes noch erschwert. Deshalb ist die Biodiversität hier im Vergleich zu den angrenzenden Süß- und Salzwasserlebensräumen äußerst gering.

Die Arten, die sich an diese extremen Umweltbedingungen angepasst haben, profitieren von der geringen Konkurrenz im Wettlauf um Raum und Nahrung.

Aber nicht alle Fische, die diesen Lebensraum nützen, verbringen hier ihr ganzes Leben. Viele Küstenfische nutzen diese Regionen als Kinderstuben. Die verwundbaren Jungfische können hier in relativer Sicherheit heranwachsen und der Überfluss an Wirbellosen bietet ein reiches Nahrungsangebot.

Flussmündungen sind auch ein wichtiges Tor für Fische, die im Verlauf ihres Lebens zwischen Süß- und Salzwasser hin und her wandern. Junge amerikanische und europäische Aale kommen im offenen Meer zur Welt und durchqueren die Flussmündungen auf ihren Wanderungen flussaufwärts in die Bäche und Flüsse, in denen sie den Großteil ihres Lebens verbingen.

Bindungseffekt Die Bäume und Büsche der Mangrovenwälder sind an das Leben im weichen, sauerstoffarmen Schlamm angepasst, der täglich von Salzwasser überflutet wird. Sie sind jedoch äußerst anfällig für Temperaturschwankungen. Die optimale Temperatur für diese Pflanzen liegt bei etwa 19 °C (oben links).

Kinderstuben Ein Geflecht aus stützenden Wurzeln und Pneumatophoren (nach oben wachsende und der Luft ausgesetzte Wurzeln) machen Mangroven zur idealen Kinderstube für die Larven und Jungen vieler Fischarten. Verschiedene kommerziell genutzte Arten verbringen dort einen Teil ihres Lebens oder sind von Nahrungsketten abhängig, die mit den Mangrovensümpfen in Verbindung stehen (links).

Laichgebiet Viele Flussmündungen in Großbritannien, wie zum Beispiel die des Erme in Devon, werden von Atlantischen Lachsen (*Salmo salar*) durchquert, die aus dem Meer kommend flussaufwärts in ihre Laichgründe wandern. Die Fische verbringen ihre Jugend im Süßwasser, das Leben als erwachsene Fische im Atlantik und kehren zum Laichen in die Bäche zurück, in denen sie geboren wurden (oben rechts).

Versunkene Täler Flussmündungen werden anhand der geologischen Prozesse definiert, durch die sie entstanden sind. Die beiden Mündungen an der afrikanischen Westküste sind Beispiele für die wohl bekannteste Form, die Küstenebene oder das versunkene Flusstal. Sie entsteht, wenn Flusstäler vom Meer überflutet werden und die Sedimentation mit dem Anstieg des Wasserspiegels nicht Schritt halten kann (rechts).

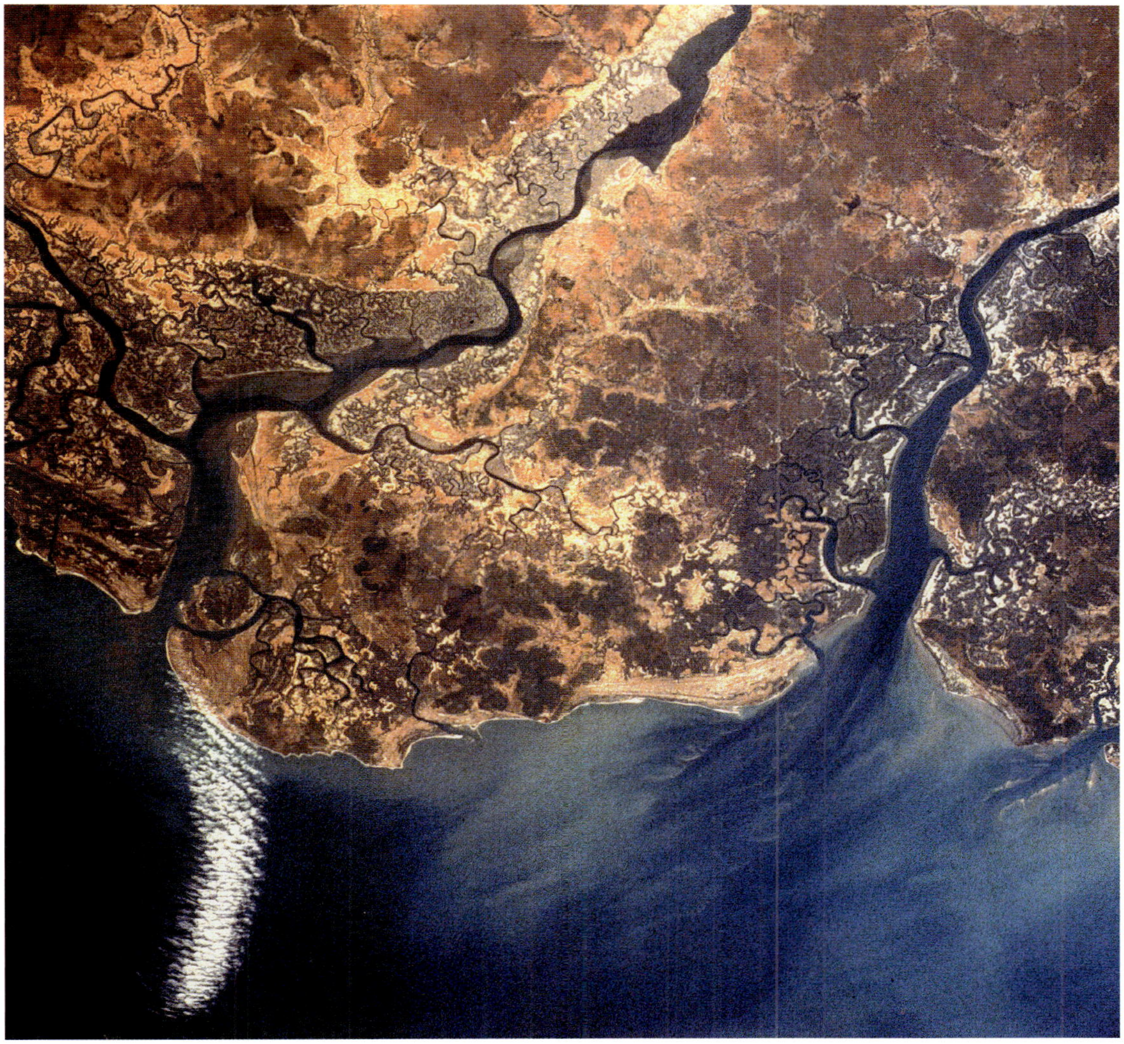

KORALLENRIFFE

Das Gründgerüst der Korallenriffe wird von den harten Außenskeletten von Polypen gebildet, kleiner wirbelloser Tiere, die mit den Seeanemonen und Quallen verwandt sind. Aber nicht alle Korallenpolypen formen Riffe, sondern nur die so genannten Steinkorallen. SIe leben in Kolonien, in denen die einzelnen Individuen in „Schalen" aus Kalziumkarbonat sitzen. Sterben diese Tiere, bleibt ihr Skelett erhalten und nachfolgende Generationen siedeln sich darauf an.

Seit mehr als 450 Millionen Jahren wachsen Korallenriffe auf diese Weise. Viele sind zu gewaltigen Gebilden geworden, die den tropischen Regenwäldern in Bezug auf Artenvielfalt und die Anzahl an einzelnen Organismen durchaus ebenbürtig sind. Viele Fische und Wirbellose, die entlang dieser Riffe leben, sind nicht nur ein wichtiger Bestandteil des Ökosystems, sondern auch eine bedeutende Nahrungsquelle für uns Menschen.

Beinahe alle Riff bildenden Korallenarten sind sehr temperaturempfindlich und können nur dort wachsen, wo eine Mindestwassertemperatur von ungefähr 21 °C herrscht. Deshalb gibt es nur in den Tropen zwischen 30° S und 32° N Korallenriffe. An den Westküsten der Landmassen, wo kaltes Wasser durch Aufwärtsströmungen an die Oberfläche befördert wird und die Wassertemperatur sinken lässt, sind keine Riffe zu finden.

Die „Große Barriere" Das Große Barriereriff ist das größte Korallenriff und damit auch die größte biologische Einheit unseres Planeten. Es zieht sich 2500 km entlang der Nordostküste von Queensland (Australien) und erstreckt sich an der breitesten Stelle über erstaunliche 152 km. Das Riff besteht aber nicht aus einem einzigen Gebilde, sondern aus Tausenden Abschnitten, die am nördlichen Ende am ältesten und breitesten sind (oben).

Ernsthafte Konkurrenten In der Nähe von Riffen sind Fische vielen Konkurrenten und Räubern ausgesetzt. Deshalb haben sich dort Fischfamilien entwickelt, die durch bunte Farben, Stacheln, Tarnmuster, Gifte und zahlreiche verschiedene Lebensweisen charakterisiert sind (rechts).

Zuwachs am Rande Bora Bora war früher ein Vulkan, der sich aus dem Meer erhob und eine Insel bildete. Diese ist von einem Riff umgeben, das an den Seiten des Vulkans nach oben wächst, während dieser langsam im Meer versinkt. Möglicherweise wird das Korallenriff noch weiter wachsen, Bora Bora ganz umschließen und auf diese Weise ein Atoll entstehen lassen (ganz rechts).

Experten für Geschlechtsumwandlung Hermaphroditismus tritt in der Umgebung von Korallenriffen häufiger auf als in anderen ozeanischen Lebensräumen. Juwelen-Fahnenbarsche (*Pseudanthias squamipinnis*) leben z. B. in Gruppen aus territorialen Männchen mit mehreren Weibchen. Stirbt ein Männchen, so wird es durch ein dominantes Weibchen ersetzt, das eine Geschlechtsumwandlung durchgemacht hat (links).

Riffstammgäste Die Familie der Kardinalfische (Apogonidae) besteht aus beinahe 200 Arten kleiner, bunter Warmwasserfische wie die hier gezeigten, die in erster Linie an Korallenriffen leben. Wie die meisten Korallenfische gehören sie zur Ordnung der Barschartigen oder Perciformes (unten).

LEBENSRAUM RIFF

In den Tropen leben in Küstennähe weit mehr Fischarten als in anderen ozeanischen Lebensräumen, wobei die Korallenriffe dieser Küstenregionen den Inbegriff des Artenreichtums darstellen. In der Umgebung tropischer Riffe wurden bisher über 4000 Arten entdeckt. Viele Familien wie Grundeln, Brassen, Zackenbarsche, Schleim- und Schmetterlingsfische enthalten zahlreiche in unmittelbarer Nachbarschaft lebende Arten, die sich auf einen bestimmten Kleinstlebensraum spezialisiert haben.

Die große Biodiversität in der Umgebung von Korallenriffen ist auf deren Komplexität – das enorme Nahrungsangebot und die zahlreichen Unterschlupfmöglichkeiten – zurückzuführen. Die Biologen vermuten, dass auch ihr hohes Alter eine bedeutende Rolle spielt, denn die heutigen Korallenriffe sind schon im frühen Tertiär entstanden.

Die einmalige Artenvielfalt der Korallenriffe wurde durch die ständigen Veränderungen der Umweltbedingungen noch verstärkt – ausgelöst durch das mit der natürlichen globalen Erwärmung und Abkühlung in Zusammenhang stehende Steigen und Sinken des Meeresspiegels.

Aber trotz des Artenreichtums gehören die meisten Fischfamilien der Riffe zu einer einzigen Ordnung, den Barschartigen oder Perciformes, die durch vorstülpbare Mäuler und weit vorne ansetzende Bauchflossen charakterisiert sind. Beide Merkmale ermöglichen ein spezielles Fressverhalten, bei dem die Fische – z. B. Schmetterlingsfische sowie einige Riff- und Zackenbarsche – im Wasser „stehen“ und nach kleinen Nahrungsstücken schnappen.

VOM SEICHTWASSER INS OFFENE MEER

Neben den Korallenriffen bieten auch andere seichte Stellen, wie zum Beispiel Brandungsstrände, felsige Landspitzen und die bis zu einer Tiefe von 200 m reichenden Gewässer über den Kontinentalsockeln, Lebensraum für zahlreiche Fischarten. Darunter befinden sich viele Grundeln und Schleimfische, die in den steinigen Gezeitenbecken leben, sowie die zahlreichen Arten mit weißem Fleisch, die auf den Fischmärkten der Welt angeboten werden.

In den oberen Wasserschichten des offenen Meeres leben allgemein bekannte Fischarten wie Makos, Blauhaie, Thunfische, Makrelen, Speer- und Schwertfische. All diese Fische sind schnelle Schwimmer mit starken Muskeln und daher gut an eine Umgebung angepasst, in der es keine Zufluchtsorte gibt.

Bei einigen Thunfischen und Haien wie dem Mako oder dem Weißen Hai sind die Blutgefäße in den Muskeln in einem gegenläufigen Wärmeaustauschsystem angeordnet. Sie können die beim Stoffwechselprozess anfallende Energie dazu nutzen, ihre Körpertemperatur deutlich über der Temperatur des sie umgebenden Wassers zu halten. Das ermöglicht ihnen einen hohen Aktivitätsgrad und blitzschnelle Reflexe. Alle anderen Fischarten sind wechselwarm wie Amphibien oder Reptilien. Sie nehmen im Gegensatz zu Vögeln und Säugetieren, die ihre Körpertemperatur konstant halten können, die Temperatur der Umgebung an.

Im offenen Meer lebende Fische finden dort keine Verstecke. Deshalb sind die meisten Arten zur Tarnung unauffällig gefärbt: an der Oberseite meist blau oder dunkelgrau, an der Unterseite meist weiß oder silbrig.

Zu den Hochseefischen zählen unter anderem Riemenfische und deren Verwandte sowie die großen Mondfische. Einige kleinere Fische, wie zum Beispiel die Jungen einiger Lachsarten, Stachelmakrelen und Galeerenfische, haben ein geniales Versteck im offenen Meer gefunden. Sie schwimmen zwischen den Tentakeln von Quallen, wo sie von den nesselnden Zellen geschützt werden. Wie die auf den Korallenriffen lebenden Anemonenfische bleiben sie selbst von den tödlichen Waffen ihrer Gastgeber verschont.

Abwechslungsreiche Kost Schwarze Drückerfische (*Melichthys niger*) leben in großen Schwärmen in den seichten Stellen rund um kleine Inseln, wo sie sich von Zooplankton, Algen und Phytoplankton ernähren. Man hat sie aber auch dabei beobachtet, wie sie sich in der Nähe von Delfinen aufhalten und deren Fäkalien sowie Erbrochenes fressen (links).

Sandbänke Das ständige Kommen und Gehen der Gezeiten macht das seichte Wasser über den Sandbänken zu einem instabilen Lebensraum, der im Laufe eines Tages auftauchen, versinken und wieder auftauchen kann. Dennoch leben dort einige Fischarten, die meist flache Körperformen aufweisen und mit einem Muster versehen sind, das Sandkörnern ähnelt (oben).

Tarnfärbung Tarnfarben sind bei Fischen, die in den oberen Wasserschichten leben, weit verbreitet, wie man am Beispiel des karibischen Riffhaies (*Carcharhinus perezi*) sehen kann. Von oben gesehen verschmilzt die dunkle Rückenfärbung mit dem Dunkelblau der Meerestiefe, während der weiße Bauch, von unten betrachtet, im sonnendurchfluteten Wasser verschwindet (links).

Weit verbreitete Fischgruppe Maiden-Schläfergrundeln (*Valenciennea puellaris*) leben meist in Paaren. Mit über 2000 Arten ist die Familie der Grundeln (Gobiidae) die größte Fischgruppe in den Ozeanen. Bis auf einige wenige Arten leben diese Fische auf dem oder sogar im Sediment der seichten Küstengewässer (rechts).

POLARMEERE

Die eisigen Gewässer der Antarktis beherbergen über 260 Fischarten, die zum Großteil aus fünf unter der Bezeichnung „Notothenioide" zusammengefassten Familien stammen. Einige dieser Fische haben Glykoproteine in ihrem Blut, die wie Frostschutzmittel wirken. Bei derart niedrigen Temperaturen enthalten Wasser und Körperflüssigkeiten so viel Sauerstoff, dass das Blut von Antarktisdorschen kein Hämoglobin enthält und farblos ist.

IM TIEFEN WASSER

Die durchschnittliche Meerestiefe liegt bei 3790 m, aber diese Zahl sagt nichts aus über die großen Unterschiede, die zwischen den fünf Ozeanen bestehen. Das Nordpolarmeer ist mit Abstand am seichtesten: Seine durchschnittliche Tiefe beträgt im Vergleich zu den anderen Meeren weniger als die Hälfte. Der Pazifik ist der tiefste Ozean, sowohl in Bezug auf seine durchschnittliche Tiefe als auch auf den tiefsten Punkt (der Marianengraben mit 11034 m).

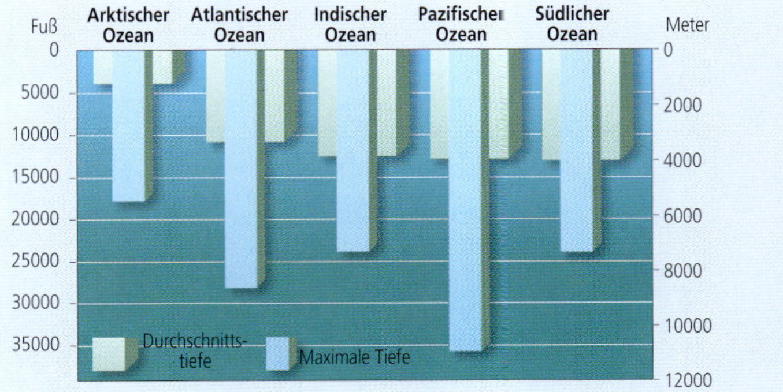

Nord- und Südpol Der zentrale Teil der arktischen Eisdecke ist das ganze Jahr hindurch zugefroren. Während der Wintermonate verdoppelt sich dieses Gebiet auf eine Fläche von annähernd 14 Millionen km². Die Antarktis ist ständig von Treibeis umgeben, dessen nördliche Grenze sich bis zum südatlantischen Packeisgürtel auf dem 52. südlichen Breitengrad ausdehnt. Der Südpol befindet sich auf der antarktischen Landmasse, der Nordpol liegt jedoch mitten im Polarmeer, in einem Gebiet, wo die Eisdecke im Sommer nur 2 m dick ist.

Einzigartige Anpassung Antarktisdorsche wie der Eisfisch (*Chaenocephalus aceratus*) sind die einzigen Wirbeltiere, deren Blut kein Hämoglobin enthält – eine Anpassung an die extreme Kälte, in der die meisten anderen Fische nicht überleben könnten (unten).

Nordhalbkugel

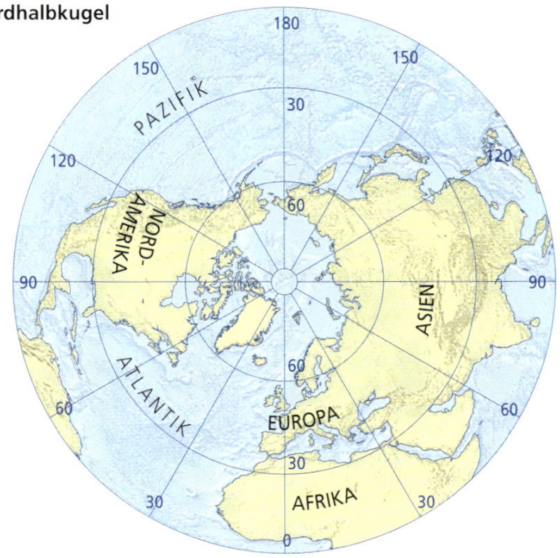

Südhalbkugel

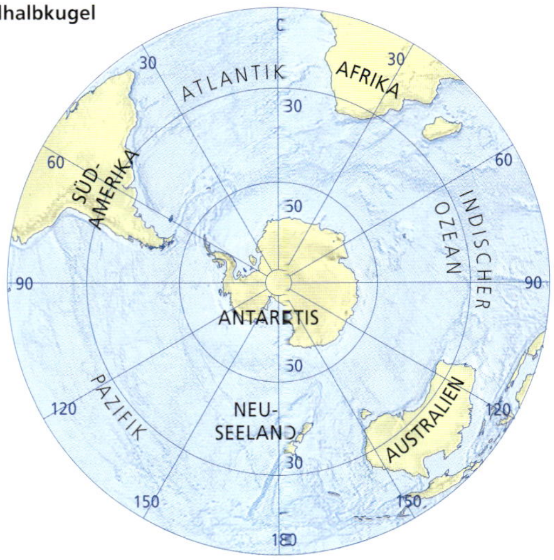

TIEFSEE

Die meisten Tiefseefische stammen aus eher primitiven Gruppen wie den Haien, Aalen und anderen einfachen Knochenfischen. Sie leben unter harten Bedingungen: in Kälte und Dunkelheit, bei einem geringen Nahrungsangebot. Die beiden letztgenannten Faktoren scheinen die auffälligsten Anpassungen der Tiefseefische ausgelöst zu haben, wie zum Beispiel die Entwicklung von Leuchtorganen und einem überdurchschnittlich großen Seitenliniensystem, mit dem sie Druckwellen vorbeischwimmender Tiere spüren und so den Verlust des Augenlichts ausgleichen können.

Brechendes Eis Die Fische der Antarktis sind an die extreme Kälte des McMurdo-Sunds angepasst, wo die Temperatur des Meerwassers im Winter auf –2 °C sinkt. Sobald das Eis im Frühling aufbricht, steigt die Wassertemperatur auf manchmal bis zu 6 °C, wodurch manche Fische an Überhitzung sterben (rechts).

Gefrorener Arbeitsplatz Der biologische Reichtum des Rossmeers beruht auf kalten Meeresströmungen, die Nährstoffe freisetzen und das Planktonwachstum fördern. Dies bildet die Grundlage der Nahrungskette in den antarktischen Gewässern, denn viele Meeresfischarten ernähren sich ausschließlich von Plankton (unten).

LEBEN IN DER TIEFSEE

Die Tiefsee beginnt bei ungefähr 200 m, wo sich die letzten Anflüge des Sonnenlichts verlieren. Im Gegensatz zum seichten Wasser bleiben die Temperaturen hier relativ konstant bei 4 °C und ändern sich nur leicht. Ein weiteres Merkmal der Tiefsee ist der ungeheure Druck, den die meisten Fischarten durch einen ebenso großen Druck im Körperinneren ausgleichen. Zellstruktur und Biochemie der unterhalb von 1500 m lebenden Arten weisen spezielle Veränderungen auf, um dem hohen Druck standzuhalten.

1. Seetang und Seegras wächst nur bis in eine Tiefe von 30 m.

2. Schmetterlingsfische ernähren sich oberhalb von 25 m von Korallenpolypen.

3. Sardellen findet man nicht unter 300 m Tiefe. Sie halten sich vorzugsweise in den oberen Schichten auf, wo sie im sonnendurchfluteten Wasser Plankton und winzige Krebstiere fressen.

4. Thunfische sind stromlinienförmige, schnelle Räuber, die unterhalb von 200 m nicht mehr zu finden sind.

5. Marlins zählen zu den schnellsten Fischen im offenen Meer. Sie kommen bis zu einer Tiefe von 915 m vor.

6. Quallen treiben in den oberen Wasserschichten. Sie ernähren sich von Zooplankton und kleinen Fischen.

7. Blauhaie, deren Nahrung aus Fischen, Schildkröten und kleinen Meeressäugetieren besteht, tauchen 350 m tief.

8. Delfine jagen kleine Fische, Tintenfische und Krebstiere. Ihr Lebensraum reicht von der Wasseroberfläche bis in eine Tiefe von 180 m.

9. Oktopusse sind listige Räuber, die auf dem Meeresgrund leben. Die meisten Arten halten sich in seichten Küstengewässern auf, aber einige Arten kommen bis zu einer Tiefe von 1000 m vor.

10. Pottwale können auf der Jagd nach den großen Tiefsee-Tintenfischen, die zu ihrer bevorzugten Beute zählen, bis in eine Tiefe von 3000 m tauchen.

11. Laternenfische leben tagsüber im Bereich zwischen 300 m und 1200 m und wandern nachts in seichtere Gewässer mit einem reicheren Nahrungsangebot.

12. Tintenfische findet man von den oberen Schichten bis hinab in die Tiefsee.

13. Silber-Beilfische leben bis in eine Tiefe von 1500 m. Nachts begeben sie sich in die oberen Wasserschichten, um Zooplankton zu fressen.

14. Tiefsee-Rochen leben auf dem Meeresgrund. Sie ernähren sich von kleinen Weich- und Krebstieren und sind bis in eine Tiefe von 2750 m zu finden.

15. Viperfische findet man bis in eine Tiefe von 4400 m. Sie lauern in einem Versteck und stürzen sich aus dem Hinterhalt auf ihre Beute.

16. Seehechte und Rattenschwänze sind Aasfresser, die sowohl lebendige, als auch tote Tiere fressen. Sie leben im Bereich zwischen 200 m und 2010 m.

17. Tiefsee-Aale sind Raubfische, die jedoch auch Aas fressen. Man findet sie bis in eine Tiefe von 3500 m.

18. Anglerfische nutzen einen weiten Bereich, der sich von den seichten Stellen bis hinab in die Tiefsee erstreckt. Sie kommen bis in eine Tiefe von 2000 m vor.

19. Dreistachler sind in Tiefen zwischen 250 m und 5700 m zu finden. Sie lauern kleinen Fischen und Krebstieren auf, deren Bewegungen sie schon von weitem spüren können.

20. Tiefsee-Asseln leben in den Tiefen der Meere, wobei die meisten Arten im Bereich zwischen 1000 m und 5000 m vorkommen.

21. Das Verteilungsdiagramm zeigt die relative Anzahl von Tieren in der jeweiligen Wassertiefe, die mit zunehmender Tiefe abnimmt.

5
6
7
8
10
11
12
13
15
16
17
18
19
20
21

WANDERUNGEN UND LARVEN

Diadrome Fische wandern zwischen Süß- und Salzwasser hin und her. Die meisten Lachsfische werden im Süßwasser geboren, wandern dann ins Meer und kehren zum Laichen ins Süßwasser zurück. Diese Art der Wanderung wird als Anadromie bezeichnet. Die entgegengesetzte Wanderung, also vom Salz- ins Süß- und wieder ins Salzwasser, nennt man Katadromie. Sie ist ein typisches Merkmal von Süßwasser-Aalen.

Diadrome Fische machen bei der Durchquerung der Flussmündungen komplizierte physiologische Veränderungen durch. Die enormen Anforderungen, die dieser Vorgang stellt, erklärt die Tatsache, dass diese Fische meist nur einmal laichen.

Auch innerhalb eines größeren Lebensraumes unternehmen Fische Wanderungen, um ihren Laich abzulegen. Diese Art der Wanderung ist bei den Heringen und den Dorschen der Nordsee am bekanntesten.

VERÄNDERUNGEN DES MUSTERS

Junge Zebrahaie ähneln den Erwachsenen in Körperform und Bewegung. Sie unterscheiden sich nur in Größe und Färbung. Nach der Geburt ist ihre dunkelbraune Haut mit dicken, gelben, zebraähnlichen Streifen versehen. Werden sie erwachsen, hellt sich der Hintergrund auf und wird gelbbraun, während die Streifen durch dunkle, leopardenähnliche Flecken ersetzt werden.

Neugeborener Hai

Junghai

Erwachsener Hai

Wanderungen ermöglichen den Fischen in den verschiedenen Phasen ihres Lebens die Nutzung unterschiedlicher Lebensräume. Bei vielen Arten leben Larven und erwachsene Fische in unterschiedlichen Lebensräumen, um einander nicht die Ressourcen streitig zu machen. Das hat dazu geführt, dass die Larven oft ganz anders aussehen als ihre Eltern und meist in den Oberflächenströmungen treiben, wo es Nahrung im Überfluss gibt.

Blasenbaby Die Larven vieler Anglerfische schweben in einer ballonähnlichen Hülle aus aufgeblasener Haut. Sie entwickeln sich nahe an der Wasseroberfläche. Der Ballon hilft ihnen, den Auftrieb auszugleichen und in Gewässern zu treiben, die deutlich seichter sind als diejenigen, in denen ihre Eltern leben (unten).

Wandernder Fischschwarm Heringe verbringen ihr Erwachsenenleben in großen Schwärmen. Sie laichen zu gewissen Jahreszeiten und wandern dazu meist in bestimmte Gebiete. Einige Arten schwimmen auch flussaufwärts, um ihren Laich im Süßwasser abzulegen (rechts).

FÄRBUNG UND TARNUNG

Die Körperpigmentierung erfüllt bei Fischen mehrere Funktionen. Sie schützt die inneren Organe der in seichtem Wasser lebenden Arten vor dem Sonnenlicht. Die Haut von Fischen, die sich im tiefen, dunklen Wasser aufhalten, enthält dagegen meist keine Farbpigmente.

Vertreter derselben Art können einander an ihren Mustern und Farben erkennen, die zur Laichsaison oft prächtiger werden. Die Pigmentierung dient aber auch zur Tarnung vor potenziellen Feinden. Plattfische können ihr Aussehen blitzschnell verändern und das Muster des Meeresbodens annehmen, auf dem sie liegen.

Zu den auffälligsten Merkmalen von Fischen zählen ihre schwarzen Augen. Deshalb besitzen viele Arten einen schwarzen Streifen, der quer über das Auge verläuft und dieses so tarnt und schützt. Andere Fischarten haben auf ihrem Schwanz oder auf den Flossen Augenflecken, um Raubfische zu täuschen und zu verhindern, dass diese den Kopf angreifen.

Tarnende Transparenz Der beinahe durchsichtige Körper der Grundel lässt die Farbe und Struktur der Fächerkoralle durchscheinen. Transparenz ist ein einfaches und wirksames Mittel zur Tarnung. Sie ermöglicht der Grundel, über unterschiedliche Korallen zu schwimmen, ohne entdeckt zu werden (oben rechts).

Bodenbewohner Der Südliche Stachelrochen (*Dasyatis americana*) ist ein nachtaktiver Räuber, der auf Sand oder schlammigem Bodengrund lebt. Tagsüber liegt er auf dem Grund des Meeres und vergräbt sich manchmal im Boden, wobei nur seine Augen zu sehen sind (Mitte rechts).

Verborgene Talente Tarnung ist für Anglerfische, die mit über 300 Arten in den gemäßigten und tropischen Gewässern verbreitet sind, lebenswichtig. Ohne diese würde ihre Jagdtaktik nicht funktionieren, bei der sie die Beute durch Bewegungen ihres Kopfes anlocken (unten rechts).

Ausgezeichnete Nachahmung Der Schutz vor Räubern besteht für Fische oft darin, mit ihrer Umgebung buchstäblich fast zu verschmelzen. Der Amazonas-Blattfisch (*Monocirrhus polyacanthus*) ahmt die Form und Farbe abgestorbener Blätter nach und versteckt sich dadurch sowohl vor Räubern, als auch vor seiner Beute (links).

LEUCHTFÄHIGKEIT

Bei Fischen, die in der finsteren Umgebung der Tiefsee leben, übernimmt die Biolumineszenz die Funktion der Farbe. Überraschenderweise findet man sie aber auch bei einigen Arten, die sich in seichten Gewässern aufhalten, wie Blitzlichtfischen, Ponyfischen sowie einigen Kardinal- und Kugelfischen. Die Fische dieser Familien besitzen ein relativ großes Leuchtorgan. Bei Blitzlichtfischen befindet es sich außen am Kopf, bei den anderen Arten steht es mit lichtproduzierenden Bakterien in Verbindung, die im Verdauungstrakt leben.

Einige Arten, die im seichten Wasser leben, darunter eine Sardellenart, eine Umberfischart und eine Bootsmannfischart, haben in ihrer Haut zahlreiche lichtproduzierende Organe, sogenannte Photophoren, die eigentlich ein typisches Merkmal von Tiefseefischen wie den Laternenfischen oder Leuchtfischen sind.

Die Biolumineszenz erfüllt mehrere Aufgaben. In dem Bereich, in dem sich das letzte von der Oberfläche durchdringende Licht verliert, dient es auch zur Tarnung. Die Fische senden Licht aus, das dieselbe Intensität hat wie die durchdringenden Sonnenstrahlen, wodurch ihre Silhouette verschleiert wird und von unten nicht zu erkennen ist.

Die meisten Laternenfische besitzen ein Muster aus Leuchtorganen, das bei der Partnerwerbung und im Schwarm als Erkennungszeichen dient. Die leuchtenden Fäden auf den Köpfen von Anglerfischen und am Kinn von Drachenfischen locken die Beute in die Nähe ihrer großen Mäuler.

Lichtshow Der Tannenzapfenfisch (*Monocentris japonica*) lebt in Höhlen oder unter Felsvorsprüngen. Er täuscht seine Beute mit Hilfe leuchtender Bakterien an der Spitze seines Unterkiefers. Bei Tag ist dieser Punkt orangefarben, nachts sendet er blaugrünes Licht aus, um Zooplankton anzulocken (oben links).

Giftige Flossen Von allen giftigen Fischen sind Steinfische (*Synanceia* sp.) für Menschen am gefährlichsten. Ihre Giftdrüsen befinden sich an der Basis der Flossenstacheln, die mit Rillen versehen sind und im Inneren einen Kanal besitzen, der das Gift in die Spitze leitet (links).

Aufhellung Große Leuchtorgane in der Nähe der Augen helfen Fischen wie dem Blitzlichtfisch (*Photoblepharon steinitzi*) vermutlich dabei, besser zu sehen (rechts).

LICHTSCHALTER

Um sich vor Räubern zu verstecken, bedeckt der Blitzlichtfisch sein Leuchtorgan mit einem Hautlappen, der mit schwarzen Pigmentzellen (Melanophoren) versehen ist.

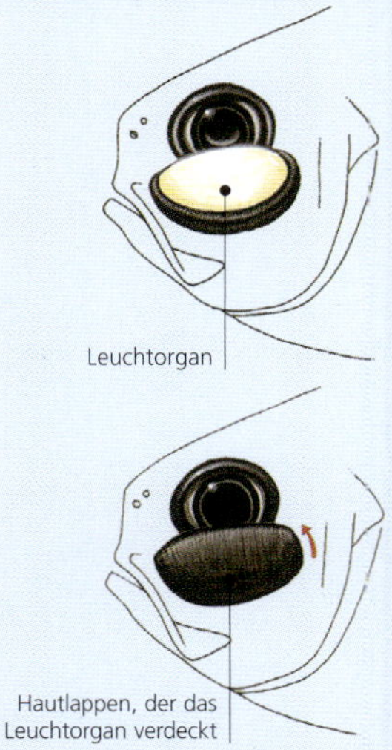

GIFTE

Eine der wirksamsten Arten, einen Angreifer abzuwehren, besteht darin, schmerzhaftes Gift in seinen Körper zu spritzen. Viele nicht miteinander verwandte Fische besitzen gezackte Flossenstacheln, die an der Basis mit einer Giftdrüse versehen sind. Solche Giftstacheln findet man bei mindestens 40 Gruppen, darunter einige Haiarten, Stachelrochen, Chimären, Welse, Krötenfische, Drachenköpfe, Petermännchen, Kaninchenfische und Sterngucker.

Einige Kugelfische besitzen ein äußerst starkes Gift namens Tetrodotoxin, das sich in der Leber, den Eierstöcken und im Darm konzentriert. Das Gift greift auch die Haut und sogar das Blut an. Es ist ein starkes Nervengift, deutlich stärker als Zyanid, und kann beim Menschen zu einem raschen Tod führen.

DAS INNERE EINES LEUCHTORGANS

In der Photophore eines Fisches wird dadurch Licht produziert, dass im Inneren der Zellen Luziferin durch das Enzym Luziferase aufgespalten wird. In der Laterne wird das Licht zur Linse geleitet, wo es zu einem nach vorne gerichteten Strahl gebündelt wird. Der Großteil einer Photophore ist von Pigmenten umgeben, die eine Beleuchtung des umgebenden Gewebes verhindern.

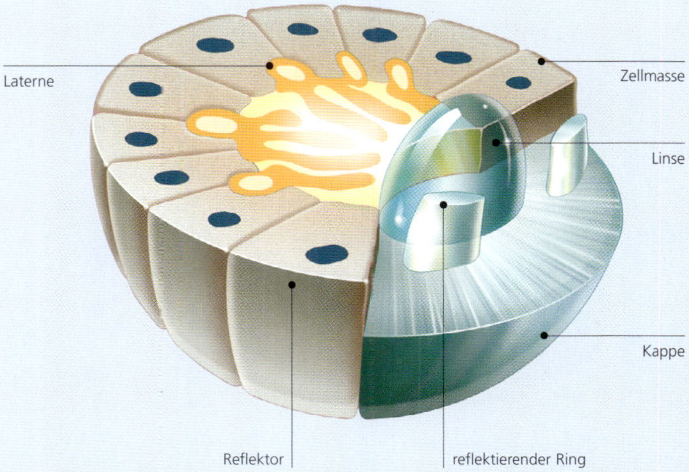

BEDROHTE FISCHARTEN

Eine zu Beginn dieses Jahrhunderts durchgeführte internationale Untersuchung kam zu dem Ergebnis, dass 90 Prozent aller großen Fischarten aus den Meeren verschwunden und Fische weltweit einem ungeheuren Druck ausgesetzt sind. In den meisten Lebensräumen sinken die Bestandszahlen, sowohl in den Flüssen und Seen als auch in der Umgebung der Flussmündungen, in Mangrovensümpfen, an Korallenriffen und in der Tiefsee. Aber auch die Fische in den Gewässern der Wälder sind von dieser Bedrohung betroffen, denn die Abholzung von Waldflächen wirkt sich auf die in diesen Gebieten vorhandene Wassermenge aus. Die Karpfen (Cyprinidae) sind mit 160 gefährdeten Arten die am stärksten bedrohte Fischgruppe, gefolgt von den Buntbarschen mit etwa 90 Arten, von denen über 85 Prozent in den Seen und Flüssen Afrikas leben. Alle 27 Vertreter der Störe und Paddelfische (Ordnung Acipenseriformes) zählen zu den gefährdeten Arten, 17 sind stark gefährdet oder vom Aussterben bedroht.

BEGRENZTE VERBREITUNG

Das Verbreitungsgebiet vieler Arten ist von Natur aus begrenzt, weshalb sie auf jede Veränderung des Lebensraumes sehr sensibel reagieren. Die Großen Seen Nordamerikas zählen ebenso zu begrenzten Habitaten wie das Tal von Mexiko, die Cenoten im Süden Mexikos und die ostafrikanischen Grabenseen (Malawi-, Viktoria- und Tanganjika-See). Eingeschlossene Becken und andere isolierte Lebensräume wie Wüstenquellen sind oft reich an endemischen Arten.

Buntbarsche und einige Kärpflingsartige haben sich an diese Umgebungen angepasst und wie Darwins berühmte Finken auf den Galápagos-Inseln innerhalb eines relativ kurzen geologischen Zeitraumes bedeutende Veränderungen durchgemacht und spezielle Nahrungsstrategien entwickelt.

Der Teufelskärpfling ist wohl das extremste Beispiel einer Art mit beschränktem Verbreitungsgebiet. Die gesamte Population lebt auf einem Gesims aus Sandstein in einem Wasserloch namens Devil's Hole in den Vereinigten Staaten.

Einige haplochromine Buntbarsch-Arten im afrikanischen Viktoriasee beschränken sich trotz der enormen Größe des Sees auf kleine Nischen.

Der Groppenbarsch (*Romanichthys valsanicola*), der nur im Oberlauf des Arges (Donaubecken) vorkommt, ist vermutlich die am stärksten gefährdete europäische Fischart.

FISCHE IN WÄLDERN

Die Rodungen der Wälder werden meist mit dem großräumigen Verschwinden landbewohnender Wirbeltiere und Wirbelloser in Verbindung gebracht, doch in den tropischen Regenwäldern des Amazonasgebiets, Malaysias und Indonesiens leben Fische, die sich von Früchten, Samen und Blättern, die von den Bäumen ins Wasser fallen, ernähren. Diese Arten reagieren sensibel auf die intensive Abholzung der Wälder. Zwischen 1970 und 1975 ging der Fischfang am Amazonas als direkte Folge der rund um die Laichgründe erfolgten Rodungen um 25 Prozent zurück. Einige kommerziell genutzte Fischarten im Amazonasbecken wurden bereits in die Liste der bedrohten Arten eingetragen.

Verschwindende Haiart Der Sandtiger (*Carcharias taurus*) zählt zu den beinahe ausgerotteten Haiarten. Die Weibchen bringen pro Schwangerschaft nur zwei Junge zur Welt. Deshalb ist es für diese Art besonders schwierig, die Schwelle zum Aussterben wieder zu verlassen (links).

Fischverlust Der Blaue Wüstenkärpfling (*Cyprinodon macularius*) lebt in den Bächen Mexikos und Colorados und war in der ersten Hälfte des vergangenen Jhs. weit verbreitet. Von den 1960er-Jahren an haben eingeführte Raubfische den Bestand so verringert, dass er als gefährdet gilt (unten links).

Verwundbare Verbreitung Die meisten Buntbarsche wie die, die sich in der Trockenzeit in einem Teich im Pantanal (Brasilien) drängen, um Luft zu schlucken, leben in einem begrenzten Verbreitungsgebiet und leiden unter der Zerstörung ihrer Lebensräume (unten rechts).

Überfischte Arten Der Dunkle Zackenbarsch (*Epinephelus marginatus*) ist ein Meeresfisch, der rund um die Riffe afrikanischer, europäischer und südamerikanischer Gewässer lebt. Die Überfischung hat die Bestände derart verringert, das diese Art als gefährdet eingestuft wird (oben).

VERÄNDERUNG

Natürliche Veränderungen des Lebensraumes können zwar auch zur Ausrottung oder zu einem starken Rückgang der Bestände führen, doch die durch Menschen ausgelösten Veränderungen bedrohen heute weltweit mehr Fischarten als je zuvor und sind mittlerweile zu einer der Hauptursachen für das Aussterben vieler Arten geworden. Alle Lebensräume sind von einem oder mehreren der folgenden Eingriffe betroffen: Stadtentwicklung, Umweltverschmutzung, Wasserentnahme oder -umleitung, Dämme (blockieren die Wanderwege), Flussregulierungen, internationaler Handel (Fischfang mit Zyanid oder Dynamit für den Aquariumhandel), Überfischung.

Die Großen Seen Nordamerikas, eines der größten Süßwassersysteme der Erde, zeigen die verheerenden Auswirkungen der von Industrie und Landwirtschaft verursachten Verschmutzung. Gemeinsam mit dem Wachsen der Städte und den Veränderungen der Lebensräume hat sie die Wasserqualität und Produktivität der Seen deutlich verringert. Einheimische Fische wie der Stör und die Kurzkiefer-Maräne sind nur zwei der zahlreichen Fischarten, die davon betroffen sind.

Flüsse, die durch mehrere Länder fließen, sind verheerenden Eingriffen ausgesetzt. Die Donau durchquert zwölf europäische Staaten mit einer Gesamtbevölkerung von mehr als 70 Millionen Menschen. Sie wurde durch 1700 Industrieanlagen verunreinigt und der Überfischung sowie dem Kraftwerksbau ausgesetzt. Die Situation wurde durch den niedrigen Wasserstand noch verschlimmert. Im Bereich ihres Deltas in Rumänien zeigen sich die Auswirkungen am dramatischsten. Ebenso verhält es sich mit dem Rio Colorado, der durch die USA und Mexiko fließt. Der in diesem Fluss lebende Totoaba (*Totoaba macdonaldi*) ist durch die starke Wasserentnahme und Verschmutzung vom Aussterben bedroht.

EINGEFÜHRTE FISCHE

Weltweit sind Fische der Bedrohung durch eingeführte Arten ausgesetzt, was in geschlossenen oder spezialisierten Lebensräumen verheerende Auswirkungen haben kann. Die fremden Arten konkurrieren mit den einheimischen um Platz und Nahrung oder machen Jagd auf sie. Außerdem kommt es vor, dass sich eingeführte Arten mit den einheimischen vermischen und genetische Veränderungen somit zu einem weiteren Risikofaktor werden.

Gambusia, der Moskitofisch, zählt zu den zerstörerischen eingeführten Arten. Er ist im Süden und Osten der USA beheimatet, wurde jedoch in vielen Ländern eingeführt, um die Moskitos unter Kontrolle zu bringen. Heute besitzt er eines der größten Verbreitungsgebiete aller Süßwasserfische. Es stellte sich heraus, dass diese Fische Moskitolarven doch nicht so effizient vertilgen wie erhofft. Mittlerweile sind sie in vielen Ländern zur Plage geworden.

Umweltveränderungen Bilder wie dieses ausgetrocknete Flussbett sind typisch für das kalifornische Death Valley, eine der heißesten und trockensten Gegenden der Erde. Durch die Langzeitfolgen des Klimawandels und der globalen Erwärmung könnten solche Szenen jedoch überall auf der Welt zu einem gewohnten Anblick werden. Die Wasserentnahme aus Flüssen für Industrie und Landwirtschaft verschlimmert die Situation noch weiter (oben).

Tod eines Flusses Von Ost nach West die französische Hauptstadt durchquerend, hat die Seine jahrhundertelang ihren Teil zum Leben von Paris beigetragen und wurde in berühmten Gemälden und Romanen verewigt. Heute ist sie eine Metapher für Umweltzerstörung (oben rechts).

Verheerende Auswirkungen In einem der seltenen Fälle von explosiver Evolution und Artentstehung haben sich im afrikanischen Viktoriasee in weniger als 200 000 Jahren über 400 Buntbarsch-Arten entwickelt. Vor ungefähr 50 Jahren wurde der Nilbarsch eingeführt und nur etwas mehr als eine Handvoll der früher im Viktoriasee beheimateten Arten hat die durch den Barsch verursachten zerstörerischen Eingriffe in die Umwelt überlebt (rechts).

FISCHHANDEL

Schon seit Jahrtausenden fangen Menschen Fische, aber noch nie waren sie dabei so effektiv wie heute. Viele Fischarten werden für den menschlichen Verzehr oder als Tierfutter gefangen. Die Eier der Störe und Paddelfische landen als Kaviar auf unseren Tischen.

Die Ausbeutung der natürlichen Fischbestände wird zwar vom kommerziellen Fischfang dominiert, doch auch der wachsende Handel mit tropischen Aquariumfischen ist in vielen Entwicklungsländern zu einer Einkommensquelle für die lokale Bevölkerung geworden. Derzeit sind im Aquariumhandel 800 Arten „jederzeit erhältlich“. Beim Handel mit Süßwasserarten wird der Großteil des Marktes mit angeblich zu 90 Prozent in Gefangenschaft gezüchteten Fischen abgedeckt, aber ein nicht unbeträchtlicher Teil wird mit Exemplaren versorgt, die in Afrika oder Südamerika gefangen werden. Für ungewöhnlich schöne Varianten bestimmter Fischarten werden hohe Preise verlangt. Ein einzelner Asiatischer Gabelbart kann zum Beispiel mehr als 10 000 Euro kosten.

Im Gegensatz dazu stammen vermutlich annähernd 90 Prozent der Meeresfischarten im Handel aus Ländern wie den Philippinen, Singapur und Indonesien, wo sie wild gefangen werden. Allein auf den Philippinen findet man im Handel mindestens 386 Korallenfischarten aus 79 Familien.

Der Handel bedroht die Wildbestände auf zweierlei Art. Vertreter fremder Arten, die aus Fischfarmen entkommen, konkurrieren mit einheimischen Arten um Platz und Nahrung oder machen sie zu ihrer Beute, während sie Parasiten und Krankheiten übertragen. Außerdem reduziert er die wilden Fischbestände.

Die traditionelle Chinesische Medizin ist ein weiterer großer Markt, der Druck auf einige Fischarten ausübt. Vor allem der Bedarf an Seepferdchen und Seenadeln hat dazu geführt, dass 37 Arten in die Liste der bedrohten Tiere der IUCN aufgenommen wurden.

Zerstörerische Praxis Eine der größten Bedrohungen für die Haifischpopulationen ist das Abschneiden der Flossen, um den Markt für Haifischflossensuppe und andere kulinarische Spezialitäten zu versorgen. Der Handel ist zwar illegal, aber auf asiatischen Märkten wie hier in Singapur werden weiterhin Haifischflossen zum Verkauf angeboten (oben).

Verschmutzung der Meere Der Verlust und die Verschmutzung des Lebensraumes stellen die größte Bedrohung für die gefährdeten Fischarten dar. Es dauert viele hundert Jahre, bis Abfall wie dieser Kunststoffbehälter verrottet ist. Deshalb werden auch zukünftige Generationen von den Auswirkungen dieser Verschmutzung betroffen sein (oben rechts).

Nützlicher Abfall Künstliche Riffe (unten rechts) sind eine Möglichkeit, um große Maschinenteile oder anderen Abfall, den man sonst kaum los wird, sinnvoll zu verwerten. Am wichtigsten ist jedoch, dass dadurch Lebensräume für Fische geschaffen werden. Künstliche Riffe können aus Felsblöcken, Beton, alten Schiffen oder sogar Flugzeugen errichtet werden (unten rechts).

Legales Abschlachten Obwohl der Südliche Rote Thunfisch gefährdet ist, wird er in einigen Ländern legal gefangen. Vor allem in Japan herrscht eine große Nachfrage und die hohen Preise, die für Fische in gutem Zustand bezahlt werden, sorgen dafür, dass der Thunfischfang fortgesetzt wird (rechts).

SCHUTZMASSNAHMEN

Mindestens 93 Fischarten aus elf Ländern sind bereits ausgestorben und die Anzahl der gefährdeten Arten steigt mit jedem Jahr.

Viele Länder haben zwar Gesetze zum Schutz bestimmter Fischarten erlassen, aber nur wenige sorgen dafür, dass diese auch eingehalten werden. Einzigartige Lebensräume, wie das europäische Donaudelta oder das Amazonasbecken, stehen im Brennpunkt internationaler Schutzmaßnahmen. Für viele Fischarten, die in anderen Flusssystemen wie zum Beispiel dem Mekongbecken leben, kommen solche Programme aber wahrscheinlich zu spät.

Maßnahmen zur Erhaltung der Lebensräume, Verringerung der Umweltverschmutzung, Eliminierung eingeführter Arten sowie Fangbeschränkungen und strengere Kontrollen des Handels könnten das Überleben der bedrohten Arten sichern.

FISCH-GRUPPEN

KIEFERLOSE FISCHE

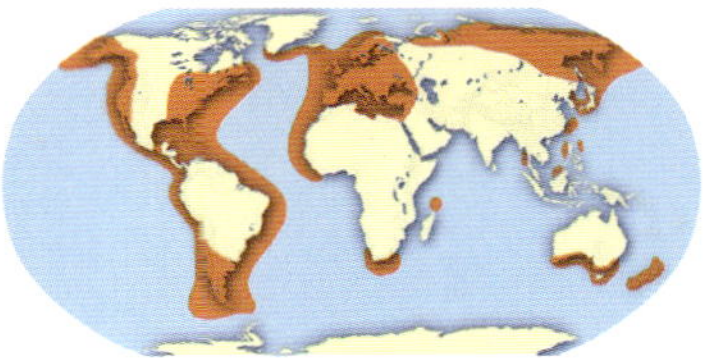

Verbreitete Raritäten Inger und Neunaugen kommen in gemäßigten Gewässern der Nord- und Südhalbkugel vor sowie in kühlen Tiefseegebieten der Tropen. Neunaugen leben im Süß- und Salzwasser, Inger sind reine Meeresbewohner. Neunaugenlarven graben sich in den weichen Untergrund von Bächen und Flüssen ein, wo sie Algen, organisches Material und Mikroorganismen aus dem Wasser filtern.

ÜBERKLASSE	Agnatha
KLASSEN	2
ORDNUNGEN	2
FAMILIEN	2
ARTEN	105

Kieferlose waren die ersten Fische. Die meisten starben vor etwa 360 Millionen Jahren aus. Die zwei überlebenden Gruppen – Inger oder Schleimaale und Neunaugen – sind wohl nur entfernt verwandt. Sie umfassen 105 Arten. Allen fehlen Schuppen und Kiefer, alle haben ein Knorpelskelett. Flossen fehlen oder sind spärlich entwickelt. Inger sehen ähnlich aus wie Aale und produzieren in Drüsen an den Flanken große Mengen an Schleim, vermutlich zur Verteidigung. Sie fressen tote und sterbende Fische sowie Wirbellose. Sie haben Fotorezeptoren, aber weder echte Augen noch ein Larvenstadium. Neunaugen haben funktionsfähige Augen und ein langes Larvenstadium. Neunaugenlarven sind Nahrungsfiltrierer, die meisten Adulten leben parasitisch auf anderen Fischen.

Saugmäuler Neunaugen leben parasitisch auf anderen Fischen, indem sie sich mit gezähnten Mundscheiben an deren Körper festkrallen. Sie saugen Körperflüssigkeiten, fressen jedoch manchmal auch kleine Fleischstücke und innere Organe. Oft töten sie dabei ihre Wirte (rechts)

Maul und Kiemen Um als Saugnapf dienen zu können, sind die Saugmäuler der Neunaugen nicht mit den Kiemen verbunden. In rasch fließenden Bächen klammern sich die Fische mit dem Maul an Steine und Felsen (unten).

SCHUTZSTATUS

Bedrohte Neunaugen Laut Roter Liste der IUCN gilt *Lethenteron zanandreai* als stark gefährdet. *Eudontomyzon hellenicus* und *Mordacia praecox* sind gefährdet. Hauptgrund für den Rückgang des Bestandes dieser drei Neunaugenarten ist die Lebensraumzerstörung.

FORTPFLANZUNG

Die Fortpflanzung der Inger bleibt weitgehend rätselhaft. Die Fische beginnen ihr Leben als Zwitter und werden später zu Männchen oder Weibchen. Man nimmt an, dass sie mehrmals in ihrem Leben ablaichen, wobei sie jeweils wenige große Eier – von 2,5 cm Länge – in einer harten Kapsel produzieren. Es gibt keine Larvenstadien. Die Jungtiere haben durch den Dotter genügend Nahrung, dass sie als Miniatur-Adulte schlüpfen.

Neunaugen laichen nur einmal ab und erzeugen viele, wesentlich kleinere Eier, bevor sie sterben. Die ersten Jahre verbringen sie als nahrungsfiltrierende Larven, genannt Ammocoetes-Larven. Die Entwicklung zum adulten Tier erfolgt normalerweise, wenn die Larven 7,5 bis 16,5 cm lang sind und dauert 3 bis 6 Monate. Einige Arten wandern stromabwärts ins Meer.

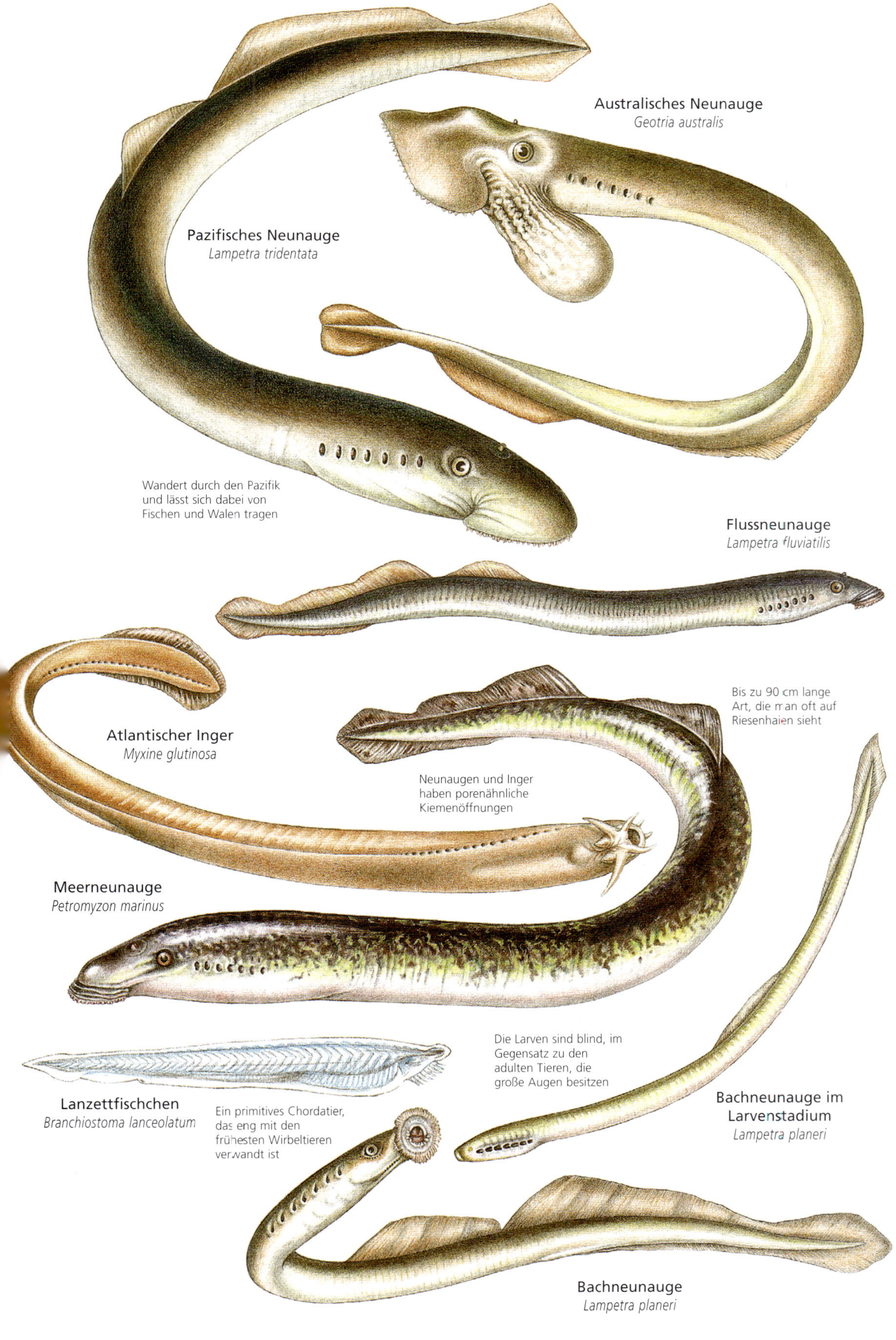

AUF EINEN BLICK

Pazifisches Neunauge Die Art legt ihren Laich im Süßwasser ab. Die Larven bleiben fünf bis sechs Jahre lang im Grund des Baches vergraben, ehe sie die Form erwachsener Fische annehmen und ins Meer wandern. Dort verbringen sie 12 bis 20 Monate, um danach zum Laichen in die Flüsse zurückzukehren.

- Bis 76 cm
- Bis 500 g
- Ovipar
- Männchen/Weibchen
- Häufig

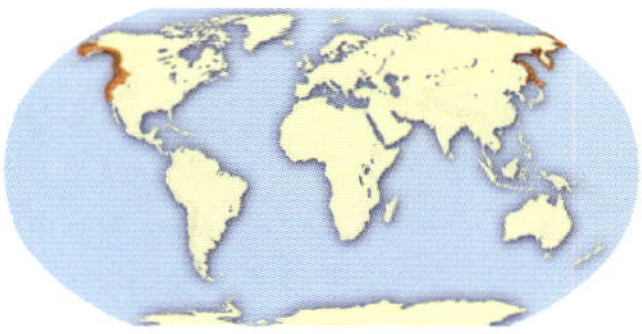

Küsten des Pazifik in Nordamerika und Asien

Australisches Neunauge Erwachsene Exemplare dieser Art leben als Parasiten auf anderen Fischen im Meer, legen ihren Laich aber in seichten Flüssen und Bächen ab und sterben bald darauf.

- Bis 61 cm
- Bis 225 g
- Ovipar
- Männchen/Weibchen
- Regional häufig

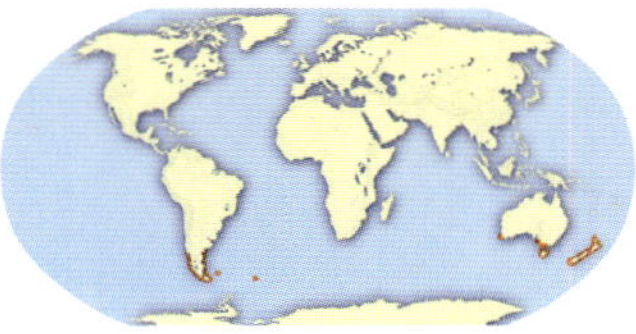

Südamerika; Süden Australiens u. Neuseelands

Atlantischer Inger Inger sind in erster Linie nachtaktive Räuber, die sich von Wirbellosen ernähren. Sie fressen aber auch Aas und können enorme Mengen an Schleim produzieren. Deshalb werden sie auch Schleimaale oder Schleiminger genannt.

- Bis 75 cm
- Bis 225 g
- Ovipar
- Männchen/Weibchen
- Häufig

Westl. u. östl. Nordatlantik u. Westl. Mittelmeer

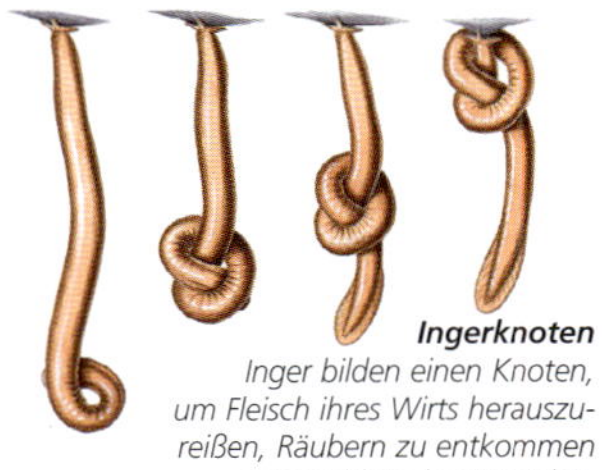

Ingerknoten
Inger bilden einen Knoten, um Fleisch ihres Wirts herauszureißen, Räubern zu entkommen oder Schleim loszuwerden.

KNORPELFISCHE

KLASSE Chondrichthyes
UNTERKLASSEN 2
ORDNUNGEN 12
FAMILIEN 47
ARTEN 999

Haie und Rochen besitzen ein Skelett aus Knorpel und werden daher als Knorpelfische bezeichnet. Die Evolutionsgeschichte der Haie geht etwa 400 Millionen Jahre zurück, die der Rochen etwa 200 Millionen Jahre. Alle Arten fressen andere Tiere, die meisten leben im Meer. Ihre in Bindegewebe eingebetteten Zähne wachsen ein Leben lang. Knorpelfische haben meist fünf, mitunter auch sechs oder sieben äußere Kiemenspalten beiderseits des Mauls. Bei allen erfolgt eine innere Befruchtung. Zusammen mit den Chimären (vor allem in der Tiefsee lebende Arten wie Seeratten, Geisterhaie und Elefanten-Chimären) bringen es Haie und Rochen heute auf etwa 1000 Arten.

Schläfchen Karibische Riffhaie (oben) kommen an Riffen rund um die Inseln der Karibik vor. Sie sind dafür bekannt, bewegungslos in Höhlen und am Meeresboden zu ruhen, als würden sie schlafen.

Sanfter Riese Der größte lebende Fisch, der Walhai (links), wird mit etwa 25 Jahren und 9 m Länge geschlechtsreif. Er zieht durch Indischen Ozean, Pazifik und Atlantik und filtert mit offenem Maul vor allem Plankton aus dem Oberflächenwasser.

ALTE MERKMALE

Anders als die kieferlosen Fische (die auch ein Knorpelskelett haben) besitzen Haie, Rochen und ihre engen Verwandten gut entwickelte Kiefer, paarige Nasenlöcher und paarige Brust- und Bauchflossen. Ferner unterscheiden sie sich von den Knochenfischen durch Hautzähnchen und durch Zähne, die ein Leben lang ersetzt werden oder zu ständig wachsenden Knochenplatten verschmolzen sind.

Die Klasse Chondrichthyes, zu der die Knorpelfische gehören, teilt man in zwei Unterklassen. Zu den Elasmobranchiern zählen Haie und Rochen. Die kleinere Gruppe der Holocephali umfasst die verhältnismäßig primitiven Chimären. Diese bizarr aussehenden, am Meeresboden lebenden Fische besitzen nur eine Kiemenspalte und vier Kiemen auf jeder Seite des Kopfes. Ihre Haut ist vorwiegend nackt, die Zähne sind zu Platten, der Oberkiefer ist mit dem Schädel verschmolzen.

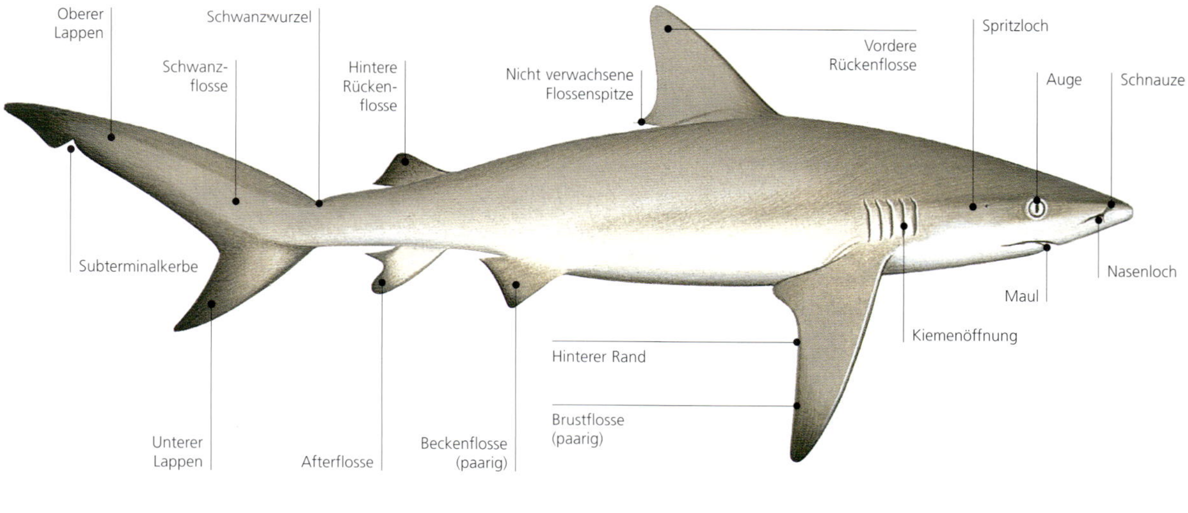

Hai-Anatomie Die Merkmale der Haie haben sich seit ihrer Entstehung kaum verändert. Der stromlinienförmige Körper ist an die räuberische Lebensweise angepasst. Die Flossen sind dick und haben meist keine Stacheln. Alle Haie haben paarige Bauch- und Brustflossen und zwei bis vier unpaarige After-, Schwanz- und Rückenflossen. Die Kiemenöffnungen sind sichtbar (links).

Gutes Sehvermögen *Große Augen auf kurzen Stielen geben diesem Rochen, der auf einem Riff lebt, einen hervorragenden Blick nach vorn und zur Seite.*

Wanderungen Blaupunktrochen (*Taeniura lymma*, oben) suchen bei Flut in kleinen Gruppen nach Wirbellosen, die auf Riffen leben. Bei Ebbe schwimmen sie zurück in tiefere Gewässer und verstecken sich unter Felsen und in Höhlen.

OBERSEITE

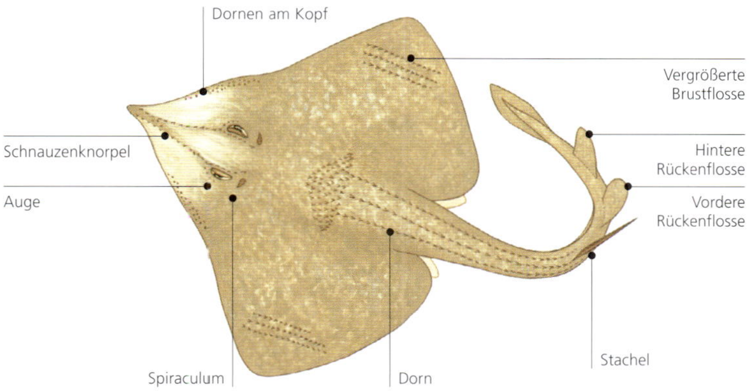

UNTERSEITE

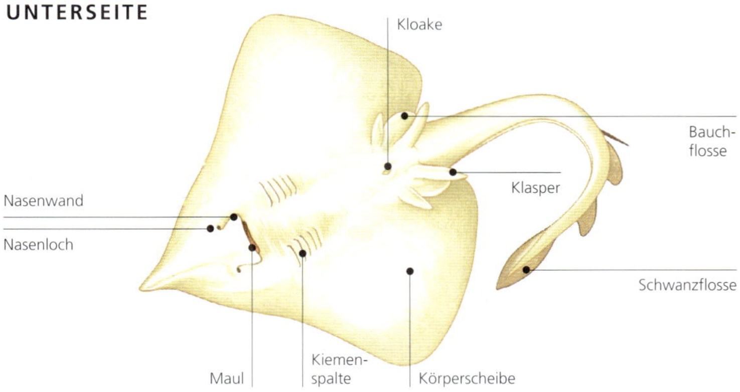

Rochenanatomie Rochen besitzen einen abgeplatteten, scheibenförmigen Körper mit Augen auf der Oberseite und einem Maul auf der Unterseite (links). Sie haben fünf oder sechs Paare von Kiemenspalten auf der Körperunterseite, die direkt hinter dem Maul liegen. Rochen nehmen das Atemwasser vor allem durch große Öffnungen auf der Kopfoberseite, die Spiracula, auf, mitunter auch zusätzlich durch das Maul. Der lange, dünne Schwanz ist oft mit spitzen Stacheln besetzt, um Feinde abzuwehren. Er dient nicht zum Schwimmen. Der Antrieb erfolgt durch die großen, flügelähnlichen Brustflossen. Schwanz- und Rückenflosse sind oft verkümmert oder fehlen.

FORTPFLANZUNG

Bei allen Knorpelfischen findet eine innere Befruchtung statt. Männchen besitzen keinen Penis, sondern so genannte Klaspern, die in die Kloake des Weibchens eingeführt werden, um das Sperma dort einzuleiten. Je nach Art werden pro Trächtigkeit zwei bis 300 Junge erzeugt.

Die meisten Fische setzen bei der Fortpflanzung auf eine hohe Zahl von Nachkommen und legen manchmal Millionen winziger Eier auf einmal ab, so dass mindestens einige Jungtiere die Geschlechtsreife erreichen. Haie und Rochen haben wenige Nachkommen, investieren aber viel Energie in deren Frühentwicklung. Einige Haie und Rochen legen große, dotterreiche Eier, die den Embryo für Monate ernähren, bis er schlüpft. Bei den meisten bleiben die Jungen im Mutterleib, bis sie nach langer Tragzeit geboren werden. Haie und Rochen kommen als Mini-Version ihrer Eltern auf die Welt.

Die Brutpflege endet fast immer mit der Geburt. Die Jungen vieler Haiarten verlassen ihre Mutter schnell, damit sie nicht von ihr gefressen werden.

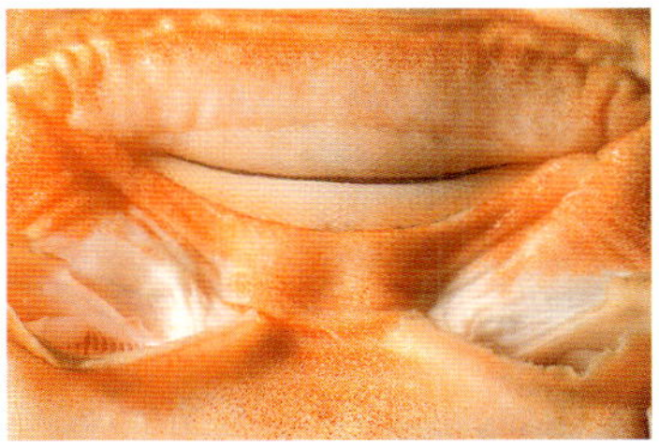

Kräftige Schwimmer *Aetobatus narinari*, eine Adlerrochen-Art, ist ein sehr sozialer Fisch, der sich häufig in Gruppen an der Meeresoberfläche aufhält. Er bewegt sich kraftvoll und anmutig durchs Wasser und kann Feinden entkommen, indem er aus dem Wasser springt.

HAIE

KLASSE	Chondrichthyes
UNTERKLASSE	Elasmobranchii
ORDNUNGEN	8
FAMILIEN	31
ARTEN	415

Haie machen zwar weniger als zwei Prozent aller lebenden Fischarten aus, spielen aber eine große Rolle im Ökosystem Meer, weil sie an der Spitze der Nahrungskette stehen. Daher kommen sie – verglichen mit den meisten Knochenfischen – in relativ geringer Zahl vor. Dies und eine geringe Fortpflanzungsrate machen Haie besonders anfällig für Überfischung. Die meisten werden mit sechs Jahren geschlechtsreif, manche erst mit 18 oder später. Sie haben wenige Junge; Embryos durchlaufen vor der Geburt eine lange Entwicklung. Chimären sind mit den Haien verwandt, gehören aber zur Unterklasse Holocephali, zu der eine Ordnung mit drei Familien und 37 Arten zählt.

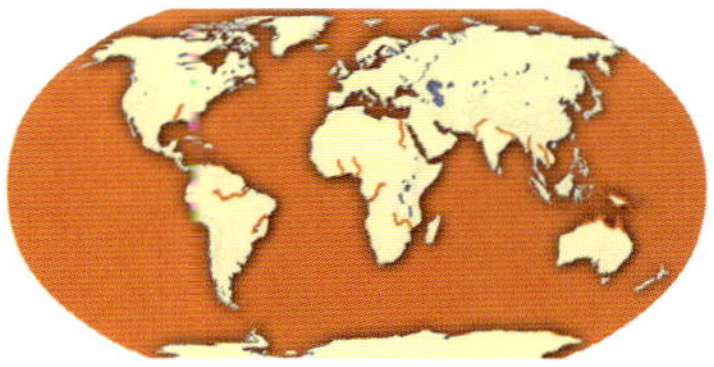

Weite Verbreitung Haie kommen in allen Weltmeeren vor, obwohl nur wenige Arten in polaren Gewässern leben. Die meisten bevorzugen Flachwasserzonen, nur einige wie die Dornhaie leben in großen Tiefen.

Gut beschützt Haieier sind groß und dotterreich. Die taschenförmige Außenschicht besteht aus einem harten, keratinhaltigen Protein und wird bis zu 17 cm lang. In jedem Ei befindet sich ein Embryo, dessen Entwicklung bis zu 15 Monate dauert.

Gruppenbildung Haie bilden keine so streng geordneten Schwärme wie Knochenfische. Aber bei vielen Arten schließen sich die Tiere zusammen. Im Golf von Kalifornien bilden sich tagsüber große Gruppen vorwiegend junger, weiblicher Hammerhaie in Gebieten mit reichem Nahrungsangebot (links).

LEBEN ALS JÄGER

Als aktive Jäger sind die meisten Haie kräftige, flinke Schwimmer. Einige Arten unternehmen auf der Suche nach Nahrung Wanderungen über viele 100 Kilometer. Da ihr Stoffwechsel langsamer abläuft als bei den meisten Fischen, fressen Haie seltener. Trotz ihres Rufes als unbarmherzige Killer jagen sie nur, wenn es nötig ist. Zu ihrer Beute zählen Fische und Wirbellose, größere Haiarten jagen auch Meeresschildkröten und Meeressäuger.

Sie besitzen keine Schwimmblase, aber durch andere Anpassungen verbessern sie Auftrieb und Schwimmvermögen: Das Knorpelskelett ist leichter als Knochen; die große Leber mit dem hohen Ölgehalt sorgt ebenso für Auftrieb. Um nicht zum Meeresboden zu sinken, müssen die Tiere allerdings ständig schwimmen. Haie reduzieren ihren Wasserverlust, indem sie Harnstoff in ihren Geweben ablagern.

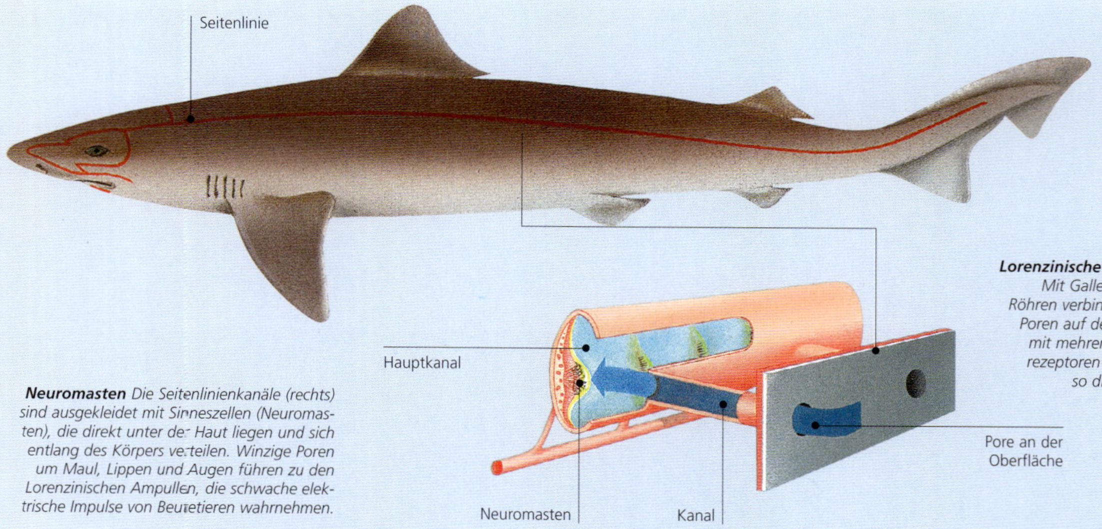

Sinne der Haie Die meisten Haie können gut sehen, ausgezeichnet riechen und besitzen eine hoch entwickelte akustische Richtungswahrnehmung. Ihr Seitenlinienorgan (links), das Vibrationen wahrnimmt, ist ein wasserdurchflossenes Kanalsystem.

__Neuromasten__ Die Seitenlinienkanäle (rechts) sind ausgekleidet mit Sinneszellen (Neuromasten), die direkt unter der Haut liegen und sich entlang des Körpers verteilen. Winzige Poren um Maul, Lippen und Augen führen zu den Lorenzinischen Ampullen, die schwache elektrische Impulse von Beutetieren wahrnehmen.

__Lorenzinische Ampullen__ Mit Gallerte gefüllte Röhren verbinden offene Poren auf dem Haikopf mit mehreren Elektrorezeptoren und bilden so die Ampulle.

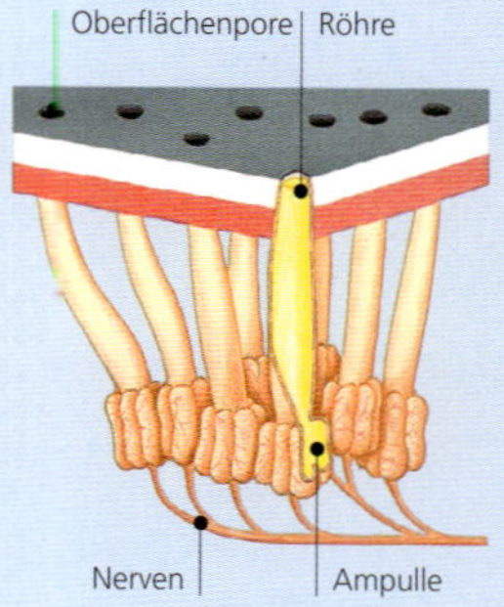

Gefleckte Seeratte
Hydrolagus colliei

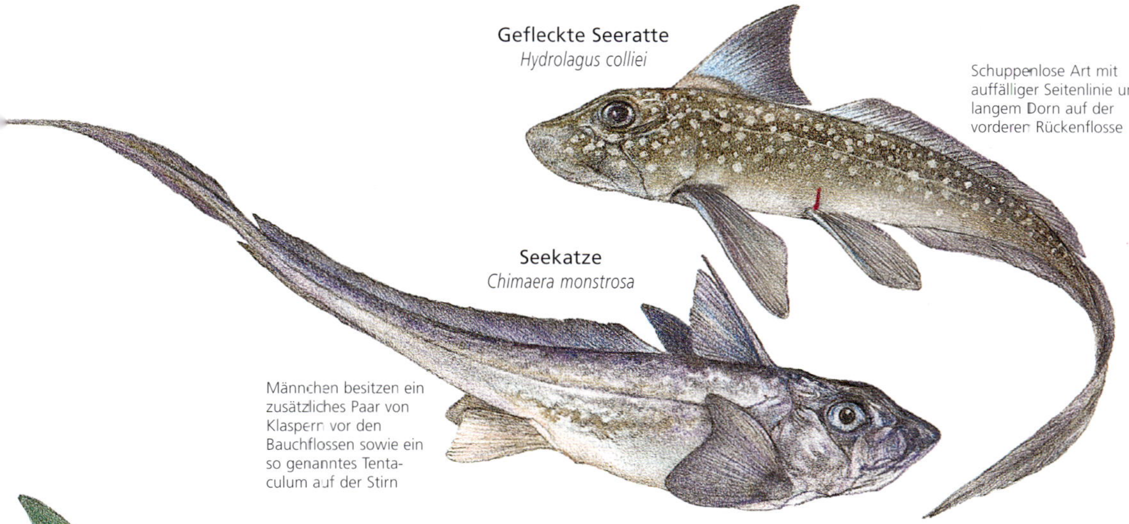

Schuppenlose Art mit auffälliger Seitenlinie und langem Dorn auf der vorderen Rückenflosse

Seekatze
Chimaera monstrosa

Männchen besitzen ein zusätzliches Paar von Klaspern vor den Bauchflossen sowie ein so genanntes Tentaculum auf der Stirn

Walhai
Rhincodon typus

Breiter, flacher Kopf und hervortretende Rippen entlang des gesamten Körpers

Doggenhai
Heterodontus portusjacksoni

Die Rückenflossen sind mit Stacheln versehen und der Körper weist schmale, dunkle Streifen auf

Ammenhai
Ginglymostoma cirratum

Relativ lange Barten und winzige Spiracula

Zebrahai
Stegostoma fasciatum

Die Schwanzflosse ist beinahe so lang wie der restliche Körper

AUF EINEN BLICK

Walhai Man nimmt an, dass die riesigen Filtrierer auf ihren Wanderungen lange Strecken zurücklegen. Manchmal bilden sie lose Gruppen von 100 oder mehr Exemplaren, doch vermutlich leben sie meist als Einzelgänger.

- Bis 18 m
- Bis 20 000 kg
- Ovovivipar
- Männchen/Weibchen
- Gefährdet

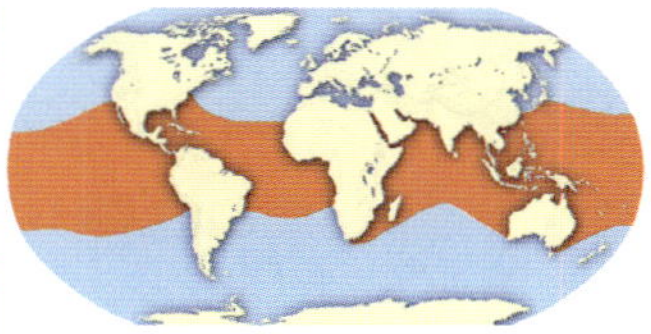

Weltweit in allen warmen Meeren

HAI-SCHWÄNZE

Bei den Haien erstreckt sich die Wirbelsäule immer bis in den oberen Schwanzlappen. Die Schwanzform deutet auf die Lebensweise hin. Heringshaie, bei denen der untere Lappen fast so groß ist wie der obere, schwimmen und beschleunigen rasch. Die deutliche Asymmetrie beim Schwanz des Tigerhais zeigt, dass er langsam schwimmt.

SPEZIALISIERTE SINNE

Seit über 200 Millionen Jahren überleben Haie mit Hilfe einiger sehr empfindlicher Sinnesorgane in den Meeren unserer Erde. Sie finden Nahrung und Partner und vermeiden es mit außergewöhnlicher Effizienz, selbst zum Opfer von Räubern zu werden. Haie verlassen sich generell auf ihre Sinne, ob sie ihre Beute nun aktiv jagen, im Sediment des Meeresgrundes danach wühlen oder wie die großen, trägen Arten ihre Nahrung aus dem Wasser filtern. Zusätzlich zum Tast-, Geruchs- und Geschmackssinn verfügen viele Haiarten über ein spezielles Sinnesorgan, mit dem sie niederfrequente Schwingungen wahrnehmen und dadurch ihr Gehör ergänzen können. Die meisten Haie besitzen auch ein elektromagnetisches Sinnesorgan, das die schwachen elektrischen Felder aufspürt, die von Nervenimpulsen und Muskelaktivitäten anderer Tieren gebildet werden. Haie können außerdem auf kurze Distanzen äußerst scharf sehen.

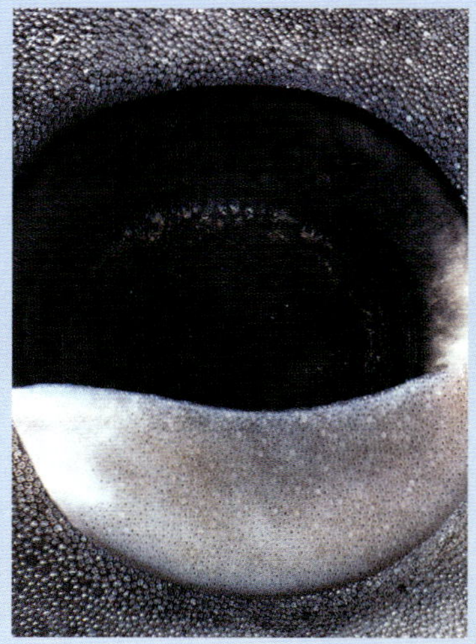

Sehen Die Augen eines Hais sind an das schwache Licht im Wasser angepasst. Es wird durch die Iris reguliert, die Netzhaut sorgt für das Farbensehen. Die meisten Haie haben unbewegliche Lider, doch bei einigen Arten ist das untere Lid zu einer Membran gefaltet, die sich beim Fressen über dem Auge schließt (links).

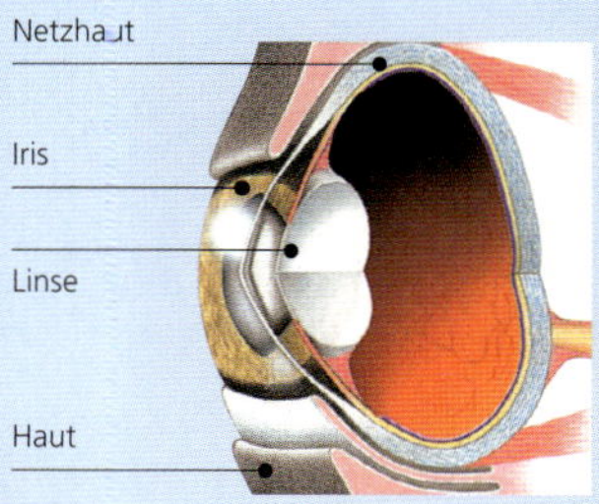

Fuchshai Dieser Hai nimmt die Schwingungen von Fischschwärmen wahr. Er jagt in Gruppen, wobei er die Beute mit seinem langen Schwanz betäubt oder tötet.

GEHIRN EINES HAIS

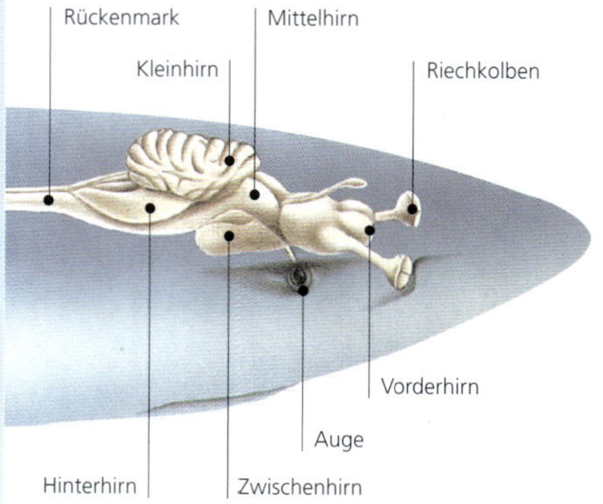

Hirnarbeit Haie sind keine planlosen Killermaschinen, sondern zeigen komplexe Verhaltensweisen. Mittelhirn und Sehlappen verarbeiten ständig die von den Sinnesorganen gelieferten großen Informationsmengen. Die flinken Haie der mittleren Wasserschichten haben generell größere und komplexere Gehirne als die langsameren Arten, die auf dem Meeresgrund leben. Haie sind lernfähig.

Das Hinterhirn eines Hais verarbeitet die Informationen vieler Sinnesorgane, kontrolliert die Bewegungen von Kopf und Kiefer und vermittelt zwischen den höheren Hirnzentren und dem Rückenmark. Das Kleinhirn steuert die Bewegungen des Körpers. Das Mittelhirn ist unter anderem für visuelle Informationen zuständig, während das Zwischenhirn den Hormonhaushalt regelt. Das Vorderhirn erhält Informationen vom Geruchssinn sowie dem elektrosensorischen Sinn und dem Seitenlinienorgan.

Schall Haie besitzen zwar keine äußeren Ohren, aber sie können ausgezeichnet hören. Bei den meisten Arten werden Druckwellen, die durch Bewegungen von Fischen oder ungewöhnliche akustische Störungen an Riffen ausgelöst werden, in kleinen, knorpeligen Röhren am Kopf kanalisiert und ins Innenohr geleitet, wo sie die Macula neglecta anregen. Das halbkreisförmige Kanalsystem versorgt den Hai mit Informationen über die Geschwindigkeit und Richtung seiner Bewegungen, während der Sacculus und die Macula neglecta Auskünfte über die Ausrichtung des Körpers im Wasser liefern.

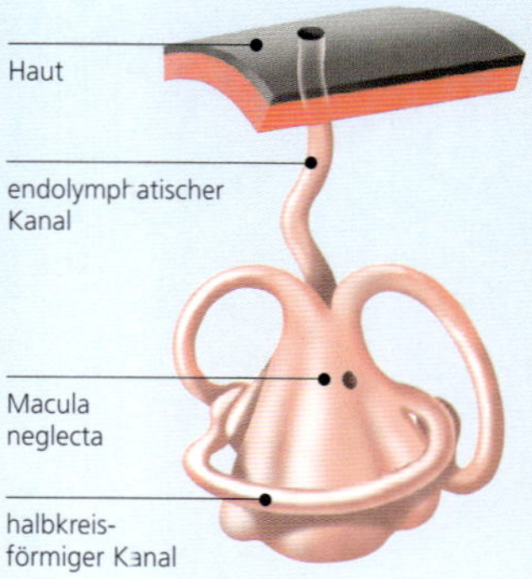

Tastsinn Haie besitzen mechanische Tastrezeptoren, die aus einem von einer Kapsel umschlossenen Netzwerk aus Nervenfasern bestehen. Viele Haie können Veränderungen der Wassertemperatur spüren und trotz sich bewegender Wassermassen in Zonen gleicher Temperatur bleiben. Schuppen verringern den Widerstand beim Schwimmen (rechts).

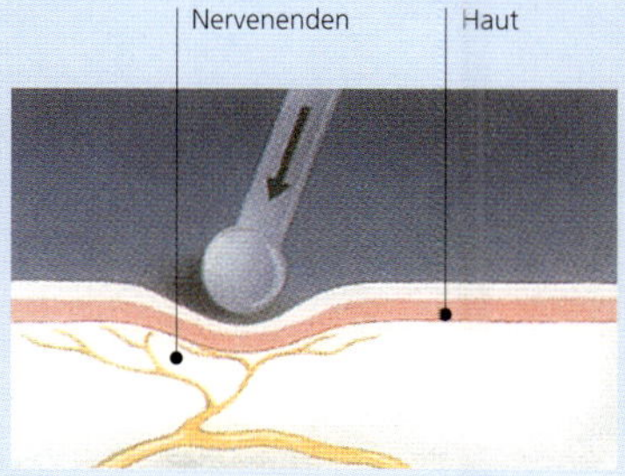

Geschmackssinn Mit den an Ober- sowie Unterseite von Maul und Rachen sitzenden Geschmacksrezeptoren prüft der Hai die Schmackhaftigkeit seiner Beute, wie dieser Tigerhai, der hier gerade dabei ist, einen jungen Albatros zu vertilgen. Aber der Geschmackssinn dient auch dazu, Unterschiede im Salzgehalt zu erkennen (rechts).

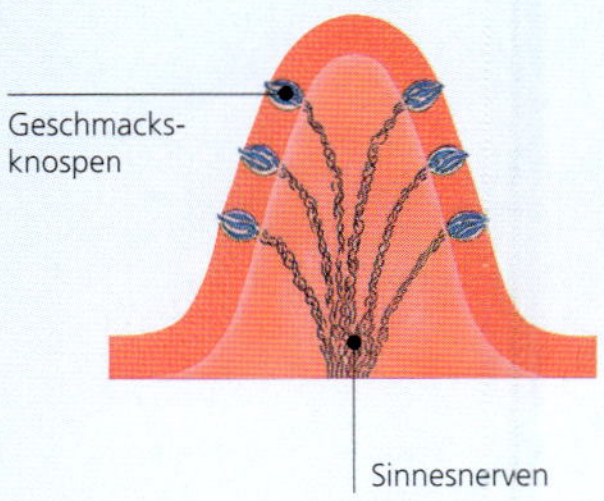

Geruchssinn Haie können einen Teil Blut in einer Million Teilen Meerwasser aufspüren. Beim Schwimmen wird Wasser durch die Nasenlöcher in die Nasensäckchen gepresst oder beim Ruhen durchgepumpt. Ein durch die Mitte jedes Säckchens verlaufender Lappen lenkt den Wasserfluss zu den Geruchsrezeptoren im Gewebe (unten).

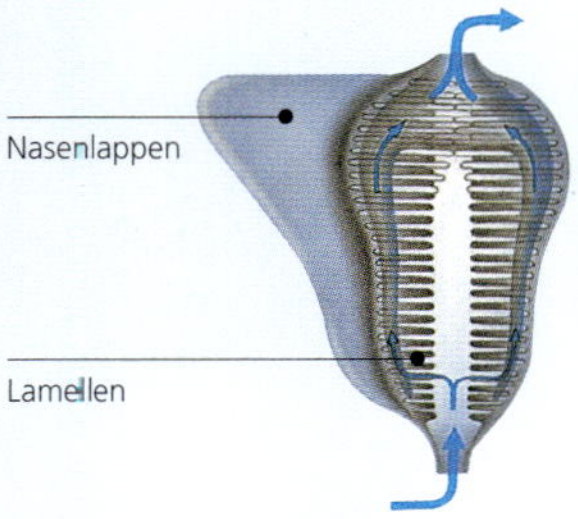

AUF EINEN BLICK

Bullenhai Die einzige verbreitete Art, die weit ins Süßwasser vorgedrungen ist. Im Amazonas sind Bullenhaie 4200 km flussaufwärts zu finden, im Mississippi 1200 km.

- Bis 3,5 m
- Bis 316 kg
- Vivipar
- Männchen/Weibchen
- Potenziell gefährdet

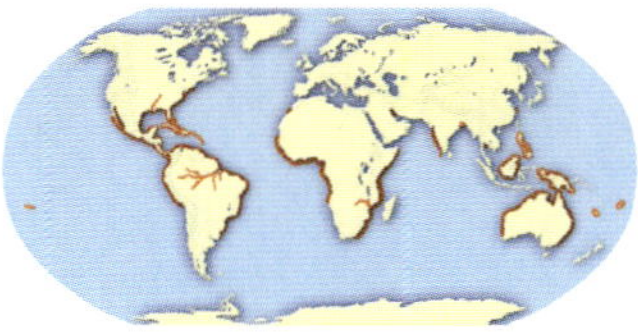

Weltweit in tropischen und subtropischen Meeren sowie einigen Flüssen und Seen

Glatter Hammerhai Diese Art lebt in den Gewässern der gemäßigten Zonen und frisst Knochenfische, kleine Haie und Rochen, Krebstiere und Tintenfische.

- Bis 5 m
- Bis 400 kg
- Vivipar
- Männchen/Weibchen
- Potenziell gefährdet

Weltweit in gemäßigten und tropischen Meeren

PLAZENTALE VIVIPARIE

Bei einigen Haiarten – darunter Blau- und Hammerhai – werden die sich entwickelnden Jungen wie bei Säugetieren durch Nährstoffe der Mutter ernährt. Die Embryos schlüpfen in den Eileitern und leben zuerst aus dem Dottersack; der leere Dottersack bildet sich zur Plazenta um und verbindet sich mit den Wänden der Gebärmutter. Aus dem Eifaden wird eine „Nabelschnur", die an den Brustflossen des Embryos ansetzt. Vivipare (lebend gebärende) Haie können je nach Art Hunderte von Jungen bei einer Trächtigkeit haben.

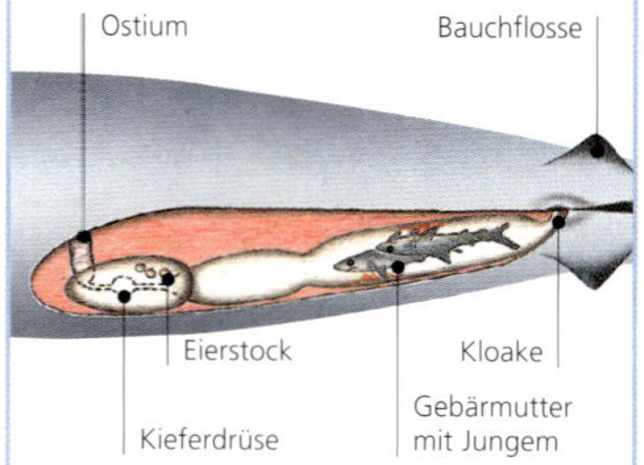

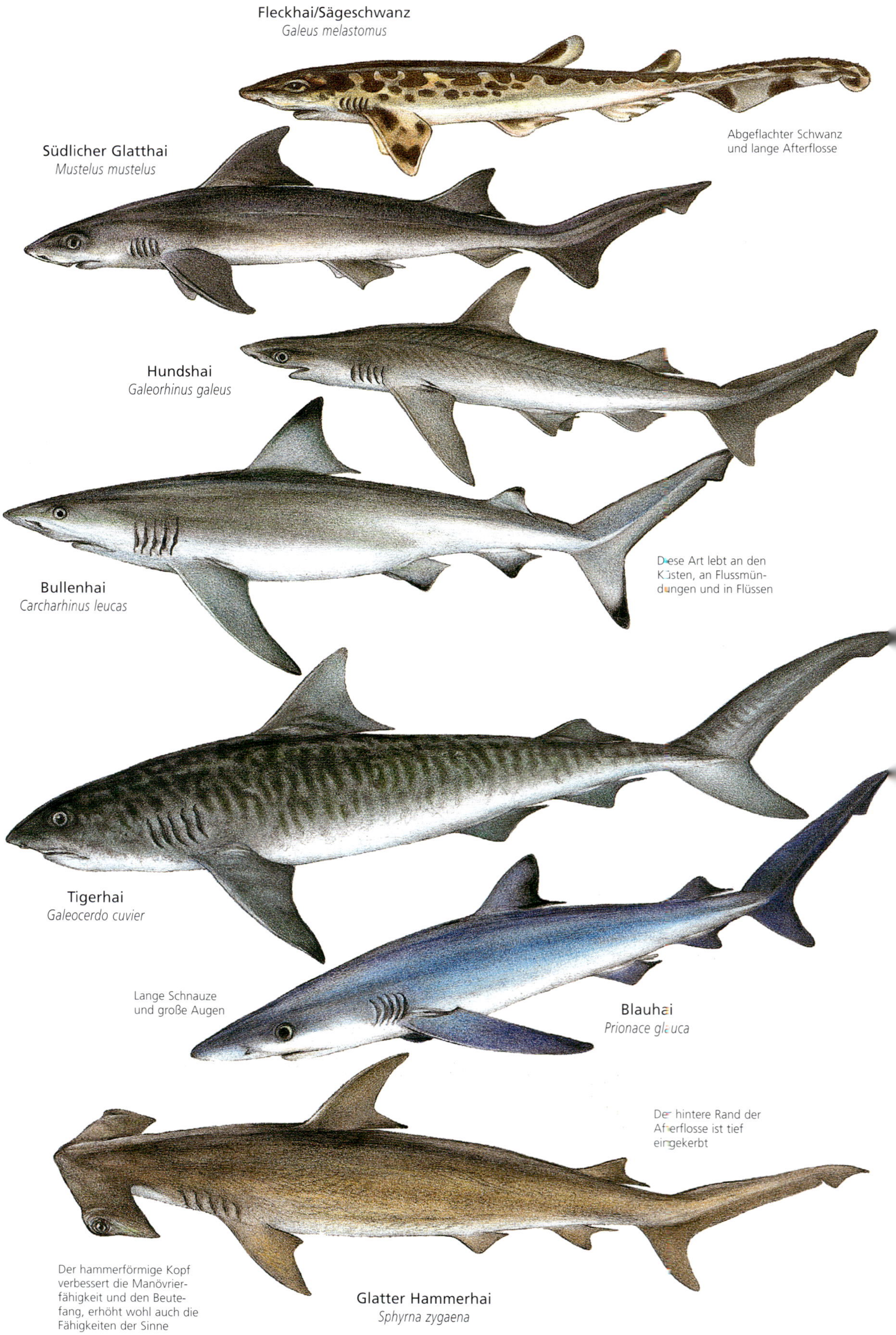

WANDERUNGEN

Die meisten Haie führen als Reaktion auf die saisonalen Veränderungen der Wassertemperaturen und auf der Suche nach Nahrungsquellen jährliche Wanderungen durch, die oft auch an ihre Fortpflanzungsstrategien gekoppelt sind. Die Distanzen, die dabei zurückgelegt werden, hängen von der Schwimmfähigkeit der jeweiligen Art ab. Während einige Arten, wie zum Beispiel der Epaulettenhai und der Graue Teppichhai, gar nicht wandern, durchqueren kräftigere Arten wie der Mako oder der Blauhai ganze Ozeane.

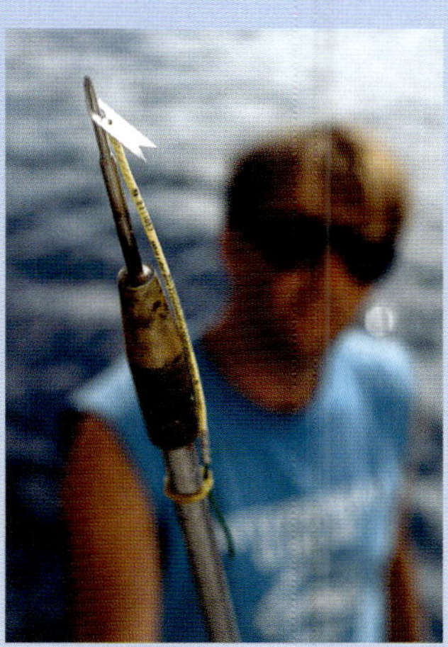

Markierungen Viele Organisationen widmen sich der Erforschung und dem Schutz der Haie, vor allem seit man erkannt hat, dass Haie eine erhaltenswerte natürliche Ressource für die Tourismusindustrie der Entwicklungsländer darstellen. Jahrzentelang wurden Haie markiert, um die wandernden Arten zu verfolgen und deren Züge aufzuzeichnen. Mit Hilfe moderner Techniken wird der Aufenthaltsort jeden Tag registriert und jedesmal, wenn der Hai an die Wasseroberfläche kommt, wird seine Position mittels Funk an einen Satelliten übermittelt.

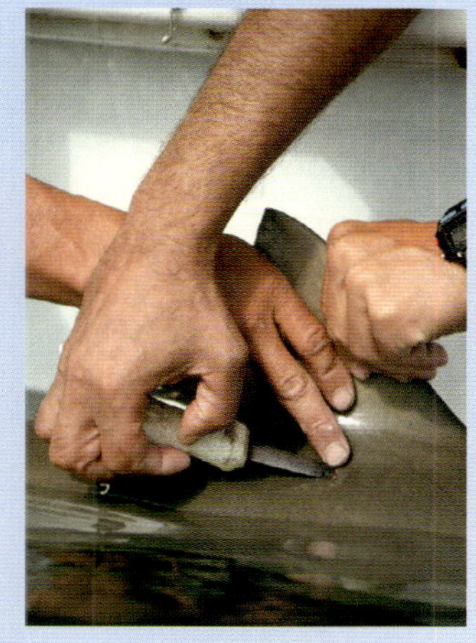

Zusätzliche Forschungen Beim Markieren werden Länge und Gewicht der Haie aufgezeichnet und aus den Daten Rückschlüsse über den Zustand der Populationen geschlossen. DNS-Proben werden entnommen, die wertvolle Informationen über die Wanderrouten und Laichplätze liefern.

Jäger und Beute Als einer der häufigsten und am weitesten verbreiteten Fische zählt der Blauhai zu den weltweit am stärksten befischten Arten. Das ist aufgund seiner hohen Bedeutung für das ökologische Gleichgewicht in den Meeren äußerst bedenklich.

Aufzeichnung der Wanderungen Der Blauhai durchwandert den gesamten Atlantischen Ozean und kommt dabei bis nach Brasilien, Westafrika und ins Mittelmeer. Der Mako verbringt den Sommer vor der Nordostküste der USA und überwintert in den wärmeren Gewässern des Südatlantik und der Sargassosee.

Langstreckenschwimmer
Der Blauhai wandert mit unglaublicher Zielstrebigkeit über große Distanzen. Vermutlich orientieren sich Haie an Anomalien des Erdmagnetfeldes.

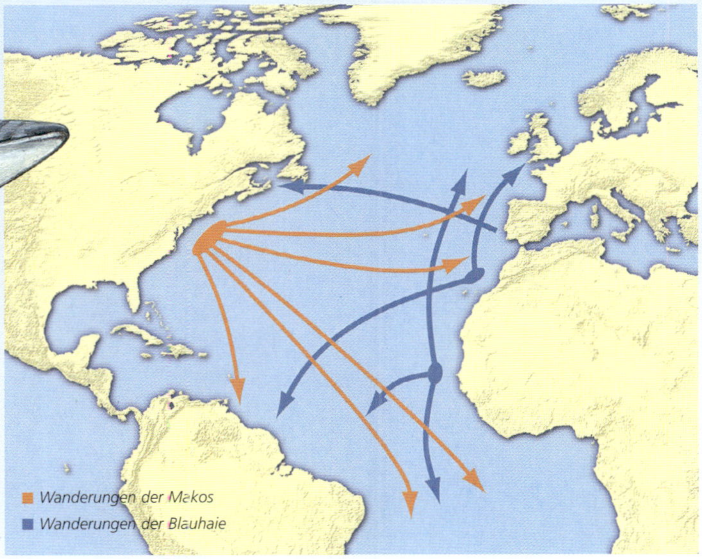

HAIE IM SCHAUKASTEN

Wenn von Haien die Rede ist, denken die meisten Menschen an große, gefährliche Raubfische mit geschmeidigen Körpern und rasiermesserscharfen Zähnen, die in tropischen Küstengewässern kreuzen. Zwar entsprechen einige der häufigsten Arten diesem Stereotyp, aber Haie sind auch in vielen anderen marinen Lebensräumen und sogar im Süßwasser zu finden. Größen und Formen variieren beträchtlich. Sie reichen von den winzigen Haien der Tiefsee über die rochenähnlichen Arten, die auf dem Meeresgrund leben, bis zu den torpedoförmigen, aktiven Räubern und den Walhaien, den größten Fischen der Meere, die ihre Nahrung aus dem Wasser filtern.

Weißer Hai Der hochaktive, torpedoförmige Makrelenhai ist ein mächtiger Räuber, der in einigen Regionen möglicherweise für den Großteil der Angriffe auf Menschen verantwortlich ist.

Schaufelnasen-Hammerhai Der kleine Hammerhai lebt in Küstennähe. Sein abgeflachter Kopf dient als Bug und erhöht die Leistungsfähigkeit der Sinnesorgane.

Fransen-Teppichhai Der kleine abgeflachte Teppichhai lebt auf dem Meeresgrund. Auf seinem Kinn befinden sich fleischige Fransen, die ähnlich aussehen wie Seegras. In der Umgebung des australischen Großen Barriereriffs wird er oft von Tauchern gesichtet.

Großaugen-Fuchshai Der stromlinienförmige Makrelenhai ist der zweitgrößte Drescherhai. Man vermutet, dass er seine Körpertemperatur über der Temperatur des ihn umgebenden Meerwassers halten kann.

Pazifischer Schlafhai Dieser gigantische Hai bewegt seinen stämmigen Körper langsam durch die Gewässer der kalten und gemäßigten Zonen. Er erreicht eine Länge von 4 m, aber es gibt auch Berichte über 6 m lange Exemplare.

Seidenhai Der schlanke Menschenhai ist ein flinker Schwimmer und beweglich genug, um einzelne Individuen aus Thunfischschwärmen herauszupicken.

Langnasiger Katzenhai Die kleine Art lebt auf dem Grund der Tiefsee. Katzenhaie sind häufig und weit verbreitet, doch überraschenderweise wissen wir erstaunlich wenig über ihre Biologie.

Walhai Der riesenhafte, spindelförmige Teppichhai ist der größte bekannte Fisch der Erde. Er ist jedoch harmlos und ernährt sich von Plankton und kleinen Fischen, die er aus dem Wasser filtert.

Zwerghai Mit einer Maximallänge von 25 cm zählt dieser winzige Hai zu den kleinsten lebenden Haiarten. Auf seinem Bauch befinden sich biolumineszente Photophoren.

AUF EINEN BLICK

Sandtiger Die Embryos des Sandtigers fressen einander auf, bis in jeder Gebärmutter nur einer überlebt. Daher haben die Weibchen dieser Art bei jeder Trächtigkeit nur zwei Junge.

- Bis 3,2 m
- Bis 158 kg
- Vivipar
- Männchen/Weibchen
- Gefährdet

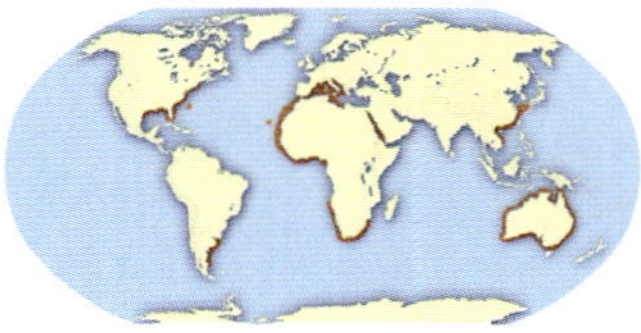

Verbreitet in warmen Meeren außer O-Pazifik

Riesenhai Er filtert winzige Tiere aus dem Wasser. Dabei setzt er stündlich die Wassermenge eines Schwimmbeckens mit Olympiamaßen um.

- Bis 9,8 m
- Bis 4000 kg
- Ovovivipar
- Männchen/Weibchen
- Gefährdet

Weltweit in gemäßigten u. tropischen Meeren

AGGRESSIONSVERHALTEN

Bei Gefahr zeigt der Graue Riffhai seine Verteidigungsbereitschaft an, indem er das Maul hebt, die Brustflossen absenkt und den Schwanz zur Seite neigt – dabei ist der Körper angespannt und gebogen. In dieser Haltung schwimmt er mit steigendem Tempo eine Acht, bis er rasch angreift oder flieht.

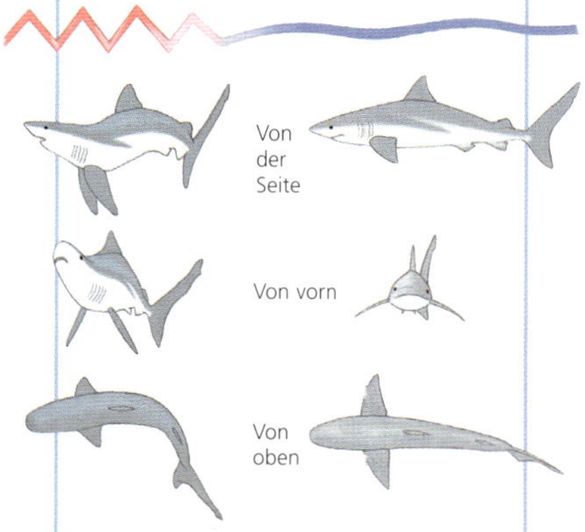

Sandtiger
Carcharias taurus

Fuchshai
Alopias vulpinus

Der Fuchs- oder Drescherhai treibt mit seinem langen Schwanz Fische zusammen und betäubt oder tötet sie damit

Riesenhai
Cetorhinus maximus

Zweitgrößter Fisch der Erde; filtert seine Nahrung aus dem Wasser

Weißer Hai
Carcharodon carcharias

Mako
Isurus oxyrinchus

Lebt bevorzugt in Gewässern mit Temperaturen unter 18 °C

Heringshai
Lamna nasus

Krausenhai
Chlamydoselachus anguineus

Grauhai
Hexanchus griseus

Sechs Kiemenschlitze sind für diese Art typisch

Nagelhai
Echinorhinus brucus

Der Name kommt von den ungewöhnlich weit hervorstehenden, dornähnlichen Schuppen, die den Körper bedecken

Grönlandhai
Somniosus microcephalus

Die Dornen auf der Rückenflosse sind für Menschen leicht giftig

Dornhai
Squalus acanthias

Gemeiner Meerengel
Squatina squatina

Mit tentakelartigen empfindlichen Barteln, die am Maul hängen, wird Beute im Sediment aufgespürt

Langnasen-Sägehai
Pristiophorus cirratus

AUF EINEN BLICK

Dornhai Mit bis zu 24 Monaten hat diese Art eine der längsten Tragzeiten aller Knorpelfische. Außerdem zählt sie mit bis zu 70 Jahren zu den langlebigsten Haiarten. Dornhaie leben meist im tiefen Wasser, doch mitunter bilden sich Gruppen in seichten Küstengewässern.

- Bis 1,6 m
- Bis 9 kg
- Ovovivipar
- Männchen/Weibchen
- Potenziell gefährdet

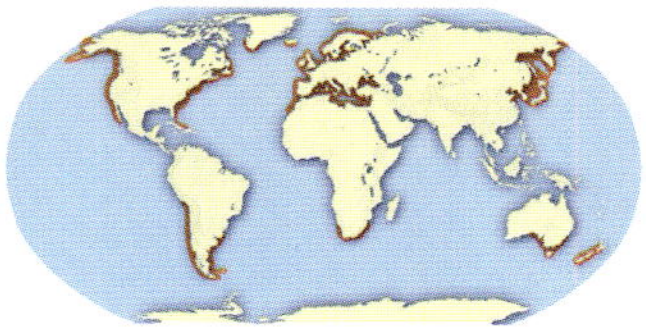

Weltweit in Gewässern der gemäßigten Zonen

Gemeiner Meerengel Tagsüber liegt dieser aus dem Hinterhalt zuschlagende Räuber im Sand des Meeresgrundes vergraben, um sich blitzschnell auf ahnungslose Fische, Tintenfische oder Krebstiere zu stürzen.

- Bis 2,4 m
- Bis 80 kg
- Ovovivipar
- Männchen/Weibchen
- Gefährdet

Östl. Nordatlantik und Mittelmeer

FRESSVERHALTEN VON „COOKIE-CUTTER"-HAIEN

Vertreter der beiden *Isistius*-Arten halten sich mit Sauglippen an der Beute fest und schneiden mit den dreieckigen unteren Zähnen tiefe, runde Löcher in ihr Fleisch. Mit den hakenförmigen oberen Zähnen hängen sie sich fest. Man vermutet, dass biolumineszente Organe an ihrer Unterseite sie von unten betrachtet wesentlich kleiner aussehen lassen, als sie sind. So werden Angreifer oft selbst zur Beute. Man weiß von Tieren, die sich an großen Fischen, Meeressäugetieren und sogar Gummi-Sonaren von U-Booten festgesaugt haben.

Große Zähne und sehr kräftige Kiefer

ATMUNG

Haie extrahieren Sauerstoff über die Kiemen aus dem Wasser. Der Sauerstoff gelangt ins Blut und über den Kreislauf ins Gewebe und in die Organe. Gleichzeitig werden Stoffwechselnebenprodukte wie Kohlendioxid ins Wasser ausgeschieden. Vom Herzen, das unterhalb der Kiemen in einer abgetrennten Kammer liegt, gelangt das mit Kohlendioxid angereicherte Blut direkt in die Kiemen. Das Blut wird durch dünnwandige Kapillargefäße in den Kiemenbögen gepumpt, die so angeordnet sind, dass das Blut in entgegengesetzter Richtung zum einströmenden Wasser fließt. Bei schnell schwimmenden Arten wird das Wasser beim Schwimmen über den geöffneten Mund in die Kiemen geleitet. Auf dem Meeresgrund lebende Arten besitzen gut entwickelte Atemlöcher, die beim Ruhen oder Fressen als Wassereinlass dienen.

KIEMEN IN AKTION

Wasser gelangt über das Maul des Hais in die inneren Kiemenöffnungen und versorgt die Kiemenfilamente, die von zahlreichen Blutgefäßen durchzogen sind, mit Sauerstoff. Da Wasser und Blut in entgegengesetzter Richtung fließen, wird gleichzeitig Sauerstoff aus dem Wasser und Kohlendioxid aus dem Blut gezogen (rechts).

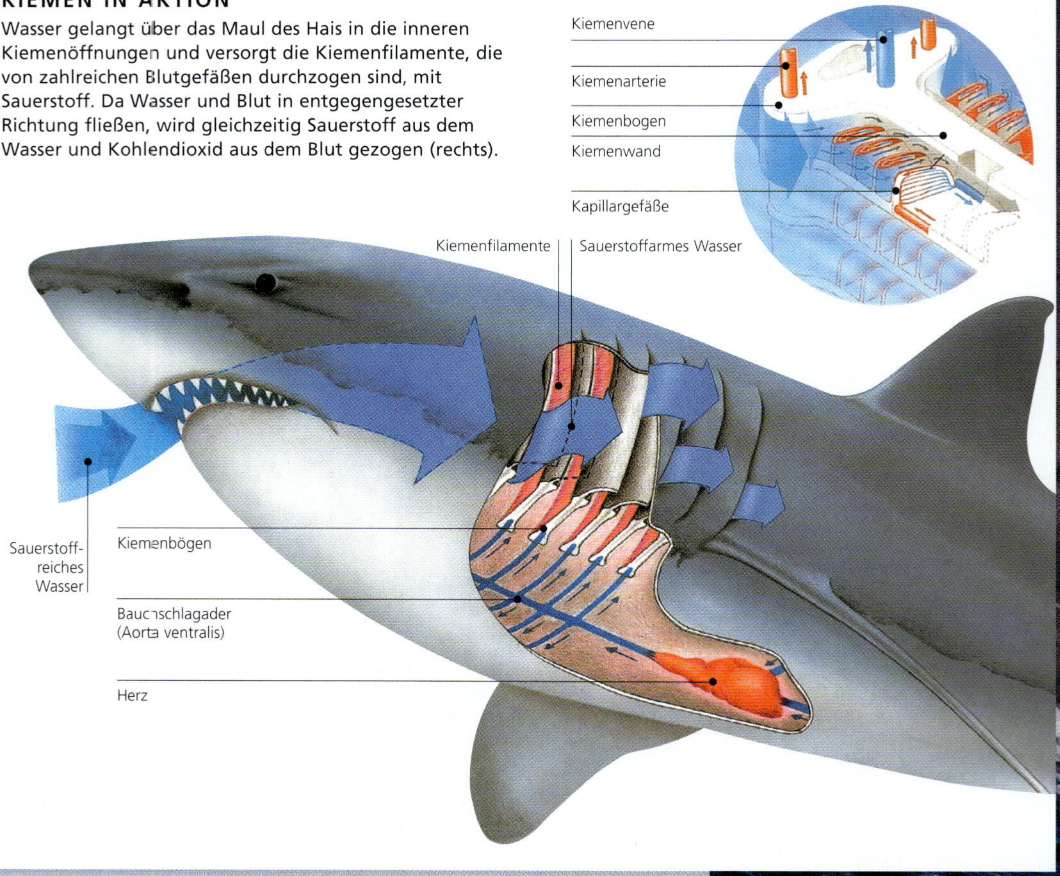

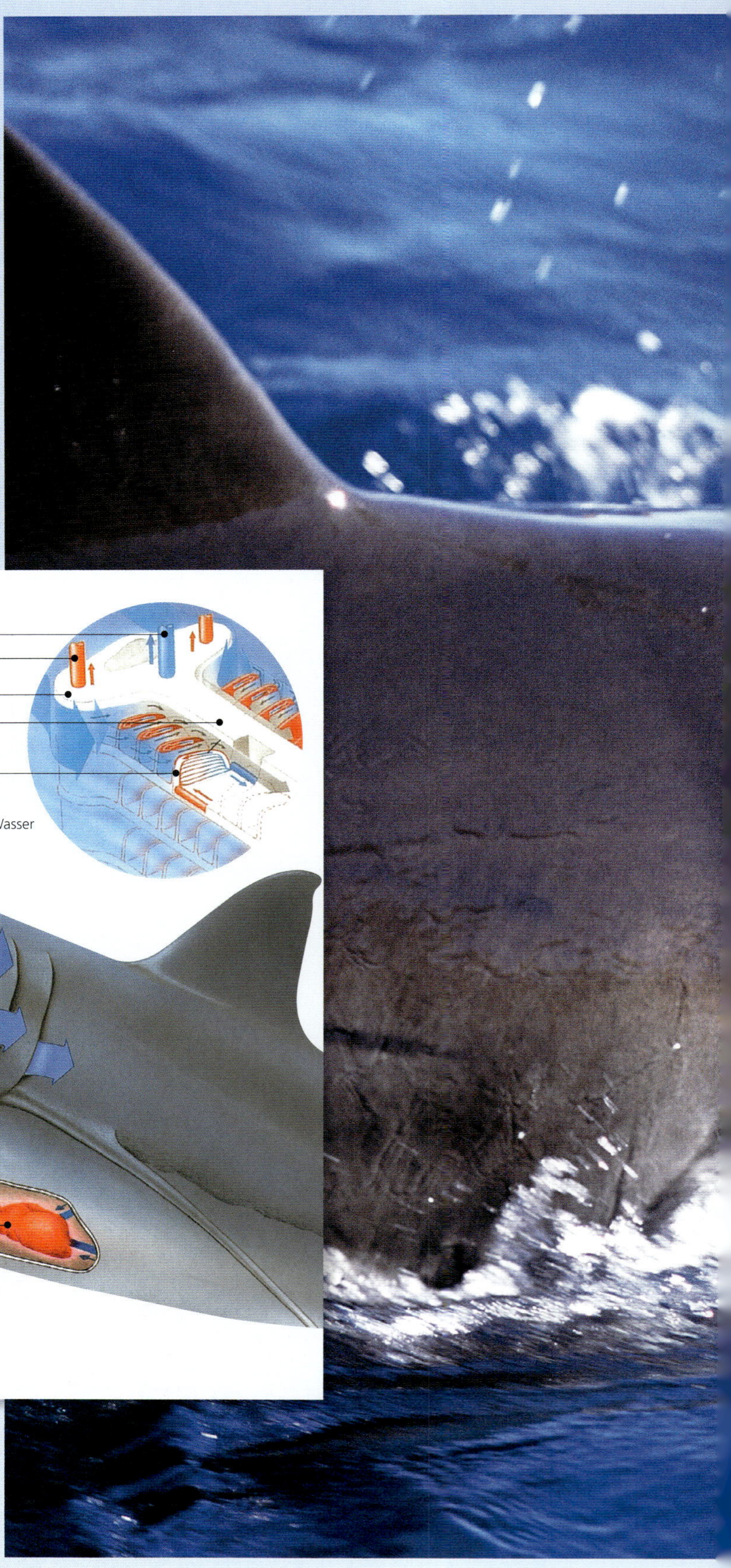

Ram-Ventilation Um genügend Sauerstoff zu absorbieren, müssen Haie den Wasserstrom über die Kiemen ständig aufrechterhalten. Einige Arten erreichen das durch eine konstante Vorwärtsbewegung, Ram-Ventilation genannt. Große Weiße Haie bewegen sich von Geburt an fast ununterbrochen. Obwohl sie für kurze Momente bewegungslos schweben können, müssen sie sich, um atmen zu können, bald wieder fortbewegen.

JÄGER UND BEUTE

Haie stehen an der Spitze der Nahrungskette und sind Meister im Aufspüren und Verfolgen der Beute. Jede Haiart besetzt innerhalb ihres Lebensraumes eine spezifische Nahrungsnische und bildet so ein wichtiges Glied im Energiefluss der Meere. Als Jäger von Tintenfischen, Stachelrochen, Schildkröten und Meeressäugetieren kann der Weiße Hai vermutlich sehr gut sehen. Der große Fleischfresser nimmt unregelmäßig große Nahrungsmengen zu sich und unternimmt lange Wanderungen in seine bevorzugten Jagdgründe. Der Weiße Hai zählt zu den 27 Arten, die Berichten zufolge schon Menschen oder Boote angegriffen haben. Ein einziger Biss kann schwere, oft tödliche Verletzungen verursachen.

Nahrungsfiltrierer Haie sind Fleischfresser, deren Nahrung von mikroskopisch kleinem Zooplankton bis hin zu Walen reicht. Trotz seiner enormen Größe ist der Riesenhai ein Nahrungsfiltrierer, der etwa 1,3 Millionen Liter Wasser pro Stunde filtern kann. Er kreuzt mit einer Geschwindigkeit von ungefähr zwei Knoten nahe an der Wasseroberfläche und hat dabei das Maul weit geöffnet.

Hohe Sprünge Man hat beobachtet, dass Weiße Haie in der Umgebung südafrikanischer Robbenkolonien plötzlich kraftvolle, spektakuläre Sprünge ausführen, um die überraschte Beute zu schnappen.

Vorstreckbare Kiefer Wie bei anderen Haien sind auch beim Weißen Hai die Kiefer außen miteinander verbunden, hängen jedoch nur locker am Schädel. Zu Beginn des Bisses hebt sich das Maul, dann fällt der Unterkiefer und beim Öffnen des Mauls schnellt der ganze Kiefer nach vorn.

Bedrohliches Maul Der Weiße Hai kann mit seinen kräftigen Kiefern und scharfen Zähnen große Fleischstücke aus großen Tieren herausreißen und die Körper kleinerer Tiere durchtrennen. Die Gefährlichkeit des Bisses ist auf die kräftige Kiefermuskulatur und das äußerst effiziente mechanische Kiefersystem zurückzuführen sowie auf die mehrfachen Zahnreihen, die aus ständig nachwachsenden, sägeartig gezackten Zähnen bestehen (links).

Abfalleimer Der Tigerhai (*Galeocerdo cuvier*) ist ein Allesfresser, der sich von Fischen, Meeresschildkröten, Weichtieren, Seevögeln, Aas und Abfall ernährt. Er besitzt einzigartige flache, dreieckige, stark gezackte Zähne mit einer tiefen Kerbe am äußeren Rand. Damit kann dieser Hai Schildkrötenpanzer durchbeißen und große Fleischstücke aus seiner Beute herausreißen. Tigerhaie versuchen sogar Kohle, Blechdosen oder Kleider zu fressen (rechts).

HAIZÄHNE

Zähne verraten die Lieblingsbeute der Haiarten: Der Weiße Hai hat große dreieckige Zähne mit gezackten Rändern, um Fleisch abzureißen; die abgeflachten hinteren Zähne des Hornhais knacken die Schalen von Wirbellosen; Zähne des Blauhais sind zum Fangen von Fisch fein gezackt; die nadelspitzen Zähne des Mako halten große, glitschige Beute fest.

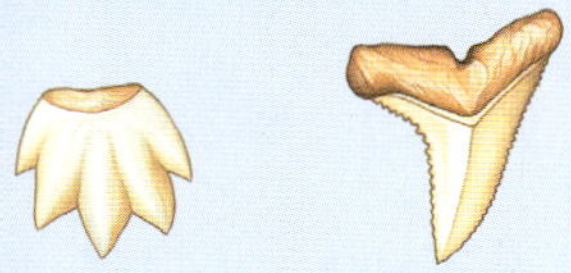

Hornhai *Blauhai*

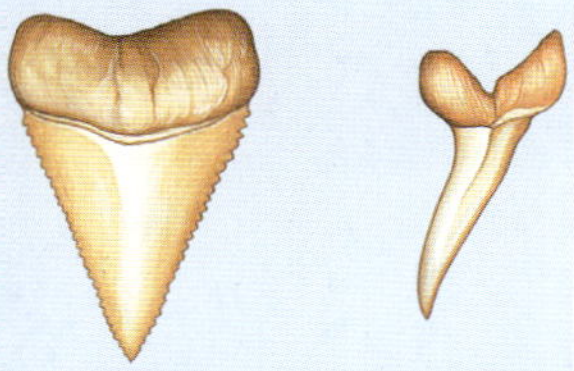

Weißer Hai *Mako*

Rochen und Verwandte

KLASSE	Chondrichthyes
UNTERKLASSE	Elasmobranchii
ORDNUNGEN	4
FAMILIEN	13
ARTEN	547

Die Körperform unterscheidet diese Fische von anderen Knorpelfischen. Rochen sind dorsoventral (vom Rücken zum Bauch hin) abgeplattet, eine Anpassung an die bodenbewohnende Lebensweise. Die vergrößerten Brustflossen reichen vom Maul bis zur Schwanzwurzel. Zusammen mit Körper und oft auch Kopf bilden sie eine „Scheibe", die dreieckig, rund oder rautenförmig ist. Die meisten Rochen nehmen das Atemwasser durch Spiracula auf, Öffnungen an der Kopfoberseite, oft irrtümlich für Augen gehalten. Die Zähne sind häufig plattenartig und dienen dem Zerkleinern der Beute, die von bodenbewohnenden Wirbellosen bis zu pelagischen (im freien Wasser lebenden) Fischen reicht.

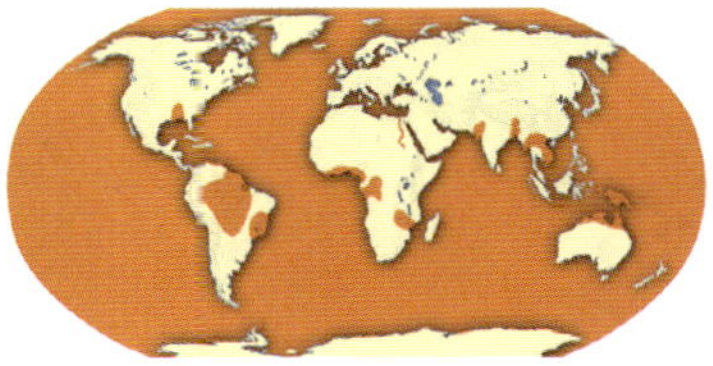

Meist Bodenbewohner Rochen kommen in den meisten Lebensräumen am Meeresboden vor. Wenige Rochen-Familien leben im offenen Meer. Einige Stachelrochen- und Sägefisch-Arten gibt es im Brackwasser der Flussmündungen und in Flüssen und Seen, von den Tropen bis zu den Eismeeren. Die Geigenrochen findet man in den gemäßigten und tropischen Gewässern des Atlantischen, Pazifischen und Indischen Ozeans.

ROCHEN-VIELFALT

Fast die Hälfte aller Arten gehört zur Familie Rajidae. Sie leben am Boden, legen Eier, haben die Form einer großen, flachen Scheibe und einen kleinen Schwanz. Auf der Rückenseite sitzen meist Dornen zum Schutz vor Feinden, die Männchen auch zum Fixieren der Weibchen bei der Paarung einsetzen. Einige Arten erreichen eine Länge von 2,4 m, viele sind kleiner als ein Meter. Die meisten bevorzugen flaches Wasser, aber einige hat man schon in Tiefen bis 2750 m gefunden.

Man unterteilt Rochen oft in vier Hauptgruppen: Zitterrochen, Sägefische, Stachelrochen und Verwandte sowie Geigenrochen.

Sägefische haben ein verlängertes Maul mit „Sägezähnen" am Rand, das bei Adulten bis zu einem Drittel der Körperlänge ausmacht. Damit können sie Beute betäuben und töten. Einige der sieben bekannten Arten erreichen eine Länge von über sieben Metern.

Zitterrochen betäuben ihre Beute mit Hilfe eines elektrischen Organs hinter den Augen. Es gibt weltweit über 40 Arten, die alle träge Bodenbewohner sind.

Viele der über 150 Arten Stachelrochen und Verwandte haben einen dünnen Schwanz mit gezähnten Stacheln. Die meisten der kraftvollen Schwimmer sind Bodenbewohner, aber drei Familien haben sich ans Leben im offenen Meer angepasst. Der größte, der Manta, erreicht eine Spannweite von sieben Metern.
Es gibt etwa 50 Arten von Geigenrochen. Ihr Schwanz ist gut entwickelt, die Scheibe nur schwach oder gar nicht ausgebildet. Sie sind alle ovovivipar und haben mehr haiähnliche Merkmale als die anderen Rochen, wie den gut entwickelten Schwanz mit zwei Rückenflossen.

Typisch Rochen Viele Rochen haben einen dünnen Schwanz mit 2 kleinen Rückenflossen. Die Nase ist oft spitz. Auf der Oberseite trägt der Fisch häufig Dornen. Die Scheibe ist meist rautenförmig.

Kluge Fische Rochen sind neugierige, oft soziale Tiere mit einem komplexen Verhaltensmuster. Obwohl man sie meist allein sieht, schließen sich viele Arten zu lockeren Gruppen zusammen, besonders zur Paarung oder für Wanderungen.

Außer Sicht Da sich die Spiracula direkt hinter den Augen befinden, können Tiere wie der Nagelrochen atmen, während sie eingegraben sind (oben).

GEFÄHRLICHER SCHWANZ

Der Schwanz der Stachelrochen, hier *Dasyatis thetidis*, kann doppelt so lang sein wie der Körper. Die hervorragende Waffe gegen mögliche Feinde ist an der Wurzel dick, am Ende peitschenförmig, mit kleinen, spitzen Dornen besetzt und mit ein oder zwei scharfen, gezähnten, giftigen Stacheln bewehrt. Das Gift ist für Menschen gefährlich.

Kopf und Brustflossen bilden eine spatenförmige Scheibe

Die erste Rückenflosse setzt hinter den Bauchflossen an

Geigenrochen
Rhinobatos lentiginosus

Gewöhnlicher Sägefisch
Pristis pristis

15–20 Paare von Zähnen auf der Säge

Schwarzer Zitterrochen
Torpedo nobiliana

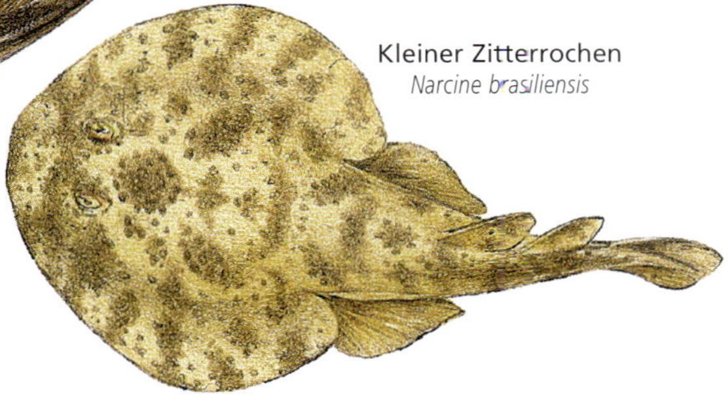

Kleiner Zitterrochen
Narcine brasiliensis

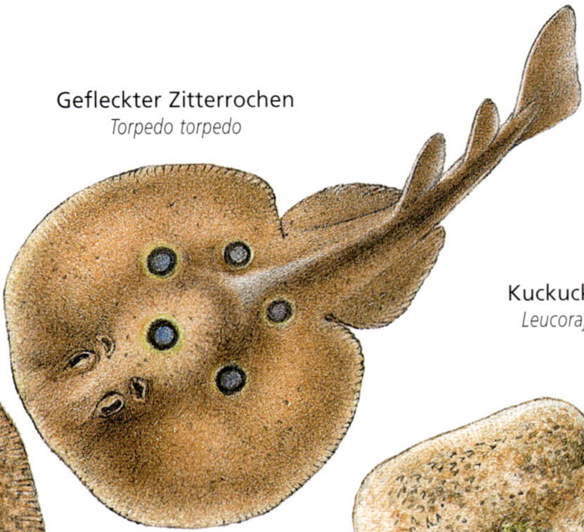

Gefleckter Zitterrochen
Torpedo torpedo

Große, innen blaue Augenflecken auf der Scheibe

Marmorzitterrochen
Torpedo marmorata

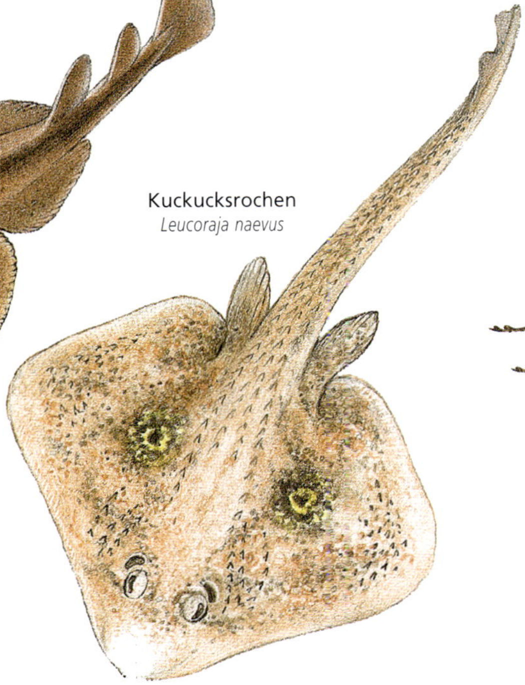

Kuckucksrochen
Leucoraja naevus

AUF EINEN BLICK

Geigenrochen Die kleine Art lebt auf dem Grund seichter Gewässer. Sie vergräbt sich mit Kopf und Brustflossen, die eine spatenförmige Scheibe bilden, im Sand oder Schlamm und ernährt sich von Weich- und Krebstieren.

- Bis 76 cm
- Bis 2,5 kg
- Ovovivipar
- Männchen/Weibchen
- Bedingt häufig

W-Atlantik; Golf von Mexiko und Yucatán

Gewöhnlicher Sägefisch Diese vom Aussterben bedrohte Art setzt die Säge vorn am Kopf wie andere Sägefische ein, um Beutetiere, die sich im Sediment verstecken oder im Wasser schwimmen, zu erlegen oder sich gegen Fressfeinde zur Wehr zu setzen.

- Bis 4,5 m
- Bis 454 kg
- Ovovivipar
- Männchen/Weibchen
- Vom Aussterben bedr.

Westl. und östliche Atlantikküsten, Amazonas

Marmorzitterrochen Der nachtaktive Fisch lähmt seine Beute mit einer Schocktaktik. Der Marmorzitterrochen sendet aus zwei großen elektrischen Organen auf seinem Kopf Stromstöße von bis zu 200 Volt aus.

- Bis 60 cm
- Bis 3 kg
- Vivipar
- Männchen/Weibchen
- Bedingt häufig

O-Atlantik und Mittelmeer

FORTBEWEGUNG IM WASSER

Die meisten Rochen bewegen sich durch senkrechte Wellenbewegungen ihrer Brustflossen durchs Wasser – fast wie flatternde Vögel. Die Zitter- und Geigenrochen dagegen schwimmen haiähnlich – mit seitlichen Bewegungen von Schwanz und Schwanzflossen.

Anmutige Schwimmer
Während die Brustflossen auf- und abschlagen geht eine Wellenbewegung durch den ganzen Körper.

AUF EINEN BLICK

Glattrochen Die Eier dieser Art sind wie bei anderen Rochenarten durch eine rechteckige Hülle aus Kollagen geschützt, die mit Keratin verstärkt und antibakteriellen Substanzen imprägniert ist. Die Eihüllen werden an Seegras oder Steinen befestigt.

- Bis 2,85 m
- Bis 113 kg
- Ovipar
- Männchen/Weibchen
- Stark gefährdet

Östl. Nordatlantik und westl. Mittelmeer

Atlantischer Stachelrochen Nur sehr wenige Hai- und Rochenarten vertragen Süßwasser, doch der Atlantische Stachelrochen kommt in Lebensräumen im Meer, in Flussmündungen und in Flüssen vor. Einige Populationen laichen sogar in Süßwasserseen ab.

- Bis 61 cm
- Bis 4,7 kg
- Ovovivipar
- Männchen/Weibchen
- Regional häufig

W-Atlantik und Golf von Mexiko

Gewöhnlicher Stachelrochen Der Giftstachel dieser Art kann 36 cm lang werden. Gelegentlich wird er abgeworfen, doch wächst ein neuer nach, der ihn ersetzt. Wie die meisten Rochen ist diese Art nicht agressiv und flieht lieber, als sich Angreifern zu stellen.

- Bis 1,4 m
- Bis 25,4 kg
- Ovovivipar
- Männchen/Weibchen
- Regional häufig

Östlicher Atlantik und Mittelmeer

SCHWANZ MIT STACHEL

Stachelrochen sind die größten giftigen Fische. Bei vielen ist der Schwanz mit ein oder zwei knorpeligen Stacheln ausgestattet. Sie sind meist eingekerbt, so dass scharfe, nach hinten gerichtete Zähne entstehen. Sie liegen in einer dünnen Gewebehülle, damit sie ständig von einer Schicht giftigem Schleim überzogen sind. Das Gift sondern Drüsen an der Wurzel jeden Stachels ab. Wird der Stachel in einen Angreifer gebohrt, reißt die Hülle und setzt das Gift frei.

Starke Waffe *Der Stachel ist giftig und kann gefährliche Verletzungen verursachen.*

Indo-Australischer Tüpfelrochen
Himantura uarnak

Die meisten Stachelrochen haben dünne, peitschenähnliche Schwänze ohne Schwanzflosse

Runder Stechrochen
Urobatis halleri

Großer Stechrochen mit auffallenden dunklen Flecken auf hellbraunem Untergrund

Blaupunkt-rochen
Taeniura lymma

Japanischer Schmetterlingsrochen
Gymnura japonica

Pfauenaugen-Stechrochen
Potamotrygon motoro

Eine von 19 im Süßwasser lebenden Stachelrochenarten

AUF EINEN BLICK

Blaupunktrochen Die farbenprächtige Art mit den hellblauen Flecken vergräbt sich nur selten im Sand und verbirgt sich in Höhlen oder unter Felsvorsprüngen. Der Stachel befindet sich weiter hinten am Schwanz als bei den meisten anderen Stachelrochen.

- Bis 71 cm
- Bis 4,9 kg
- Ovovivipar
- Männchen/Weibchen
- Potenziell gefährdet

Indischer Ozean, Rotes Meer

Pfauenaugen-Stechrochen Über diese Rochenart ist wenig bekannt, aber ihr Stachel kann äußerst schmerzhafte Verletzungen verursachen.

- Bis 99 cm
- Bis 15 kg
- Ovovivipar
- Männchen/Weibchen
- Daten ungenügend

Südamerika

SCHUTZSTATUS

Sägerochen in Gefahr Alle sieben Sägerochen-Arten (Familie Pristidae) stehen auf der Roten Liste der IUCN: fünf als stark gefährdet, zwei als vom Aussterben bedroht. Sie landen oft als Beifang in den Netzen der kommerziellen Küstenfischerei. Lebensraumzerstörung und Umweltverschmutzung tragen zur Gefährdung bei. Sie werden spät geschlechtsreif und haben wenige Junge, dadurch erholt sich der Bestand nur langsam.

KRÄFTIGE SCHWINGEN

Der Gefleckte Adlerrochen (*Aetobatus narinari*) zählt zu den häufigsten Adlerrochenarten und ist an den weißen Flecken oder Ringen auf seinem grünlichen oder rosaroten Rücken leicht zu erkennen. Er ist ein äußerst aktiver Schwimmer und gleitet anmutig durchs Wasser, wobei sich die Brustflossen wie die Flügel eines Vogels bewegen. Dieser Rochen verfügt über einen kräftigen Körperbau und kann blitzschnell beschleunigen, um vor hungrigen Hammer- oder Tigerhaien in seichte Wasserzonen zu flüchten und sich dort in Höhlen oder unter Felsen zu verstecken. Es wurden schon Weibchen gesehen, die beim Gebären in großen Sprüngen aus dem Wasser hüpften.

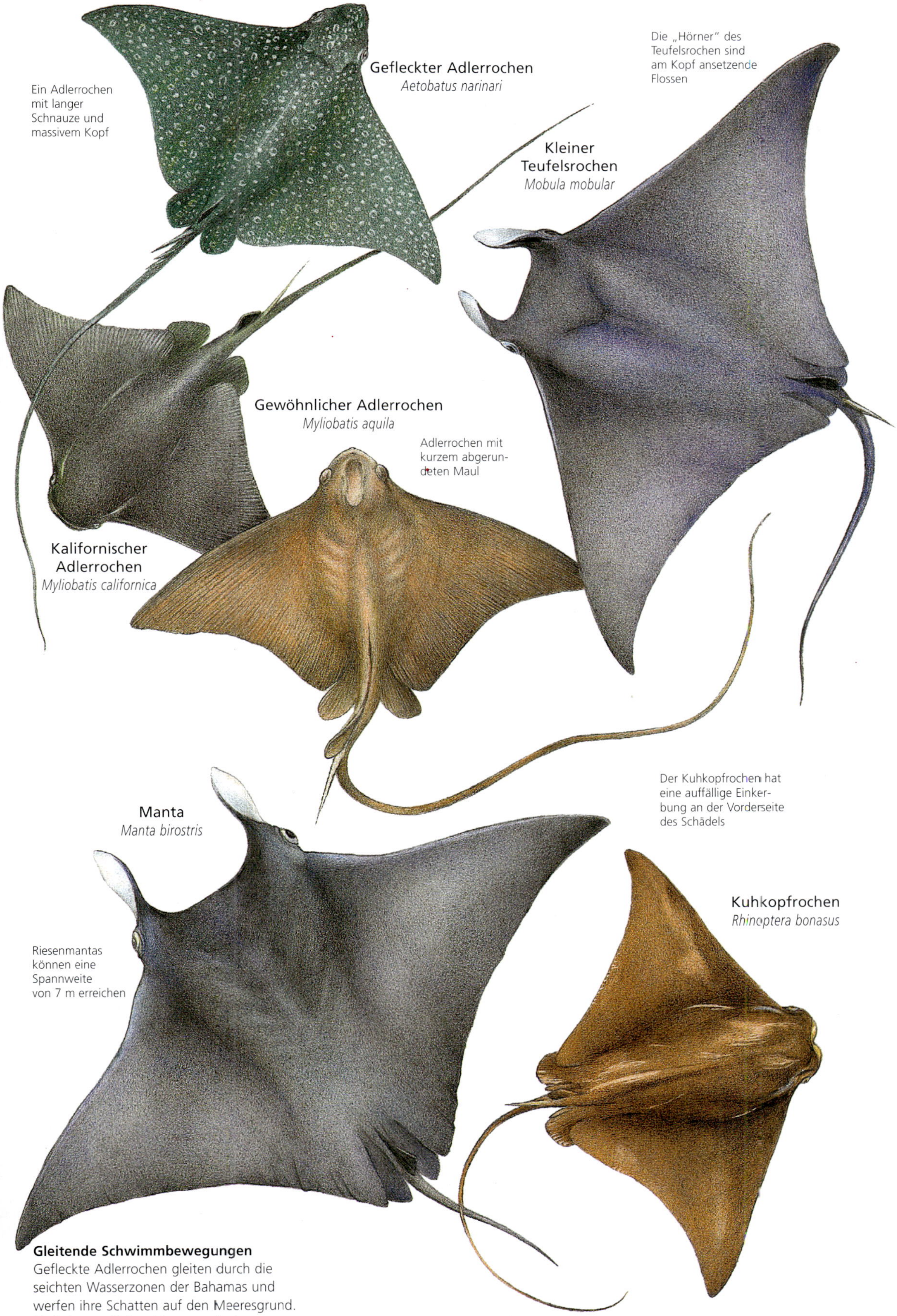

Gleitende Schwimmbewegungen
Gefleckte Adlerrochen gleiten durch die seichten Wasserzonen der Bahamas und werfen ihre Schatten auf den Meeresgrund. Sie haben auffallend lange, peitschenähnliche Schwänze (links).

AUF EINEN BLICK

Kalifornischer Adlerrochen Bei der Paarung stößt das Männchen die um seine Augen befindlichen Dornen in den Unterkörper des Weibchens. So kann das Pärchen während der Paarung im Wasser leichter zusammenbleiben.

- Bis 1,5 m
- Bis 82 kg
- Ovovivipar
- Männchen/Weibchen
- Häufig

Östl. Pazifik: Oregon bis Golf von Kalifornien

Riesenmanta Die riesigen Rochen schwimmen oft zu „Putzerstationen", oft an Riffen, wo kleine, sogenannte Putzerfische, sorgfältig ihre äußeren Parasiten entfernen. Man hat Mantas beobachtet, die an solchen Plätzen geduldig warten, bis sie an der Reihe sind.

- Bis 6,7 m
- Bis 3000 kg
- Ovovivipar
- Männchen/Weibchen
- Daten ungenügend

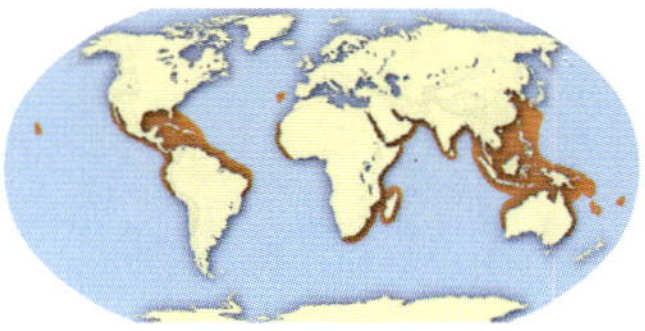

Weltweit in tropischen Meeren

FILTRIERER

Oft sieht man Mantas in großen Bögen nahe der Wasseroberfläche schwimmen. Dadurch sammeln sich vermutlich die kleinen Tiere, die der Filtrierer frisst.

Hilfe beim Fressen *Kopflappen vorn am Kopf des Mantas bringen beim Fressen das Plankton ins Maul.*

KNOCHENFISCHE

ÜBERKLASSE	Gnathostomata
KLASSEN	2
ORDNUNGEN	48
FAMILIEN	455
ARTEN	ca. 20000

Sowohl bezüglich der Arten- als auch der Individuenanzahl sind die Knochenfische die erfolgreichste Wirbeltiergruppe. Knochenfische traten erstmalig vor über 400 Millionen Jahren auf. Fossilfunde belegen, dass die ersten Formen im Süßwasser lebten. Es gibt zwei Entwicklungslinien. Die Fleischflosser (Sarcopterygii) sind heute nur noch mit wenigen Arten vertreten. Sie spielten eine wichtige Rolle in der Evolution, weil ihre Vorfahren sich zu den ersten Tetrapoden – vierbeinige Landwirbeltiere – entwickelt hatten, aus denen alle anderen Wirbeltiere hervorgingen. Die überwältigende Mehrheit der Knochenfische sind jedoch die Strahlenflosser (Actinopterygii).

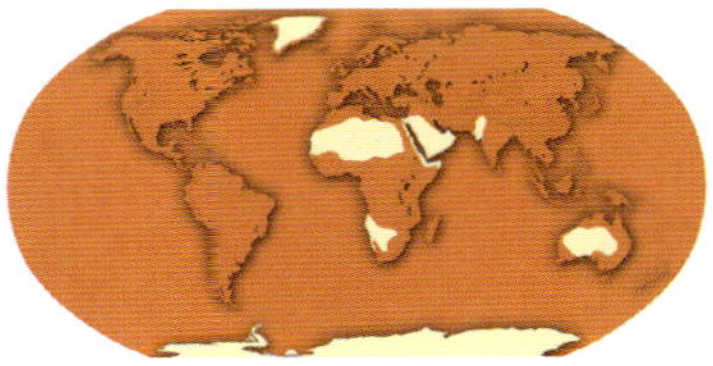

Erfolgreiche Verbreitung Knochenfische kommen praktisch in jedem Lebensraum im Meer, im Süß- und im Brackwasser auf der ganzen Welt vor, manchmal sogar in ausgetrockneten Gebieten. Die Artenvielfalt nimmt zu den Tropen hin zu und in Richtung auf die Pole ab. Sie ist in Küstennähe am größten, im offenen Meer am geringsten.

Schutz in der Menge Der schillernde Gelbrücken-Füsilier (*Caesio teres*) hat einen länglichen, geschossförmigen Körper. Wie alle Mitglieder der Familie Caesionidae bilden diese Fische riesige Schwärme im offenen Meer, die sich tagsüber von Zooplankton ernähren und nachts an den Hängen der Riffe Schutz suchen. In die Schwärme mischen sich auch manchmal andere Füsilier-Arten (oben).

Abwarten Der Hecht (*Esox lucius;* rechts) ist ein besonders hinterhältiger Räuber. Er kann seine Flossenbewegungen so gezielt kontrollieren, dass er bewegungslos im Wasser steht, oft in Pflanzen versteckt. Wenn sich seine Beute nähert, tastet sich der Hecht sehr langsam an sie heran. Sobald sie in Reichweite ist, benutzt er seine Schwanzflosse für einen kräftigen Schub nach vorne und verschlingt sein Opfer im Ganzen.

EFFEKTIVE EVOLUTION

Knochenfische zeichnen sich, wie der Name sagt, durch ein leichtes inneres Skelett aus, das ganz oder teilweise durch echte Knochen verstärkt wird.

Die Flossen der Knochenfische sind durch eine komplexere Anordnung von Skelett und Muskeln gestützt als die der Knorpelfische. So können die Knochenfische ihre Schwimmbewegungen gut kontrollieren. Viele können rückwärts schwimmen und scheinen sogar mitten im Wasser zu schweben. Die Manövrierbarkeit wird auch dadurch verbessert, dass sie präzise und schnell den Auftrieb verändern können. Das ermöglicht die gasgefüllte Schwimmblase. Bei einigen Arten ist sie mit der Kehle verbunden und wird über das Maul entleert bzw. gefüllt. Dazu müssen die Fische an der Wasseroberfläche Luft schlucken. Häufig gibt es aber keine Verbindung nach außen und der Inhalt der Schwimmblase wird durch den Austausch von Gasen zwischen benachbarten Blutgefäßen kontrolliert.

Da sie Kiemendeckel (Opercula) haben und ihre Kiemenkammer durch Knochen, die Kiemenhautstrahlen, gestützt wird, können Knochenfische Wasser durch ihre Kiemen pumpen und müssen sich zum Atmen nicht von der Stelle bewegen.

Etwa 90 Prozent aller Knochenfische geben ihre Geschlechtszellen ins freie Wasser ab, wo die Befruchtung der Eier und die Verbreitung der Jungfische stattfindet.

Knochenfische bilden oft große organisierte Schwärme. Dabei hilft ihnen ihr gut entwickeltes Seitenlinienorgan und ein ausgezeichnetes Seh- und Hörvermögen. Schwärme verwirren Angreifer, weil einzelne Ziele schwer auszuwählen sind.

Köder Der Kopf des Anglerfisches (unten) ist mit einem Knochenstab und einem fleischigen „Köder" an der Spitze ausgestattet, um Beute anzulocken. Dazu bewegt er ihn hin und her, aber die Strategie funktioniert nicht immer. Man hat schon Anglerfische ohne Köder gefunden, wohl weil die Beute mitunter mit dem Köder entkommt.

LANGE WANDERUNGEN

Wanderungen sind eine weitere Verhaltensanpassung, die zum Erfolg der Knochenfische beiträgt. Viele Arten unternehmen Massenwanderungen, um unterschiedliche Nahrungsquellen zu nutzen, Feinden zu entfliehen oder sich zu paaren und abzulaichen.

Solche Bewegungen können vertikal über einige 100 Meter von tiefen in flachere Gewässer und zurück erfolgen. Horizontale Wanderungen können jedoch über viele Hunderte oder sogar Tausende von Kilometern erfolgen. Führt eine solche Wanderung vom Süßwasser ins Meer und zurück, spricht man von anadromen Fischen. Sie ist typisch für Lachsfische. Die Wanderung vom Meer ins Süßwasser und zurück erfolgt bei katadromen Fischen und ist typisch für Süßwasseraale. Bei Knochenfischen finden häufig Laichwanderungen statt, weil auf diese Weise adulte und Jungtiere unterschiedliche Nischen oder sogar Lebensräume besetzen können.

Tödliche Lauer Drüsen an der Basis der Flossenstacheln des Rotfeuerfisches (*Pterois volitans*) sondern ein Gift ab, das für Menschen tödlich sein kann. Die meist als Einzelgänger lebenden, aggressiven Fische verstecken sich am Tag und lauern bei Nacht kleinen Fischen und Krebstieren auf, die sie mit ihren aufgestellten, fächerförmigen Brustflossen in die Enge treiben (oben).

Anstrengende Reise Wie die meisten Thunfischarten unternimmt der Gewöhnliche Thunfisch (*Thunnus thynnus*) in großen Schwärmen weite saisonale Wanderungen. Sie werden ausgelöst durch Laichzeit, Wassertemperatur und Feindaufkommen. Untersuchungen zeigten, dass der Thunfisch im Schnitt mit 65 km/h den Atlantik überquert und dabei 7700 km in nur 119 Tagen zurücklegt (rechts).

Knochenfisch-Anatomie Die Kiemen fast aller Knochenfische sind von einem Kiemendeckel bedeckt. Die meisten Arten tragen feine, biegsame Schuppen mit einer dünnen, Schleim absondernden Haut. Die zwei Lappen des Schwanzes sind meist symmetrisch. Die Wirbelsäule endet vor der Schwanzflosse. Die meisten Arten haben mindestens eine Rücken-, eine Afterflosse und paarige Brustflossen. Nur die Männchen lebend gebärender Arten haben äußere Geschlechtsorgane.

LUNGENFISCHE UND VERWANDTE

KLASSE	Sarcopterygii
UNTERKLASSEN	2
ORDNUNGEN	3
FAMILIEN	4
ARTEN	8

Aus den seit langem ausgestorbenen Vorfahren dieser Gruppe, den Sarcopterygii, entwickelten sich die ersten Landtiere. Nur sechs Lungenfisch- und zwei Quastenflosserarten haben überlebt. Alle besitzen fleischige Flossen mit Skelettstrukturen und Muskulatur, die an Gliedmaßen von Vierfüßern erinnern. Im 19. Jahrhundert ordneten Wissenschaftler daher die Lungenfische den Reptilien und Amphibien zu, bevor sie die richtige Zugehörigkeit zu den Fischen erkannten. Lungenfisch-Larven atmen durch Kiemen, Adulte – bis auf eine Art – durch Lungen, so dass sie in Wasser mit niedrigem Sauerstoffgehalt leben können. Es gibt sie in tropischen Flüssen und Seen. Die kiemenatmenden Quastenflosser leben ausschließlich im Meer.

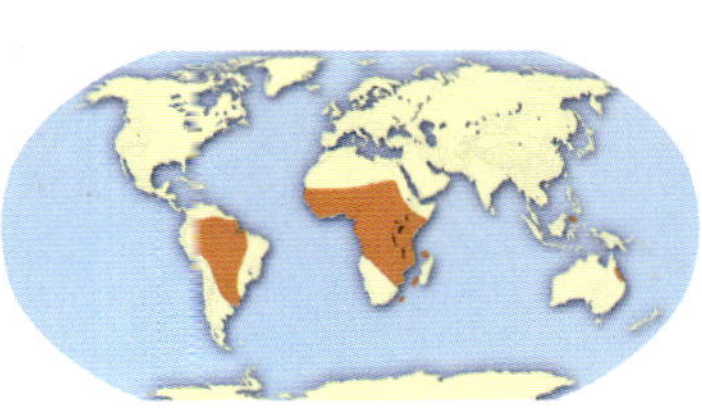

Begrenzte Verbreitung Lungenfische kommen in Afrika, Südamerika und Australien vor. Es sind nur zwei Gegenden bekannt, in denen Quastenflosser leben. Eine Quastenflosserart (*Latimeria chalumnae*) lebt in geringer Anzahl vor den Küsten der Komoren im Indischen Ozean. Die andere Art (*Latimeria menadoensis*) entdeckte man 1999 vor Sulawesi in indonesischen Gewässern.

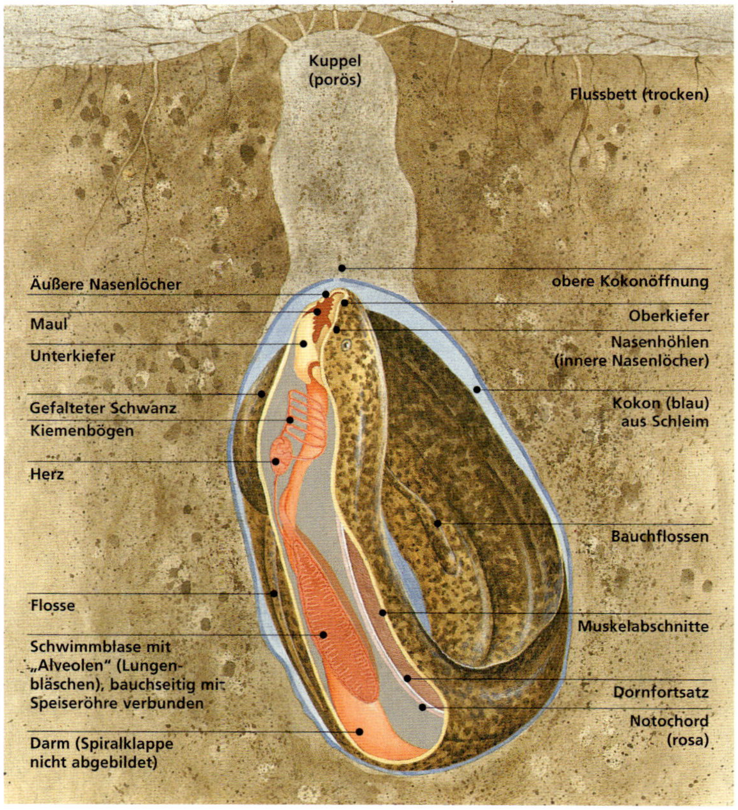

Trockenzeit überleben *Protopterus annectens* (unten), eine afrikanische Lungenfischart, verbringt die Trockenzeit geschützt in einem Kokon aus getrocknetem Schleim in einer senkrechten Höhle, die sie in den weichen Schlamm gräbt. Sie atmet durch eine Röhre, die mit der Oberfläche verbunden ist. Auf diese Weise kann diese Lungenfischart in schlafendem Zustand Trockenperioden von über einem Jahr überleben (links).

ATEMLUFT

Schwimmblasen von Lungenfischen weisen eine einzigartige Struktur mit inneren Unterteilungen (Alveolen) auf und funktionieren wie richtige Lungen. Es gibt vier afrikanische Lungenfischarten mit drei Unterarten aus der Gattung *Protopterus* und eine südamerikanische Art (*Lepidosiren paradoxa*).

Die afrikanischen und südamerikanischen Arten sind untereinander näher verwandt, als sie es mit dem einzigen australischen Lungenfisch sind, aber alle besitzen zwei Lungen und fadenähnliche Brust- sowie Bauchflossen. Die Laichablage erfolgt zu Beginn der Regenzeit, um den kiemenatmenden Larven höhere Überlebenschancen zu bieten. Ausgewachsene Lungenfische überstehen Trockenperioden, indem sie sich vergraben und Sauerstoff aus der Luft beziehen.

Der australische Lungenfisch (*Neoceratodus forsteri*) besitzt nur eine Lunge und paddelförmige Flossen. Obwohl er Luft atmen kann, bleiben die Kiemen voll funktionsfähig. Er vergräbt sich nicht im Schlamm, bildet keinen Kokon und stirbt bei totaler Austrocknung, aber er kann dennoch mehrere Monate in einem ausgetrockneten Teich überleben, indem er sich unter feuchten Blättern oder Schlamm vergräbt.

Schwimmen oder Kriechen Afrikanische Lungenfische schwimmen entweder wie Aale oder kriechen mit ihren paarweise angeordneten Flossen. Sie schwimmen, um in mittleren Wasserschichten nach Aas zu suchen oder an die Oberfläche zu kommen, um Luft zu atmen. Im seichten Wasser kriechen sie über den Grund. Beim Kriechen heben sie den Körper und schieben ihn mit propellerartigen Flossenbewegungen vorwärts (links).

Südamerikanischer Lungenfisch
Lepidosiren paradoxa

Australischer Lungenfisch
Neoceratodus forsteri

Die Schuppen dieser Art sind ungewöhnlich groß

Westafrikanischer Lungenfisch
Protopterus annectens annectens

Leopardenlungenfisch
Protopterus aethiopicus aethiopicus

AUF EINEN BLICK

Australischer Lungenfisch Diese Art lebt in langsam fließenden Gewässern und kann Luft atmen, doch fehlt ihr die Fähigkeit, sich im Schlamm zu vergraben, um Trockenzeiten zu überleben.

- Bis 1,7 m
- Bis 40 kg
- Ovipar
- ♀♂ Männchen/Weibchen
- Regional häufig

Queensland, Australien

Leopardenlungfisch Diese Art lebt in Sümpfen und Bächen, wo sie sich während der Trockenzeit in einen Kokon hüllt und auf Regen wartet.

- Bis 2 m
- Bis 17 kg
- Ovipar
- ♀♂ Männchen/Weibchen
- Regional häufig

Afrika: Nil und Grabenseen

SCHUTZSTATUS

In großer Gefahr Der Quastenflosser *Latimeria chalumnae* steht auf der Roten Liste der IUCN als vom Aussterben bedroht. Man vermutet die größte Population dieser Fische mit nur einigen hundert Exemplaren im Indischen Ozean in der Umgebung der Komoren. Sie werden 1,8 m lang, erreichen spät die Geschlechtsreife und sind langlebig. Sie haben eine Tragzeit von 13 Monaten und bringen lebende Junge zur Welt.

LEBENDES FOSSIL

Quastenflosser galten von der Kreidezeit an als ausgestorben und nur als Fossilien erhalten, bis im Jahr 1938 in der Nähe des südafrikanischen Flusses Chaluma ein lebendes Exemplar der Art *Latimeria chalumnae* an Land gezogen und von Margaret Courtney-Latimer entdeckt wurde. 60 Jahre hindurch herrschte die Ansicht, dass alle heutigen Quastenflosser zu dieser einzigen noch existierenden Art gehören, doch 1998 fing ein Fischer im 10 000 km entfernten Nordsulawesi (Indonesien) einen weiteren quastenflosserähnlichen Fisch. DNS-Analysen bestätigten, dass es sich bei diesem Exemplar um eine eigenständige Art (*Latimeria menadoensis)* handelt. Beide Arten leben in tief gelegenen Lavahöhlen, wo ihre weiß gesprenkelte Haut als Tarnung dient.

FLÖSSELHECHTE UND VERWANDTE

KLASSE	Actinopterygii
UNTERKL.	Chondrostei
ORDNUNGEN	2
FAMILIEN	3
ARTEN	47

Während des Perms vor 285 bis 245 Millionen Jahren waren die direkten Vorfahren von Fischen wie Stören, Löffelstören, Knochenhechten und Flösselhechten – zusammen als primitive Strahlenflosser bezeichnet – in hoher Art- und Individuenzahl verbreitet. Heute sind die primitivsten Arten der Strahlenflosser nur wenig verbreitet und gelten als Relikte mit urtümlichen Merkmalen. Die meisten besitzen rautenförmige Schuppen, die durch eine Schicht emailähnliche Substanz (Ganoin), die modernen Fischen fehlt, verhärtet sind. Spritzloch und Spiraldarm sind häufige Merkmale, die eigentlich eher für Knorpelfische typisch sind. Die meisten haben eine einzelne Rückenflosse und eine mit dem Darm verbundene Schwimmblase, die der Luftatmung dient.

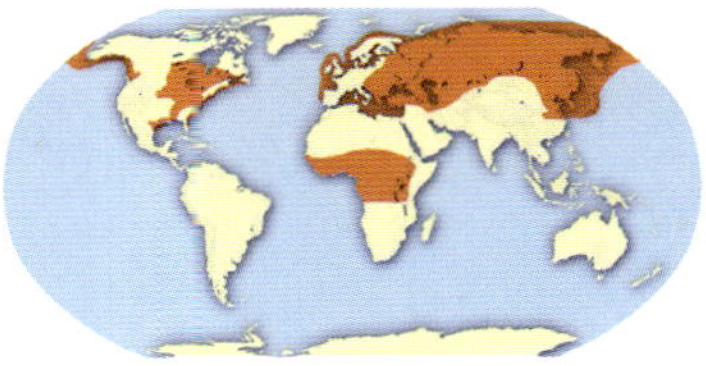

Verbreitung Obwohl Fossilfunde belegen, dass diese Gruppe einst weltweit vorkam, ist sie heute auf Europa, Asien, Afrika und Nordamerika beschränkt. Eine Löffelstörart lebt im Osten der USA, eine andere in China. Fossilien von Süßwasser-Flösselhechten (Familie Polypteridae) entdeckte man in Nordafrika. Die heute noch existierenden Arten sind auf das tropische Afrika und das Nilgebiet begrenzt.

Delikatesse Kaviar (unbefruchtete Eier vom Stör) gilt als Symbol für Luxus. Man kann den reifen Weibchen den Rogen abstreifen und sie anschließend wieder aussetzen. Doch zu oft werden die Fische wegen ihres Rogens getötet.

Empfindliches Maul Das verlängerte Maul der Löffelstöre, das halb so lang sein kann wie der Körper, ist empfindlich und trägt zahlreiche Elektrorezeptoren. Löffelstöre leben vorwiegend im Süßwasser und filtern Zooplankton aus dem Wasser. Früher hielt man sie irrtümlich für Haie, doch ihre engsten lebenden Verwandten sind die Störe (links).

MERKMALE DER STÖRE

Störe erforschte man wegen ihres wirtschaftlichen Wertes genauer als andere Strahlenflosser. Sie leben im Süßwasser und in Küstengewässern. Sie werden sehr groß, sind langlebig und brauchen viele Jahre bis zur Geschlechtsreife. Weibchen laichen nur alle paar Jahre.

Wie die Löffelstöre haben Störe mehrere haiähnliche Merkmale: ein partielles Knorpelskelett und eine asymmetrische Schwanzflosse. Die Wirbelsäule reicht bis in den oberen Schwanzlappen.

Mit fünf Reihen Knochenplatten entlang dem Körper sind sie einmalig unter den Strahlenflossern. Sie haben eine lange, abgeflachte Schnauze und mehrere tentakelartige Barteln um das auf der Bauchseite liegende Maul.

Typisch für Flösselhechte ist die Reihe kleiner Rückenflossen

Weeks Flösselhecht
Polypterus weeksii

Flösselaal
Erpetoichthys calabaricus

Große, paddelförmige Schnauze mit Geschmacksknospen

Amerikanischer Löffelstör
Polyodon spathula

Der größte Süßwasserfisch Chinas, über 3 m lang

Chinesischer Schwertstör
Psephurus gladius

SCHUTZSTATUS

Weniger Störe Gewinnung von Kaviar, Lebensraumverlust und Überfischung haben vom Ende des 20. Jahrhunderts an zu einem Rückgang der Störbestände geführt. Die meisten Arten stehen auf der Roten Liste der IUCN, einschließlich fünf, die als vom Aussterben bedroht eingestuft werden. Um diesen Rückgang aufzuhalten, unterliegen Störprodukte seit 1998 dem Internationalen Abkommen über den Handel mit bedrohten Tier- und Pflanzenarten.

Atlantischer Stör
Acipenser oxyrinchus

Sternhausen
Acipenser stellatus

Baltischer Stör
Acipenser sturio

Weißer Stör
Acipenser transmontanus

Europäischer Hausen
Huso huso

AUF EINEN BLICK

Sternhausen Dieser Fisch zeigt alle typischen Merkmale der Störe: fünf Reihen knöcherner Platten auf dem Rücken, eine flache Schnauze, ein lang gestrecktes, zahnloses Maul und sensible, fleischige, tentakelähnliche Barten unter der Schnauze. Störe suchen mit diesen Barten den Sand und Schlamm des Grundes nach Beutetieren wie kleinen Fischen und Wirbellosen ab.

- Bis 2,2 m
- Bis 80 kg
- Ovipar
- Männchen/Weibchen
- Gefährdet

Schwarzes Meer, Kaspisches Meer, Adria

Weißer Stör Mit einer Länge von bis zu 6 m und einem Gewicht von bis zu 680 kg ist der Weiße Stör die größte nordamerikanische Fischart. Störe sind gewöhnlich äußerst langlebig und diese Art hat vermutlich eine Lebenserwartung von mindestens hundert Jahren.

- Bis 6 m
- Bis 820 kg
- Ovipar
- Männchen/Weibchen
- Potenziell gefährdet

Nordwesten Nordamerikas

Europäischer Hausen Dieser Stör wird wegen der Qualität und Quantität seines Rogens oft als „teuerster Fisch der Welt" bezeichnet. Ein Weibchen von 4 m Länge kann 180 kg enthalten. Daraus wird der berühmte Beluga-Kaviar gewonnen.

- Bis 9 m
- Bis 1500 kg
- Ovipar
- Männchen/Weibchen
- Gefährdet

Schwarzes Meer, Kaspisches Meer, Adria

STERLET

Der Sterlet (*Acipenser ruthenus*), ein Stör, der Kaviar liefert, gilt laut IUCN als gefährdet. Er kommt nur in den Zuflüssen des Schwarzen und des Kaspischen Meeres vor. Er überlebt die kalten Wintermonate wie andere Störe in großer Tiefe, ohne zu fressen. Im Frühjahr ziehen die adulten Tiere zum Ablaichen flussaufwärts.

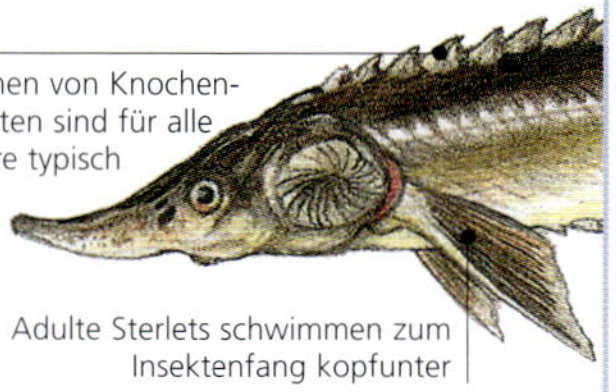

Knochenhechte und Schlammfische

KLASSE	Actinopterygii
UNTERKL.	Neopterygii
ORDNUNGEN	2
FAMILIEN	2
ARTEN	8

Die Neopterygii sind eine von zwei existierenden Fischgruppen mit Strahlenflossen. Sie stammen von frühen Fischen – vermutlich den Knorpelganoiden – ab, die vor 250 Millionen Jahren lebten. Diese besaßen im Vergleich zu ihren Vorgängern ein beweglicheres Maul, einen kompakteren Schwanz und eine einfachere Flossenstruktur. So konnten sie besser fressen und schwimmen. Aus ihnen entstanden die Knochenfische, zu denen die meisten gegenwärtigen Fischarten gehören. Merkmale der frühesten Neopterygii sieht man heute noch bei den Vertretern dieser Gruppe: dem Schlammfisch und den sieben Arten Knochenhechten, lauter wendige und gefräßige Fleischfresser.

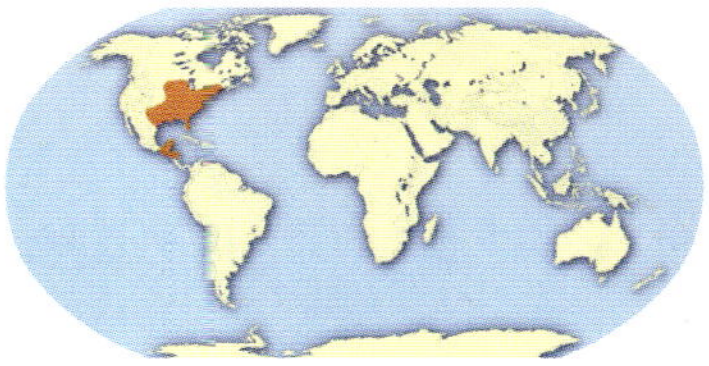

Bewohner der nördlichen Halbkugel Der Schlammfisch ist auf Süßwasserseen im gemäßigten östlichen Nordamerika beschränkt. Fünf Knochenhecht-Arten kommen im östlichen Nordamerika vor. Die zwei weiteren Arten leben in Mittelamerika.

ALTE FISCHE

Knochenhechte und Schlammfisch haben eine längliche Körperform, einen relativ kurzen Schwanz ähnlich dem der Haie und zahlreiche scharfe Zähne. Sie leben meist in Sümpfen und Altwässern, wo sie auch bei geringem Sauerstoffgehalt überleben, weil sie durch lungenähnliche Schwimmblasen Luft atmen können. Knochenhechte haben primitive rautenförmige Schuppen, Schlammfische runde Schuppen, wie die meisten Fische.

Räuberischer Fleischfresser Der Schlanke Knochenhecht lauert, wie die anderen Knochenhechte, im Versteck anderen Fischen oder Krebstieren auf. Bewaffnet ist er mit langen Reihen scharfer Zähne in einem verlängerten „Schnabel" (oben).

Leben im Sumpf Wie andere Angehörige der Ordnung Semionotiformes ist der Alligatorfisch (*Atractosteus spatula)* ein aggressiver Fleischfresser, der sich langsam durch sauerstoffarme sumpfige Gewässer bewegt. Er wird bis zu 3 m lang und ist damit die längste der sieben Arten (oben).

Kurznasenknochenhecht
Lepisosteus platostomus

Langschnauzen-Kaimanfisch
Lepisosteus osseus

Amerikanischer Schlammfisch
Amia calva

Deutliche Unterschiede Der Gefleckte Knochenhecht (*Lepisosteus oculatus,* rechts) unterscheidet sich vom Langschnauzen-Kaimanfisch (*Lepisosteus osseus,* oben) durch die Kopffärbung und die Länge der Schnauze: Der Gefleckte Knochenhecht hat einen gefleckten Kopf und eine breite Schnauze, der Langschnauzen-Kaimanfisch einen olivgrün gefärbten Kopf und eine schmale Schnauze.

KNOCHENZÜNGLERARTIGE

KLASSE Actinopterygii	
UNTERABTEILUNG Osteoglossomorpha	
ORDNUNG Osteoglossiformes	
FAMILIEN 6	
ARTEN 221	

Diese Fische gelten als die ursprünglichsten der modernen Knochenfische. Der Begriff Knochenzüngler beschreibt ein gemeinsames Merkmal aller Tiere dieser Gruppe: gut entwickelte, zahnähnliche Knochen an der Zunge, die gegen Zähne im Gaumen beißen. Bis auf dieses Charakteristikum – und die Tatsache, dass alle im Süßwasser leben, obwohl Fossilfunde darauf hindeuten, dass ausgestorbene Arten im Brackwasser lebten – zeigt diese Fischgruppe eine große Vielfalt an Formen und Verhaltensweisen. Es gibt sie auf allen Kontinenten außer in Europa und der Antarktis. Die meisten Arten kommen in Afrika vor, in Nordamerika findet man nur eine Familie mit zwei Arten.

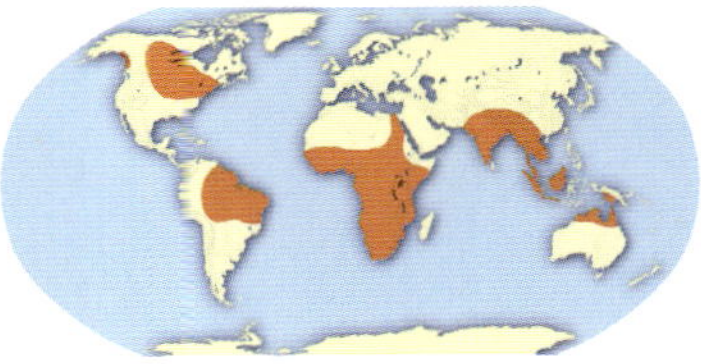

In den Tropen heimisch Knochenzüngler kommen in Südamerika, Afrika, Australien, Malaysia, auf den Inseln Borneo und Sumatra, in Thailand und auf Neuguinea vor. Messerfische gibt es nur in Asien und Afrika. Alle Nilhecht-Arten leben in Afrika.

Seltsamer Kopf Der Gabelbart hat zwei nach vorn weisende Barteln am Kinn und ein taschenartiges Maul, bei dem sich der Unterkiefer fast senkrecht öffnet (rechts).

Wendiger Schwimmer Mit wellenförmigen Bewegungen seiner langen Afterflosse kann der Schwarze Messerfisch (*Xenomystus nigri*, oben) genauso leicht rückwärts wie vorwärts schwimmen (oben).

SÜSSWASSERFISCHE

Die Unterabteilung Knochenzünglerartige teilt sich in drei große Gruppen. Knochenzüngler reichen vom kleinen Schmetterlingsfisch, der dank der gut entwickelten Brustflossen durch die Luft zu gleiten scheint, bis zum Arapaima, einem der größten Süßwasserfische.

Messerfische haben fast keine Schwanzflosse, die Afterflosse reicht über drei Viertel der Körperlänge.

Zu den Nilhechten, der dritten Gruppe, gehören Arten mit verlängerter rüsselähnlicher Schnauze. Bei diesen Fischen unterscheidet sich bei den Geschlechtern die Form der Afterflosse. Laichende Paare legen diese Flossen als eine Art Gefäß zusammen, in das Eier und Sperma abgegeben werden.

Schmetterlingsfisch
Pantodon buchholzi

Lebt in oberen Wasserschichten und hat vergrößerte Flossen

Große Augen; Körper seitlich abgeflacht

Mondauge
Hiodon tergisus

Arapaima
Arapaima gigas

AUF EINEN BLICK

Großer Nilhecht Diese Art unterscheidet sich von allen anderen Tieren in ihrer Gruppe, weil sie weder eine Schwanz- noch eine After- oder Beckenflosse besitzt. Dafür erstreckt sich die Rückenflosse über einen Großteil des Körpers und kann bis zu 1,5 m lang sein.

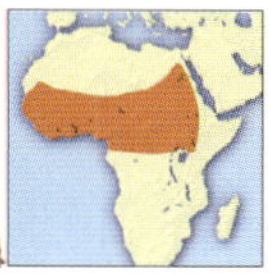

- Bis 1,7 m
- Bis 18 kg
- Ovipar
- Männchen/Weibchen
- Häufig

Nördliches und westliches Zentralafrika

Tausenddollarfisch Die Weibchen legen ihre Eier auf hartem Untergrund wie Holzstümpfen ab. Die Männchen bewachen die Eier vor kleinen Welsen sowie anderen Räubern und fächern ihnen Luft zu. Afterflosse und Schwanzflosse gehen ineinander über. Diese Art gibt keine elektrischen Entladungen ab.

- Bis 1,2 m
- Bis 3,5 kg
- Ovipar
- Männchen/Weibchen
- Häufig

Südasien

GROSSES GEHIRN

Das verlängerte „Kinn" sucht im Schlamm nach Nahrung

Elefantenfische besitzen ein großes Gehirn – im Verhältnis zur Körpergröße so groß wie das menschliche Gehirn. Man hält sie für lernfähig. Vor allem das Kleinhirn ist gut entwickelt. Dort wird die Information verarbeitet, die sie mit ihrem elektrischen Organ aufnehmen. Sie können schwache Stromstöße erkennen und selbst produzieren sowie ein Feld elektrischer Spannung um ihren Körper schaffen. So orientieren sie sich im schlammigen Flusswasser oder bei Nacht.

SCHUTZSTATUS

Von den 221 Arten der Ordnung Osteoglossiformes stehen vier auf der Roten Liste der IUCN, und zwar unter den folgenden Gefährdungsgraden:

1 Gefährdet
2 Potenziell gefährdet
1 Keine Angaben

Aalartige und Tarpone

KLASSE Actinopterygii
UNTERABTEILUNG Elopomorpha
ORDNUNGEN 5
FAMILIEN 24
ARTEN 911

Viele der mehr als 900 Arten, die in dieser Fischgruppe zusammengefasst sind, scheinen zunächst nicht den länglichen, schlangenartigen Tieren zu ähneln, die den meisten Leuten bei dem Begriff Aal in den Sinn kommen. Doch fast alle teilen den Lebensbeginn als Leptocephalus-Larve. Diese durchsichtigen, bandförmigen Organismen treiben bis zu drei Jahre im Meer, bevor sie sich zu Jungtieren wandeln, die der adulten Form gleichen. Diese vorwiegend im Meer lebende Gruppe teilt sich in drei Hauptgruppen: „echte" Aale wie Muränen, Meeraale und Süßwasseraale; Tarpone, Frauenfische und Grätenfische sowie die eigenartigen Pelikanaale.

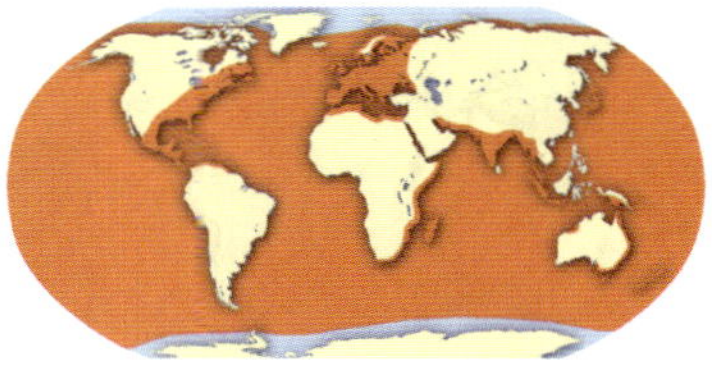

Weite Verbreitung Die meisten Aale leben in tropischen und subtropischen Meeren, obwohl einige Arten der Familie Anguillidae auch den Großteil ihres Lebens im Süßwasser gemäßigter Breiten verbringen. Tarpone und ihre engsten Verwandten leben vorwiegend in warmen Küstengewässern und Flussmündungen. Tiefseeaale leben in Meerestiefen bis 4900 m. Auch die Pelikanaale findet man weltweit in der Tiefe der Ozeane.

Vielfältige Formen

Mit mehr als 700 Arten sind die Aale die weitaus größte Gruppe unter den Aalartigen. Ihre Körperform ist lang gezogen und ihnen fehlen Becken- und Brustflossen. Die Stromlinienform weist auf eine grabende Lebensweise hin und erlaubt wendige Bewegungen in Löchern der Korallenriffregion.

Erwachsene Tarpone, Grätenund Frauenfische besitzen große metallische Schuppen, gegabelte Schwänze und haben die typische Fischform. Die beiden ersten Gruppen sind bei Sportanglern beliebt.

Die langen, schuppigen Tiefseeaale fressen langsame bodenbewohnende Wirbellose. Die Pelikanaale haben lange, schuppenlose Körper. Ein riesiges Maul und ein äußerst dehnbarer Magen erlauben seltene große Mahlzeiten.

Eigenartig, aber häufig
Hawaiianische Wissenschaftler haben herausgefunden, dass Muränen fast die Hälfte der Fleisch fressenden Biomasse an Riffen ausmachen.

Grimmige Gesichter Viele Muränen, wie hier die Drachenmuräne (*Enchelycore pardalis*) haben breite Kiefer mit scharfen Zähnen. Diese Art hat eine röhrenförmige Nase. Bei Muränen sind auffallende Zeichnungen häufig, die ihnen in ihrem Lebensraum (tropischen Riffen) als Tarnung dienen. Es gibt mehr als 200 Arten dieser vorwiegend nachtaktiven Familie von Fleischfressern. Sie besitzen relativ kleine Augen und sehen schlecht. Beute orten sie mit ihrem guten Geruchssinn (oben).

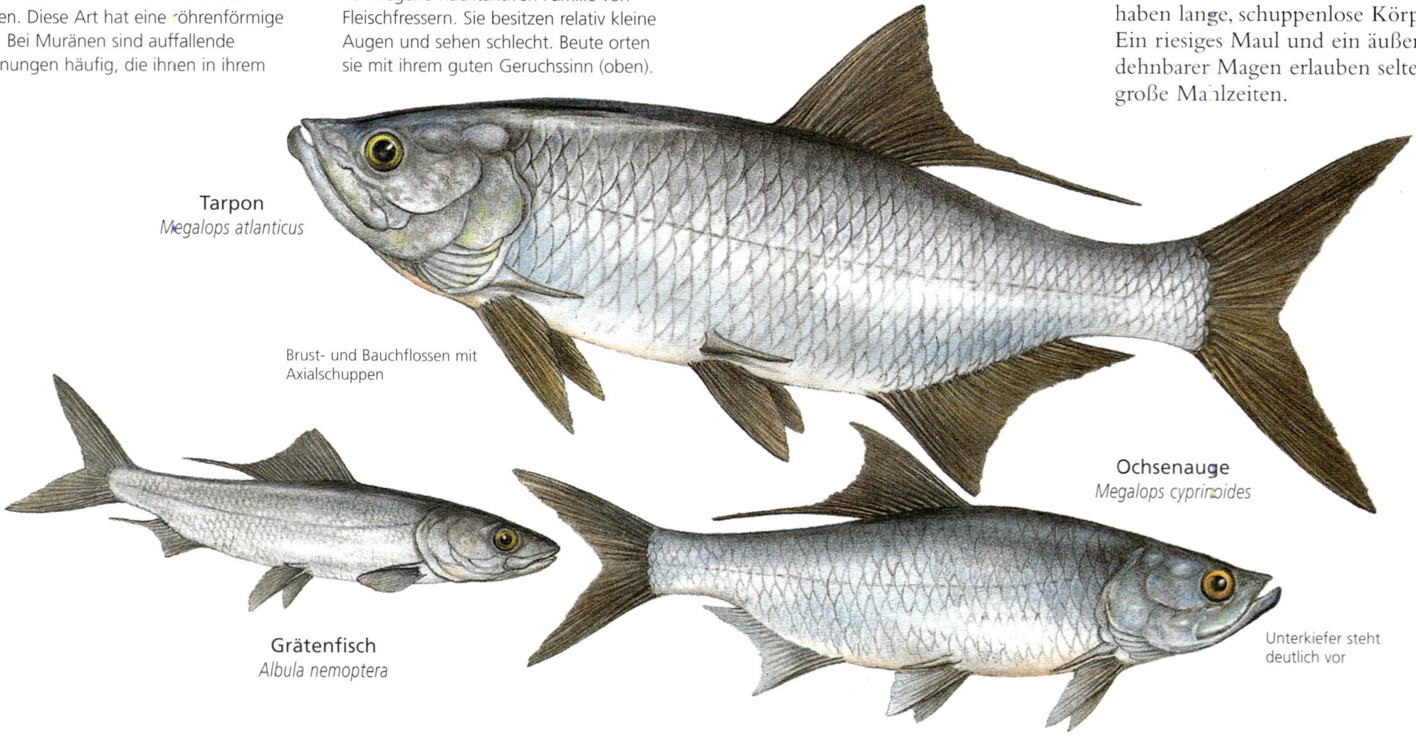

AUF EINEN BLICK

Große Netzmuräne Die Art lebt oft in Gesellschaft von Putzerfischen und Garnelen in Höhlen und auf flachen Riffen. Das Netzmuster ähnelt den Reflexionen des Lichts im Wasser und dient zur Tarnung. Netzmuränen ernähren sich von Fischen und Kopffüßern. Die größeren Männchen sind oft äußerst aggressiv.

Bis 3 m
Bis 40 kg
Ovipar
Unbekannt
Häufig

Westlicher Pazifik

Grüne Muräne Adulte Exemplare dieser Art sind grün bis dunkelgrün gefärbt. Als größte Muränenart im Atlantik lebt die Grüne Muräne einzelgängerisch in felsigen Küstengewässern, auf Riffen und in Mangrovensümpfen. Sie ist nachtaktiv und ernährt sich von Fischen und Krebstieren. Die Muräne ist sehr groß und äußerst angriffslustig und kann deshalb auch für Menschen gefährlich werden.

Bis 2,4 m
Bis 29 kg
Ovipar
Unbekannt
Häufig

Westlicher Atlantik

Leopard-Drachenmuräne Die Art jagt Fische und lebt in Felsspalten auf Fels- und Korallenriffen. Die verlängerten Nasenlöcher erinnern an Hörner und das Muster aus Punkten und Streifen ist sehr eindrucksvoll. Im Aquariumhandel herrscht große Nachfrage nach diesen Tieren, aber sie sind in freier Natur schwer zu finden und so aggressiv, dass man sie kaum zusammen mit anderen Fischen halten kann.

Bis 89 cm
Bis 1 kg
Ovipar
Unbekannt
Häufig

Indischer Ozean und Zentralpazifik

KRÄFTIGER BISS

Wie andere Muränen besitzt die Perlenmuräne (*Gymnothorax meleagris*) große Eckzähne und kräftige Kiefer. Fühlen Muränen sich bedroht, beißen sie auch Taucher, aber meist richten sie ihre Aggressionen auf ihre Beute.

Muränen haben kleine Augen und sehen schlecht

AUF EINEN BLICK

Meeraal Der lang gestreckte, schuppenlose, nachtaktive Raubfisch kann beträchtliche Ausmaße erreichen. Jungtiere leben an Felsen und über sandigem Meeresboden in Küstennähe; erwachsene Tiere kommen in tieferen küstenferneren Gewässern vor. Die Tiere pflanzen sich nur einmal im Leben fort: Dabei kann das Weibchen bis zu 8 Millionen Eier legen.

- Bis 2,8 m
- Bis 65 kg
- Ovipar
- Männchen/Weibchen
- Häufig

Östlicher Atlantik, Mittelmeer, Schwarzes Meer

Pelikanaal Wie alle Sackmäuler hat er ein stark vergrößertes Maul, eine dehnbare Mundhöhle und einen Magen, der sich bis auf zwei Drittel der Größe des gesamten Tiers weiten kann: lauter Anpassungen an unregelmäßige große Happen von Wirbellosen und Fischen. Er lebt in Tiefen von 500 bis 7500 m. Am Schwanz trägt er ein Leuchtorgan.

- Bis 1 m
- Bis 900 g
- Ovipar
- Männchen/Weibchen
- Häufig

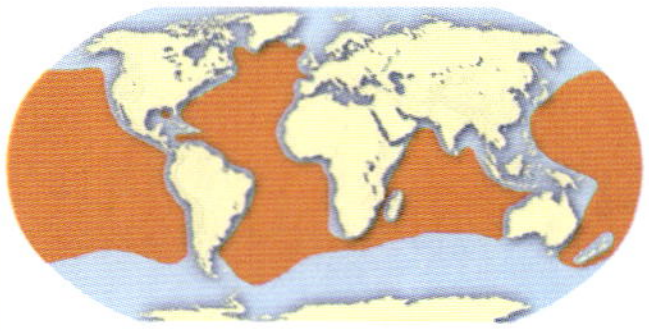

Weltweit in gemäßigten und tropischen Zonen

AALGÄRTEN

Mindestens 20 Meeraal-Arten verbringen ihr Leben als Jungtiere und Adulte dauerhaft im Meerboden verankert in Kolonien – manchmal mit Tausenden von Tieren. Die Köpfe schwingen hin und her und nehmen Plankton auf. Diese Aalgärten gibt es in Tiefen von bis zu 300 m. Fühlen sich die Tiere bedroht, ziehen sie sich in ihre mit Schleim ausgekleideten Baue zurück.

Putztrupp Dieser Muränenaal wird von einer Gruppe pazifischer Putzergarnelen belagert. Muränen sind gewöhnlich aggressive Räuber, aber sie erlauben Garnelen und Putzerfischen, Parasiten und abgestorbene Haut von ihnen zu entfernen (rechts).

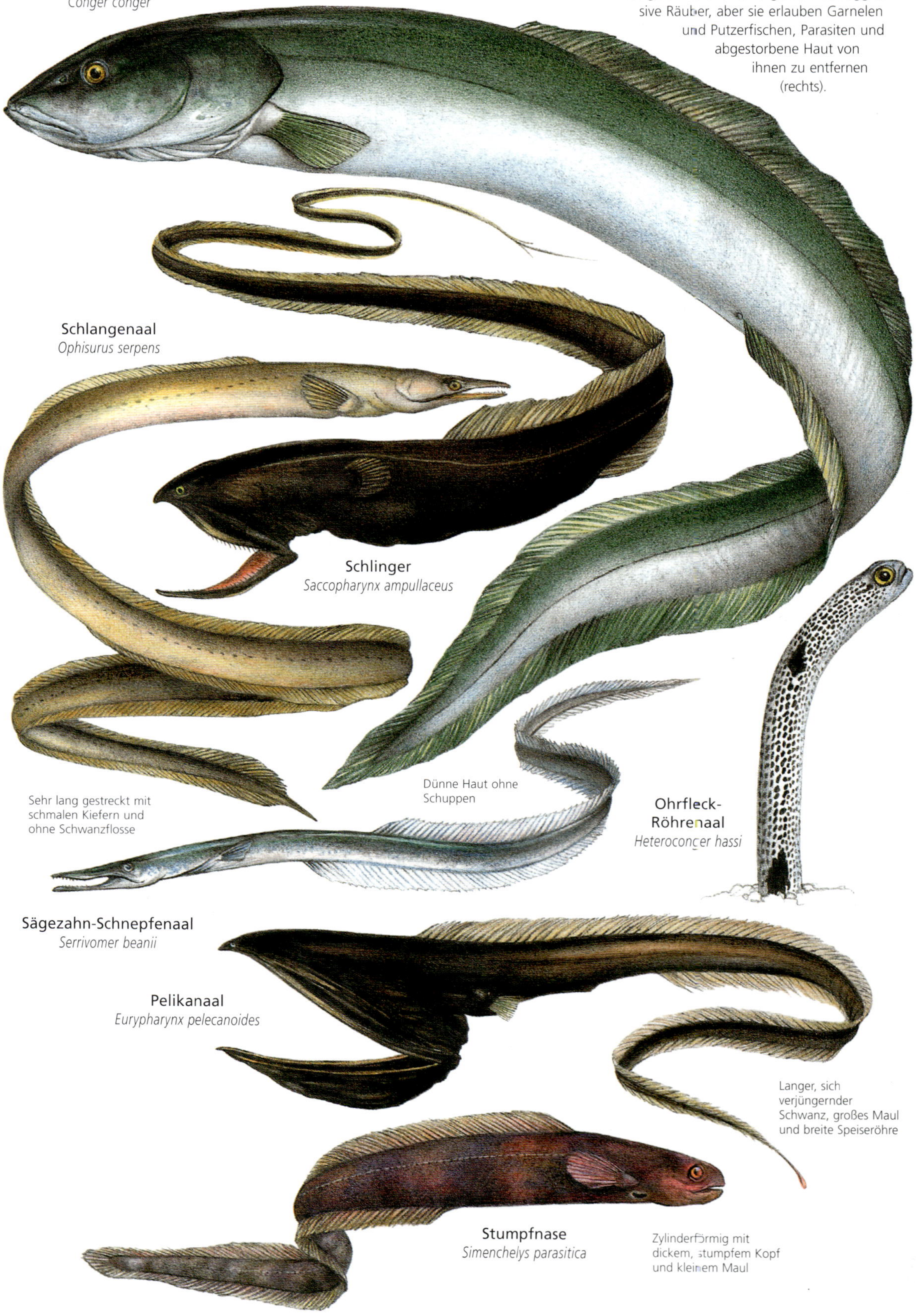

GEHEIMNISVOLLES LEBEN VON SÜSSWASSERAALEN

Erst gegen Ende des 19. Jahrhunderts entdeckten Forscher einen Teil der Wahrheit über den Lebenszyklus des Europäischen Flussaals (*Anguilla anguilla*) und seines Verwandten, des Amerikanischen Aals (*Anguilla rostrata*). Man weiß heute zwar, dass beide Arten in der Sargassosee laichen, kennt aber nicht den genauen Platz. In ihrem jahrzehntelangen Leben legen sie bis zu 11 250 km zurück. Europäische und Amerikanische Aale leben weitgehend im Süßwasser, bevor sie zum Ablaichen und Sterben in die Sargassosee zurückkehren.

Kleine Anfänge Europäische Flussaale sind 5 bis 10 cm lang, wenn sie nach mehrjährigem Treiben im Ozean endlich die Flussmündungen erreichen, die ihnen den Weg zu ihrem Süßwasser-Lebensraum als Adulte öffnen.

Spiegelbildlich Adulte Europäische Flussaale leben in ganz Europa und in Teilen Nordafrikas im Süßwasser. Ihr Lebenszyklus ist ein Spiegelbild desjenigen der amerikanischen Art, deren erwachsene Tiere im Süßwasser an der Ostküste Nordamerikas leben (unten). Forschungen zeigen, dass der Bestand beider Arten seit den 1970er-Jahren stark abnimmt. Die Zahl der Europäischen Aale ist vermutlich durch Überfischung, Umweltverschmutzung, Krankheiten und Lebensraumzerstörung um mehr als 90 Prozent zurückgegangen.

Silbrige Fische Adulte Europäische Flussaale leben in Flüssen, die zum Nordatlantik, zur Ostsee und zum Mittelmeer fließen. Weibchen werden mit 9 bis 20 Jahren geschlechtsreif, Männchen mit 6 bis 12 Jahren.

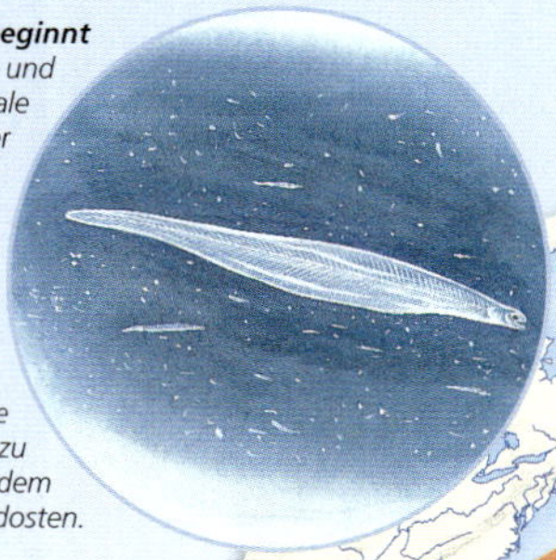

1. Die Reise beginnt *Amerikanische Aale und Europäische Flussaale laichen im Salzwasser der Sargassosee im Atlantik, irgendwo vor der Küste der Bermudas. Die blattähnlichen Leptocephalus-Larven der Europäischen Flussaale treiben dann bis zu drei Jahre mit dem Golfstrom nach Nordosten.*

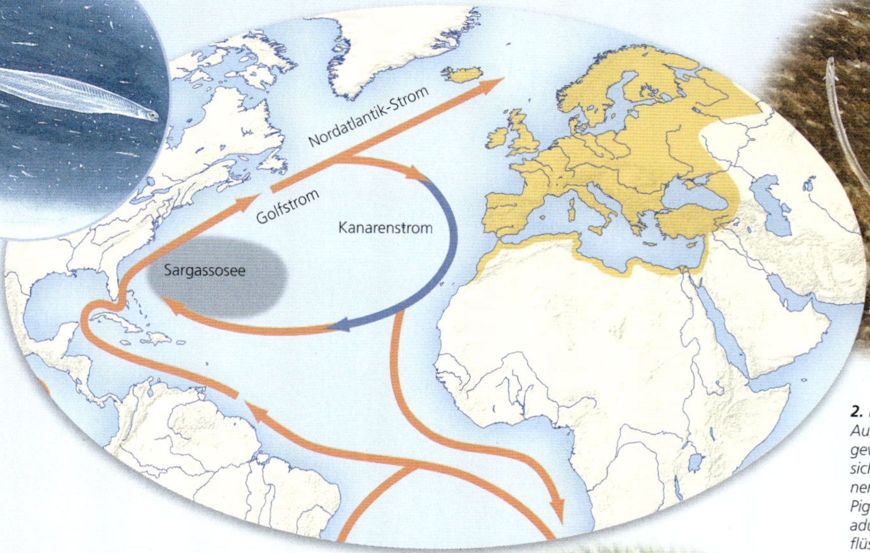

Schlüssel zur Karte

- Laichgründe
- Verbreitung Europäischer Flussaal
- Golfstrom (warm)
- Kanarenstrom (kalt)

2. Durchsichtig *Aus den Larven wird, wenn sie die Küstengewässer Europas erreichen, die fast durchsichtige Jugendform, die man Glasaal nennt. Die jungen Aale lagern dann Pigment ein und ähneln schon stärker der adulten Form, wenn sie in die Süßwasserflüsse und -seen schwimmen, wo sie weiter heranreifen.*

4. Wanderung der Adulten *Erwachsene Aale wandern ihren Fluss zum Atlantik hinunter, um an ihren Geburtsplatz zurückzukehren. Auf dem Weg reifen ihre Geschlechtszellen heran. Während der ganzen Wanderung fressen sie nicht.*

3. Langes Leben *Halb erwachsene Jungtiere (rechts) verbringen 6 bis 20 Jahre im Süßwasser. Wie schnell sie wachsen, hängt von Wassertemperatur und Nahrungsangebot ab. Mit der Geschlechtsreife werden die Augen größer, die Unterseite wird silbrig (links). Männchen können 70 cm, Weibchen 130 cm Länge erreichen.*

HERINGSFISCHE

ABTEILUNG	Teleostei
UNTERABTEILUNG	Clupeomorpha
ORDNUNG	Clupeiformes
FAMILIEN	5
ARTEN	378

Zu dieser Gruppe mit 378 Arten gehören einige der für den Fischfang wichtigsten Arten, darunter Heringe, Sardinen, Sardellen und Maifische. Die meisten leben im Meer und filtern Plankton aus dem Wasser. Sie bilden große Schwärme. In Küstengewässern sind sie stärker verbreitet als im offenen Meer. Meist laichen sie in küstennahen Gewässern unter der Oberfläche ab; das Ablaichen geschieht in bestimmten Jahreszeiten. Weibchen produzieren in riesiger Zahl kleine Eier, die sich zu Larven entwickeln und als solche viele Monate in Oberflächenströmungen treiben, bevor die Metamorphose zur Jugendform stattfindet. Einige Arten unternehmen als Erwachsene unglaubliche Züge über viele tausend Kilometer, die jahrelang dauern.

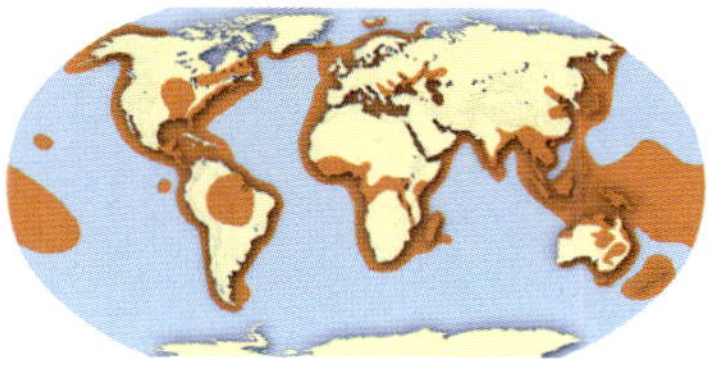

Küstennähe bevorzugt Heringsfische leben vor allem auf der Nordhalbkugel. Die meisten adulten Tiere fressen entlang der Küsten in tropischen und gemäßigten Meeren, doch mehr als 70 Arten leben auch in Süßwasserflüssen und -seen. Nur wenige Arten leben im offenen Meer, in den Polarmeeren oder in der Tiefsee gibt es überhaupt keine. Jahreszeitliche Wanderungen zu den Laichgründen sind häufig.

In Schwärmen Die Ausläufer der Schwimmblase aller Heringsfische erstrecken sich bis ins Innenohr. Man vermutet, dass dies ihre Fähigkeit, Töne mit niedriger Frequenz zu hören, verbessert: So wäre es möglich, dass sie das Schlagen der Schwanzflossen hören und dadurch besser Schulen bilden können. Bei Larven, die alt genug sind, um eine Schwimmblase zu besitzen, nimmt man an, dass sie diese nur aufblasen und nachts in Wassersäulen aufsteigen.

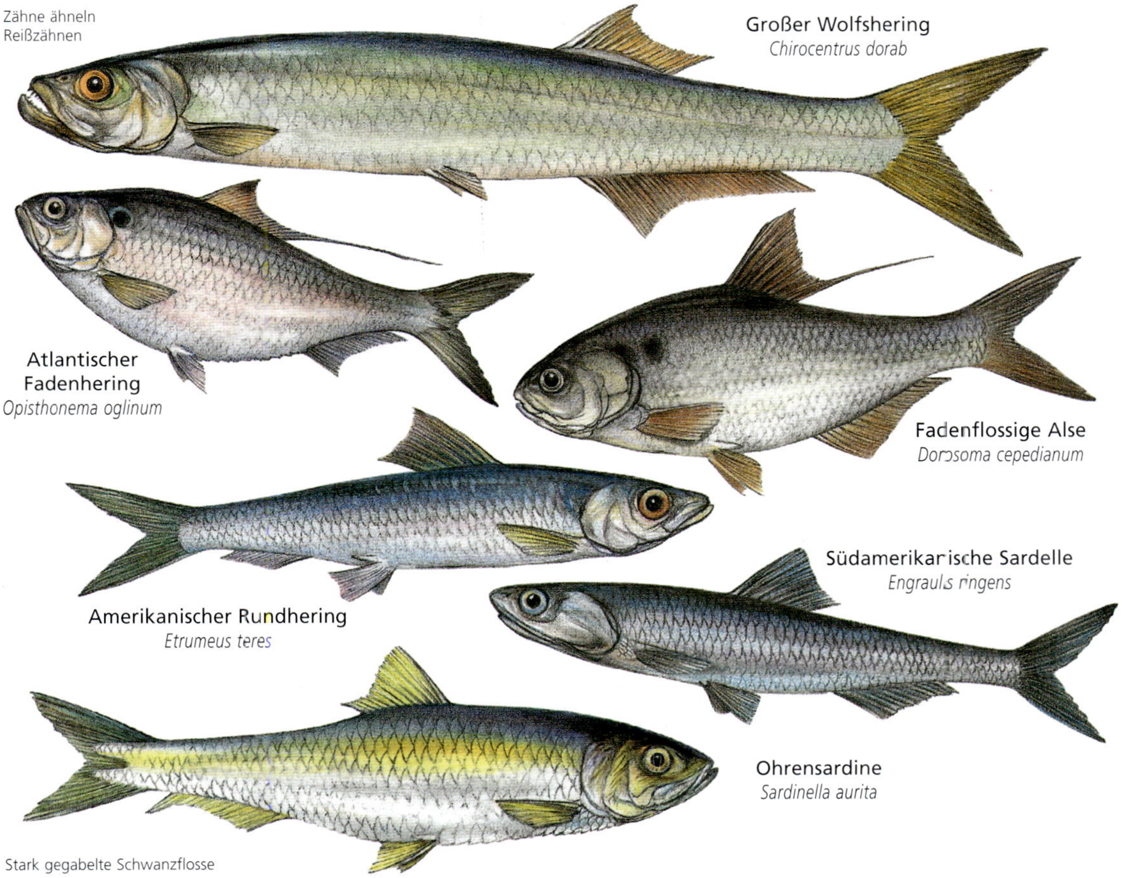

HOCH- UND TIEFZEITEN

Heringsfische sind bekannt dafür, dass sie in manchen Jahren extrem hohe Sterblichkeitsraten haben – oft bis 99% –, teilweise weil sie zu allen Zeiten ihres Lebens vielen Feinden zum Opfer fallen. Als adulte Tiere sind sie anfällig für Schwankungen im Nahrungsangebot.

Doch die meisten Arten haben zum Ausgleich sehr hohe Fortpflanzungsraten und erreichen bereits sehr jung die Geschlechtsreife (meist bevor sie drei Jahre alt sind). Daher erholen sich die Populationen sehr schnell wieder in vollem Umfang, wenn die äußeren Bedingungen gut sind.

Die Heringsfische haben großen Anteil an der gesamten Biomasse (der Gesamtheit der Tiere) im maritimen Lebensraum und bilden in vielen Nahrungsketten im Wasser ein entscheidendes Glied.

Typisch Fisch Heringe stellen sich die meisten Leute vor, wenn von Fischen die Rede ist: klein – die meisten werden nicht einmal 30 cm lang –, stromlinienförmig, mit großen silbernen Flossen und gegabelten Schwänzen, bilden sie Schwärme.

AUF EINEN BLICK

Amerikanische Alse Erwachsene Amerikanische Alsen verbringen ihr Leben im Brackwasser vor den Küsten. Sie wandern aber zum Laichen ohne zu fressen in die Flüsse und Bäche des östlichen Nordamerika. Das Weibchen legt an einem Abend bis zu 600 000 Eier.

- Bis 76 cm
- Bis 5,4 kg
- Ovipar
- Männchen/Weibchen
- Häufig

Nordamerika

Atlantischer Hering Diese Art wurde schon in 27 km langen Schwärmen mit Millionen einzelner Fische beobachtet. Schwärme dieser Heringsart halten sich bei Tageslicht meist am Meeresboden auf und steigen nachts in die oberen Wasserschichten, wo sie sich von Zooplankton ernähren.

- Bis 43 cm
- Bis 680 g
- Ovipar
- Männchen/Weibchen
- Häufig

Nordatlantik

Südamerikanische Sardine Früher glaubte man, dass es sich bei dieser Art um fünf verschiedene Fischarten handelte, doch jüngste Forschungen ergaben, dass es drei Unterarten gibt: in Südafrika (*ocellatus*) und Australien (*neopilchardus*); in Chile (*sagax*) und Kalifornien (*caeruleus*); in Japan (*melanostictus*).

- Bis 40 cm
- Bis 480 g
- Ovipar
- Männchen/Weibchen
- Häufig

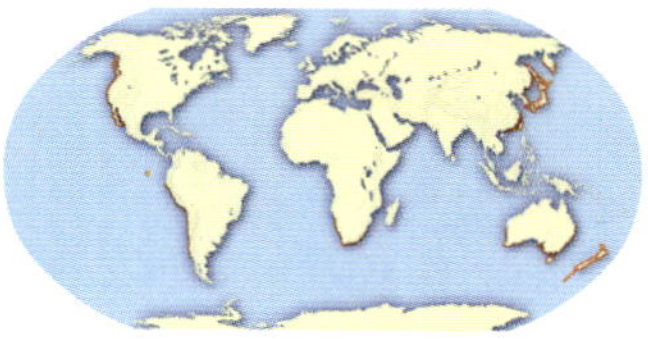

Pazifik

SCHUTZSTATUS

Alsen Zu den 12 Heringsfischen auf der Roten Liste zählt die stark gefährdete Alabama-Alse (*Alosa alabamae*) und *Tenualosa thibaudeaui*. Der Bestand der Alabama-Alse hat durch Dammbauten, welche die Wanderung zu den Laichplätzen verhindern, extrem abgenommen. Die Verringerung der Zahl von *Tenuaosa thibaudeaui* in Indochina ist auf Dammbau und Überfischung zurückzuführen.

ZWITTER

Die meisten Fische sind getrenntgeschlechtig: Sie sind weiblich oder männlich und bleiben es ihr Leben lang. Hermaphroditen, das heißt Zwitter (Individuen mit weiblichen und männlichen Geschlechtsorganen) sind jedoch weit verbreitet, viel weiter als bei anderen Wirbeltieren. Bei einigen Arten gibt es konsekutiven Hermaphroditismus: Die Tiere ändern ihr Geschlecht bei einer gewissen Größe oder wenn Mangel am anderen Geschlecht herrscht. Seltener ist simultaner Hermaphroditismus, bei dem im selben Tier beide Geschlechter auftreten. Hermaphroditismus scheint vor allem bei Fischen im Tropengürtel verbreitet zu sein. Die Fische der Korallenriffe sind besonders bekannt für das Phänomen.

Geschlechtswechsel Die Nasenmuräne (*Rhinomuraena quaesita*) ist protandrisch: Männchen werden zu Weibchen. Das Männchen wird gelb, wenn es zum Weibchen heranreift.

Dominanzwechsel Beim Zebra-Lyrakaiserfisch (*Genicanthus melanospilos*), einem protogynen Zwitter, lebt ein dominantes Männchen mit einem kleinen Harem von Weibchen. Stirbt das Männchen oder verschwindet es, wird das größte Weibchen noch größer und wechselt die Farbe, bevor es zum dominanten Männchen wird.

Jungtier: sexuell nicht aktiv

Anfangsphase: meist weiblich

Endphase: stets ein geschlechtsreifes Männchen

Nicht unersetzlich Hermaphroditismus kommt bei Papageifischen häufig vor. Ein dominantes Männchen besitzt oft einen Harem, aber wenn es stirbt, wechselt das größte und aggressivste Weibchen innerhalb von Wochen das Geschlecht und deutlich die Farbe.

1. Leben im Harem *Der weibliche Zebra-Lyrakaiserfisch ist oberseits gelb und unterseits blassblau. Kräftige schwarze Linien umranden den Schwanz. Ein Harem umfasst in der Regel zwischen 3 und 5 Weibchen.*

2. Farbwechsel *Verschwindet das dominante Männchen, beginnt das größte Weibchen des Harems zu wachsen und entwickelt die typische Färbung des Männchens: einen blassblauen Körper mit schwarzen Streifen.*

3. Frauenpower *Während der geschlechtlichen Umwandlung absorbiert der Körper die Eier und beginnt Spermien zu produzieren. Das Weibchen wird aggressiver und zeigt Balzverhalten gegenüber den anderen Weibchen des Harems.*

4. Schnelle Veränderung *Die geschlechtliche Umwandlung ist nach etwa 14 Tagen abgeschlossen. Das neue Männchen beginnt mit den Weibchen abzulaichen.*

Karpfenfische und Verwandte

KLASSE	Actinopterygii
ÜBERORDNUNG	Ostariophysi
ORDNUNGEN	5
FAMILIEN	62
ARTEN	ca. 8000

Die Ostariophysi dominieren die Süßwasser-Lebensräume der Welt. Sie bilden eine riesige Gruppe von mehr als 8000 Arten, von denen die meisten zu den Karpfen- und Salmlerartigen zählen, die zwei Hauptmerkmale verbinden. Eine einzigartige Anordnung von Knöchelchen, der Weber'sche Apparat, verbindet die Schwimmblase mit dem Innenohr und verbessert das Gehör. Die zweite Besonderheit ist die Reaktion auf Gefahr, bei der Chemikalien aus speziellen Hautzellen freigesetzt werden. Viele Karpfenfische reagieren auf solche Substanzen durch Flucht. Einige Arten, die andere Karpfenfische fressen, haben diese Reaktion nicht, da der Großteil ihrer Beute diese Chemikalien produziert und eine Reaktion darauf das Fressen verböte.

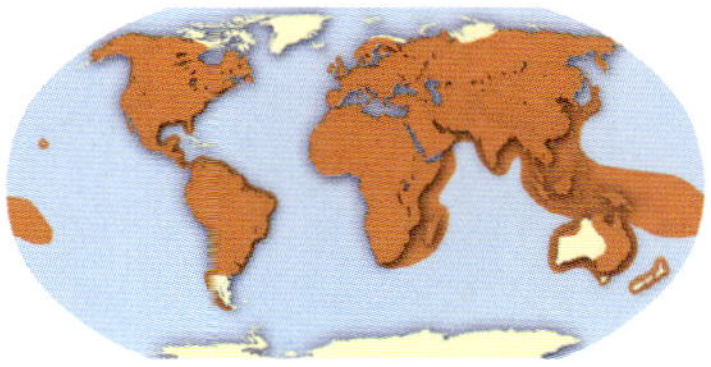

Vorherrschaft im Süßwasser Die meisten Salmler leben in den Tropen. Karpfenartige gibt es in Nordamerika, Afrika und Eurasien. Welse gibt es auf allen Kontinenten. Die elektrischen Arten der Messerfische sind auf Mittel- und Südamerika beschränkt. Viele Karpfenfische leben heute außerhalb des Verbreitungsgebietes, auch als Ergebnis des Aquarienhandels.

ENORME ARTENVIELFALT

Die einfachsten Ostariophysi sind eine tropische Gruppe ohne Weber'sche Knöchelchen, die Anotophysi, z.B. der Milchfisch.

Die größte Gruppe ist die Familie der Karpfenfische mit Karpfen, Elritzen und vielen bekannten Aquarienfischen, von Goldfischen bis zu Bärblingen. Diesen fehlen die Zähne im Maul. Sie zerkleinern die Nahrung mit Schlundzähnen und einer Platte am Hinterhauptknochen. Die Anordnung gibt es in Variationen je nach den Ernährungsgewohnheiten.

Zu den meist südamerikanischen Salmlern gehören u. a. Piranhas und die aquarienbekannten Tetras.

Die mehr als 3000 Welsarten sind leicht an den Barteln am Maul zu erkennen.

Die Südamerikanischen Messerfische oder Nacktaale bilden eine kleine spezialisierte Gruppe, die sehr wenig erforscht ist. Dazu gehört der legendäre Zitteraal.

Schwarmbildung Korallenwelse (*Plotosus lineatus*) bilden kugelförmige Schwärme, sobald Raubfische sie bedrohen (links).

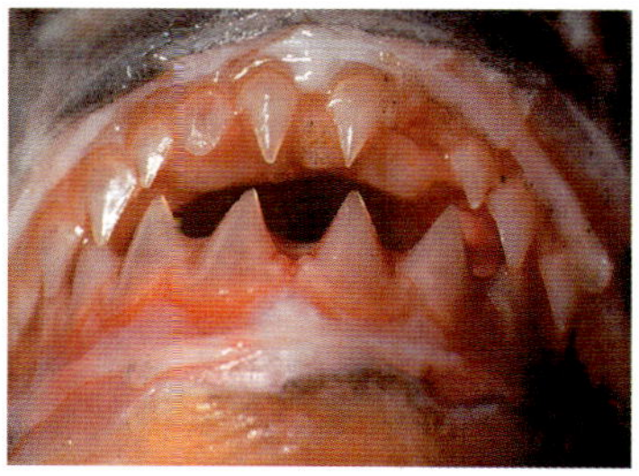

Große Fresser Bei den meisten Piranha-Arten erlauben kurze, kräftige Kiefer und scharfe, ineinander greifende Zähne, Fleisch in sauberen Stücken von der Beute abzutrennen (oben).

Beliebte Fische Neonfische stammen ursprünglich vom Oberlauf des Amazonas, heute sind sie fester Bestandteil des Aquarienhandels (links).

AUF EINEN BLICK

Milchfisch Milchfischlarven entwickeln sich im Brackwasser der Feuchtgebiete an den Küsten und sind gelegentlich auch im Süßwasser, bevor sie zum Laichen ins Meer schwimmen. Die Art, eine wichtige Proteinquelle für die Menschen im Indo-Pazifik, wird auch in Teichen gezüchtet.

- Bis 1,8 m
- Bis 14,5 kg
- Ovipar
- Männchen/Weibchen
- Häufig

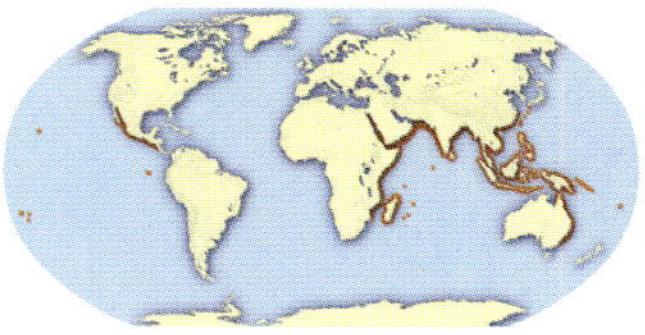

O-Afrika, SO-Asien, Ozeanien und O-Pazifik

Afrikanischer Schlammfisch Die Art kann in sauerstoffarmem Wasser überleben, indem sie mit dem vorstehenden Maul an der Oberfläche Luft schnappt. Ihre Schwimmblase dient als Lunge.

- Bis 18 cm
- Bis 85 g
- Ovipar
- Männchen/Weibchen
- Häufig

Westafrika

Graskarpfen Dieser Karpfen bevorzugt stehende bis langsam fließende Gewässer. Er ernährt sich von Wasserpflanzen und Gräsern, frisst aber auch Insekten und andere Wirbellose. Er wurde weltweit angesiedelt, um den Algenbewuchs unter Kontrolle zu halten, jedoch oft mit gegenteiligem Effekt.

- Bis 1,5 m
- Bis 44 kg
- Ovipar
- Männchen/Weibchen
- Häufig

Ostasien

AUF EINEN BLICK

Kaum zu finden Im südafrikanischen Twee River und in seinen Nebenflüssen wird der Twee-Rotflosser (*Barbus erubescens*) durch übermäßige Wasserentnahme und Verschmutzung sowie durch eingeführte Fischarten bedroht. Weltweit sind 49 Karpfenfisch-Arten vom Aussterben bedroht, 45 gelten als stark gefährdet, 18 sind bereits ausgestorben.

AUF EINEN BLICK

Gold-Riesenbarbe Die häufigste Riesenbarbenart-Art des Himalaya wird oft auch Gelbflossen-Mahseer genannt. Zur Laichsaison schwimmt der Fisch flussaufwärts und kehrt nach dem Ablaichen in die Teiche und Seen zurück.

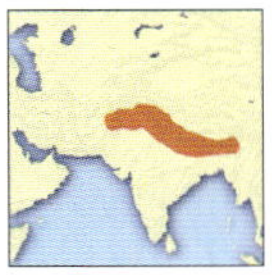

- Bis 2,8 m
- Bis 54 kg
- Ovipar
- Männchen/Weibchen
- Regional häufig

Asien

Amerikanischer Döbel Diese Art ist die größte in Nordamerika heimische Elritze. Sie lebt in Teichen mit Kies- oder Geröllboden, in kleinen Flüssen und an den Rändern von Seen. Auf dem Kopf der Männchen wachsen zur Laichsaison relativ große Knötchen.

- Bis 51 cm
- Bis 1,6 kg
- Ovipar
- Männchen/Weibchen
- Häufig

Nordamerika

Zebrabärbling Der Zebrabärbling bevorzugt langsame bis stehende Gewässer, vor allem Reisfelder, wo er sich von Würmern, Insektenlarven und kleinen Krebstieren ernährt. Wegen seiner bunten Färbung ist er ein begehrter Aquariumfisch.

- Bis 6,6 cm
- Bis 5 g
- Ovipar
- Männchen/Weibchen
- Häufig

Asien

BITTERLING

Zur Eiablage entwickelt das Bitterling-Weibchen eine lange Legeröhre, durch die es die Eier in die Kiemenkammer einer Süßwassermuschel legt. Die Eier werden befruchtet, wenn das Männchen nahe der Einströmöffnung der Muschel Sperma freisetzt und dieses eingesogen wird. Bitterling-Larven entwickeln sich bis zu einem Monat in der Muschel.

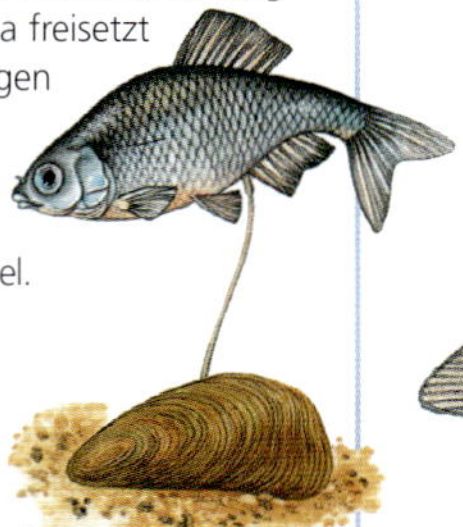

Schwangerschaftstest
Bitterling-Weibchen setzte man früher für Schwangerschaftstests bei Frauen ein. Wenn den Fischen Urin mit Spuren von Schwangerschaftshormonen injiziert wurde, begannen sie, Legeröhren zu entwickeln.

AUF EINE BLICK

Kardinalfisch Die in China und Vietnam heimische Art ist im Aquariumhandel sehr beliebt. Sie lebt in klaren, langsam fließenden Gebirgsbächen und ernährt sich von Zooplankton. Kardinalfische können noch bei Temperaturen von 5 °C überleben.

Südostasien

- Bis 4 cm
- Bis 15 g
- Ovipar
- Männchen/Weibchen
- Häufig

Schönflossenbärbling Die Art ist auf Borneo, der Malayischen Halbinsel und Sumatra zu finden, wo sie in schlammigen, huminstoffreichen Gewässern lebt. Sie ist lachsrosa gefärbt und besitzt an den Seiten dunkle Flecken.

Südostasien

- Bis 10 cm
- Bis 100 g
- Ovipar
- Männchen/Weibchen
- Regional häufig

Feuerschwanz Die in Thailand heimische Art ist vermutlich in freier Natur bereits ausgestorben. Sie wird in Thailand jedoch in großem Umfang in Gefangenschaft gezüchtet und in die ganze Welt exportiert.

Südostasien

- Bis 13 cm
- Bis 170 g
- Ovipar
- Männchen/Weibchen
- In freier Natur ausgest.

Haibarbe Ein weiterer begehrter Aquariumfisch, der in vielen Flüssen bereits sehr selten oder sogar ausgestorben ist. Haibarben leben in größeren Flüssen und Seen, wo sie sich in erster Linie von kleinen Krebstieren und Insekten ernähren.

Südostasien

- Bis 36 cm
- Bis 455 g
- Ovipar
- Männchen/Weibchen
- Stark gefährdet

SCHUTZSTATUS

Beinahe verschwunden Im Jahr 1980 wurde die einst als ausgestorben gewähnte Art *Noturus baileyi* in einem Fluss in Tennessee (USA) wieder entdeckt. Weniger als 1000 erwachsene Fische dieser bis 6,6 cm großen Art haben überlebt.

AUF EINEN BLICK

Brassenbarbe Die Art ist in stehenden und langsam fließenden Gewässern zu finden, wo sie sich von Pflanzen ernährt, aber auch Wirbellose und kleine Fische frisst. Brassenbarben sind begehrte Fische für große Aquarien.

- Bis 36 cm
- Bis 680 g
- Ovipar
- Männchen/Weibchen
- Häufig

Südostasien

Prachtbarbe Die bunte Barbenart ist ein beliebter Aquariumfisch und wurde deshalb weltweit eingeführt. Man findet sie in reißenden Gebirgsbächen ebenso wie in Seen. Sie frisst Krebstiere, Insekten, Würmer und auch Pflanzen.

- Bis 14 cm
- Bis 140 g
- Ovipar
- Männchen/Weibchen
- Häufig

Südostasien

Schwarzbandbarbe Viele Barbenarten sind populäre Aquariumfische, aber die Schwarzbandbarbe wird etwas zu groß, um als Haustier gehalten zu werden.

- Bis 18 cm
- Bis 225 g
- Ovipar
- Männchen/Weibchen
- Häufig

Malayische Halbinsel bis Borneo

Sumatrabarbe Die in Malaysia, auf Sumatra und Borneo heimische Art wurde durch den Aquariumhandel weltweit eingeführt. In der Natur findet man sie in allen fließenden und stehenden Gewässern, wo sie sich von kleinen Wirbellosen und Pflanzen ernährt.

- Bis 7,5 cm
- Bis 60 g
- Ovipar
- Männchen/Weibchen
- Häufig

Südostasien

Wimpelkarpfen Die Art ist im chinesischen Jangtse-Becken heimisch und saugt mit ihren verdickten Lippen Wirbellose und Algen aus dem Sediment rund um Felsen und Pflanzen. Bei einigen Tieren ist die Rückenflosse beinahe ebenso lang wie der ganze Körper.

- Bis 60 cm
- Bis 3,6 kg
- Ovipar
- Männchen/Weibchen
- Regional häufig

China (Jangtse-Becken)

AUF EINE BLICK

Gefleckter Sauger Die Art hat an den Seiten 8 bis 12 parallele Reihen dunkler Flecken. Rückenflosse sowie unterer Schwanzlappen sind schwarz umrandet. Sie ist in Tümpeln entlang kleiner Flüsse weit verbreitet, doch selten in großer Zahl anzutreffen.

- Bis 50 cm
- Bis 1,3 kg
- Ovipar
- Männchen/Weibchen
- Häufig

Nordamerika

Flusskarpfensauger Dieser Fisch lebt in Seen, Bächen und großen Flüssen. Er legt seinen Laich in Sand, Kies oder Gräsern ab.

- Bis 66 cm
- Bis 3 kg
- Ovipar
- Männchen/Weibchen
- Häufig

Nordamerika

Nordschweinsauger Auf dem Körper des Nordschweinsaugers befinden sich drei bis sechs dunkle Sättel. Diese Fischart bevorzugt Teiche am Rande von klaren Bächen und Flüssen, ist aber auch in größeren Flüssen anzutreffen.

- Bis 61 cm
- Bis 480 g
- Ovipar
- Männchen/Weibchen
- Häufig

Nordamerika

Weißer Sauger Der Weiße Sauger ist in großen Seen und steinigen Teichen ebenso zu finden wie in klaren Bächen und kleinen Flüssen. Wie andere Sauger besitzt auch diese Art dicke Lippen mit Papillen.

- Bis 64 cm
- Bis 3 kg
- Ovipar
- Männchen/Weibchen
- Häufig

Nordamerika

KLAMMERNDE SCHMERLE

Die asiatische Borneoschmerle (*Homaloptera orthogoniata*) lebt in reißenden Gebirgsbächen, wo sie sich mit ihren spezialisierten Bauch- und Bauchflossen an Steine klammert.

BARTELN

Karpfenfische und Welse sind an den charakteristischen Barteln zu erkennen, die rund um das Maul angeordnet sind. Jede Art besitzt jeweils ein Paar großer Barteln beiderseits des Maules (Maxillarbarteln) und gewöhnlich befinden sich zwei zusätzliche Paare auf dem Unterkiefer, manchmal ein viertes Paar auf der Schnauze, das mit den Nasenlöchern verbunden ist. Die Maxillarbarteln sind meist am größten und in einigen Fällen länger als der ganze Fisch. Barteln werden zwar verschiedenartig eingesetzt, hauptsächlich dienen sie jedoch als Sinnesorgane, die mit Geschmacksknospen bedeckt sind. Die Barteln von Karpfenfischen und Welsen sind empfindlicher als die Nase eines Spürhundes. Bei schlechter Sicht können sich diese Fischgruppen mit Hilfe ihrer Barteln orientieren.

Zusätzliche Geschmacksknospen Die Welsart ist auch als Schwarzer Katzenwels bekannt. Seine Barteln ähneln angeblich den Hörnern eines Stieres, deshalb heißen Katzenwelse im Englischen *bullheads*. Die Barteln sind mit Geschmacksknospen bedeckt, so dass der Fisch Nahrung kosten kann, ohne sie in den Mund zu nehmen. Im schlammigen Wasser ist diese Fähigkeit von großem Nutzen (oben).

Fühlen Der im Indo-Pazifik beheimatete Gestreifte Korallenwels (*Plotosus lineatus*) zählt zu den wenigen Meereswelsen. Die Jungen treten oft in Schwärmen auf, die erwachsenen Fische sind dagegen eher Einzelgänger. Die Art hat um das Maul vier Bartelpaare (rechts).

AUF EINEN BLICK

Siamesiche Saugschmerle Der Fisch ernährt sich in erster Linie von Pflanzen, frisst aber auch Insektenlarven und Zooplankton. Er hat ein schmerlenähnliches Maul, mit dem er sich an festen Oberflächen festsaugt.

- Bis 29 cm
- Bis 285 g
- Ovipar
- Männchen/Weibchen
- Häufig

Südostasien

Netzschmerle Der Süßwasserfisch lebt in den tropischen Regionen Asiens. Er geht nachts auf Jagd und frisst vor allem auf dem Grund lebende Wirbellose wie Würmer und Schnecken, aber auch Algen. Bei Gefahr vergräbt er sich mit dem vorderen Körperteil im Schlamm oder Kies, so dass nur sein Schwanz zu sehen ist.

- Bis 12 cm
- Bis 115 g
- Ovipar
- Männchen/Weibchen
- Häufig

Pakistan, Indien, Bangladesch, Nepal

Schlammpeitzger Diese Art bevorzugt Gewässer mit niedrigem Sauerstoffgehalt. Schlammpeitzger kommen an die Wasseroberfläche, um Luft zu schlucken, und absorbieren dann Sauerstoff über den Darm. Sie können Luftdruckveränderungen spüren und verhalten sich vor Gewittern sehr aufgeregt.

- Bis 36 cm
- Bis 225 g
- Ovipar
- Männchen/Weibchen
- Stark gefährdet

Europa

Bachschmerle Der nachtaktive Fisch mit den drei Bartelpaaren durchwühlt den Boden auf der Suche nach Wirbellosen. Er reagiert äußerst sensibel auf Verschmutzung sowie niedrigen Sauerstoffgehalt und ist deshalb ein guter Indikator für die Wasserqualität.

- Bis 21 cm
- Bis 200 g
- Ovipar
- Männchen/Weibchen
- Häufig

Eurasien

AUF EINEN BLICK

Tigersalmler Die Eier dieser Fischart werden in der zu einer Schale geformten Afterflosse des Weibchens befruchtet, in ein einfaches Grubennest gelegt und bis zum Schlüpfen der Jungen vom Männchen bewacht. Tigersalmler leben in schnell fließenden Bächen ebenso wie in Teichen und Tümpeln. Sie fressen Krebstiere und Fische, die sie erst zu Tode schütteln und danach mit dem Kopf voran verschlucken.

- Bis 50 cm
- Bis 1,6 kg
- Ovipar
- Männchen/Weibchen
- Häufig

Südamerika

Zebra-Geradsalmler Die Art ist an den sechs senkrechten Streifen zu erkennen. Sie ist in den tiefen und mittleren Wasserschichten des Kongos sowie des Tanganjika-Sees zu finden. Der Fisch lebt in kleinen Schwärmen an den Rändern des Sees und ernährt sich von Würmern, Insekten, Krebstieren und Pflanzen.

- Bis 80 cm
- Bis 8,9 kg
- Ovipar
- Männchen/Weibchen
- Häufig

Westafrika

Langnasen-Geradsalmler Wie die anderen Vertreter der Gattung *Distichodus* besitzt die Art zweispitzige Eckzähne und ctenoide Schuppen. Auf dem Körper befinden sich sieben senkrechte Streifen, die Schnauze steht vor. Die afrikanische Art frisst Pflanzen und ist ein beliebter Aquariumfisch.

- Bis 38 cm
- Bis 1,1 kg
- Ovipar
- Männchen/Weibchen
- Häufig

Westafrika

Gezeichneter Barbensalmler Charakteristisch sind die farbigen Muster auf After- und Schwanzflosse. Auf den Lappen der Schwanzflosse befinden sich vier bis sieben Streifen. Er lebt in Bodengrund-Nähe von Flüssen und ernährt sich von kleinen Wirbellosen sowie Pflanzen. Der unverwüstliche Süßwasserfisch kann seinen Bestand innerhalb von 15 Monaten verdoppeln.

- Bis 27 cm
- Bis 370 g
- Ovipar
- Männchen/Weibchen
- Häufig

Südamerika

AUF EINEN BLICK

Hechtsalmler Obwohl er selbst relativ klein ist, jagt dieser Fisch im Freiwasser nach Fischen. Die Weibchen legen zwischen 1000 und 3000 Eier ab, die nicht bewacht werden. Die Männchen sind kleiner und schlanker als die Weibchen, haben jedoch deutlich größere Afterflossen mit ausgefransten Rändern. Die Afterflossen der Weibchen sind kleiner und haben einen glatten Rand.

- Bis 24 cm
- Bis 285 g
- Ovipar
- Männchen/Weibchen
- Häufig

Südamerika

Prachtkopfsteher Die Art ist in Gewässern in dicht bewaldeten Gebieten zu finden und frisst sowohl Wirbellose als auch Pflanzen. Der Prachtkopfsteher wird auf der Suche nach Futter oft mit dem Kopf nach unten angetroffen.

- Bis 15 cm
- Bis 115 g
- Ovipar
- Männchen/Weibchen
- Häufig

Südamerika

SPRITZSALMLER

Spritzsalmler laichen außerhalb des Wassers, damit ihre Eier nicht gefressen werden. Die Weibchen springen hoch und streifen bei jedem Sprung bis zu acht Eier an einem Blatt ab. Das Männchen folgt rasch, das Paar verhakt die Flossen, während es am Blatt hängt und das Männchen Sperma abgibt. Dies wiederholt sich, bis mehrere hundert befruchtete Eier gelegt sind. Das Männchen befeuchtet die Eier bis zum Schlüpfen durch Schwanzbewegungen.

AUF EINEN BLICK

Gestreifter Beilbauch Die typische Körperform der Beilbäuche im Amazonasgebiet ist von gut entwickelten Muskeln zur Unterstützung der großen Brustflossen geprägt, mit denen sich der Fisch auf der Flucht vor Feinden aus dem Wasser schnellt. Die Art frisst an der Wasseroberfläche Pflanzen einschließlich Blüten und Insekten.

- Bis 4 cm
- Bis 15 g
- Ovipar
- Männchen/Weibchen
- Häufig

Nördliches Südamerika

Wolfssalmler Der Wolfssalmer zählt zu den beeindruckensten Raubfischen Afrikas. Er besitzt lange, scharfe Reißzähne, wobei die Zähne des Unterkiefers mit denen des Oberkiefers bei geschlossenem Maul wie eine Falle wirken. Die Art ist die größte der sechs Arten aus der Gattung *Hydrocynus*, was übersetzt „Wasserhund" bedeutet.

- Bis 132 cm
- Bis 50 kg
- Ovipar
- Männchen/Weibchen
- Häufig

Westafrika

Roter Piranha Die Gefräßigkeit des bekanntesten aller südamerikanischen Piranhas wird übertrieben. Gelegentlich kommt es zu gemeinsamen „Raubzügen" eines Schwarms, doch nur wenn sich sehr viele Tiere in der Trockenzeit in einem austrocknenden Wasserloch befinden. Piranhas entdecken Beute auch mit ihrem gut entwickelten Gehör.

- Bis 36 cm
- Bis 1,1 kg
- Ovipar
- Männchen/Weibchen
- Häufig

Nördliches und östliches Südamerika

Afrikanischer Hechtsalmler Der Raubfisch ist in den meisten Flüssen, Seen und Sümpfen seines Verbreitungsgebietes zu finden. Er fertigt frei im Wasser schwebende Blasennester an, in denen die Eier abgelegt werden, die danach von beiden Eltern bewacht werden. Die Art ist eher kurzlebig, ihre Lebenserwartung beträgt nur vier bis fünf Jahre.

- Bis 70 cm
- Bis 4 kg
- Ovipar
- Männchen/Weibchen
- Häufig

Westafrika

AUF EINEN BLICK

Haken-Scheibensalmler Der Fisch ist nicht aggressiv und lebt in Schwärmen an Flussrändern, wo Äste und Zweige über dem Wasser hängen. Trotz seines kräftigen Gebisses ernährt er sich von den Blättern der Pflanzen.

- Bis 39 cm
- Bis 2,5 kg
- Ovipar
- Männchen/Weibchen
- Häufig

Südamerika

Zwergdrachenflosser Bei der in den küstennahen Flussabschnitten auf Trinidad und im nördlichen Südamerika lebenden Art werden die Eier innerhalb des Körpers befruchtet. Das Männchen legt Spermienkapseln in den Eileiter des Weibchens. Die Befruchtung erfolgt, sobald das Weibchen die Eier ablegt. Zwergdrachenflosser führen Balzrituale aus, bei denen das Männchen um die Partnerin herumtanzt und die Kiemendeckel im rechten Winkel wegstreckt.

- Bis 5 cm
- Bis 30 g
- Ovipar
- Männchen/Weibchen
- Häufig

Südamerika

Wimpelpiranha Die Piranha-Art kann mit ihrem kräftigen Gebiss ernsthafte Verletzungen zufügen. Der Unterkiefer steht weit vor und ist mit scharfen Zähnen ausgestattet. Der Schuppenfresser verschmäht auch Insekten und Algen nicht. Der Name der Art weist auf die wimpelähnlichen Fäden auf der Rückenflosse hin.

- Bis 15 cm
- Bis 170 g
- Ovipar
- Männchen/Weibchen
- Häufig

Südamerika

Neontetra Die Art ist weltweit einer der beliebtesten Aquariumfische. In der Natur findet man sie nur in den Nebenarmen des Solimões. Sie ernährt sich von Krebstieren, Würmern, Insekten und Pflanzen. Vom Auge bis zur Fettflosse zieht sich ein blaugrün schimmernder Streifen. Die untere Körperhälfte ist bis zur Schwanzflosse rot gefärbt.

- Bis 2,5 cm
- Bis 10 g
- Ovipar
- Männchen/Weibchen
- Häufig

Südamerika

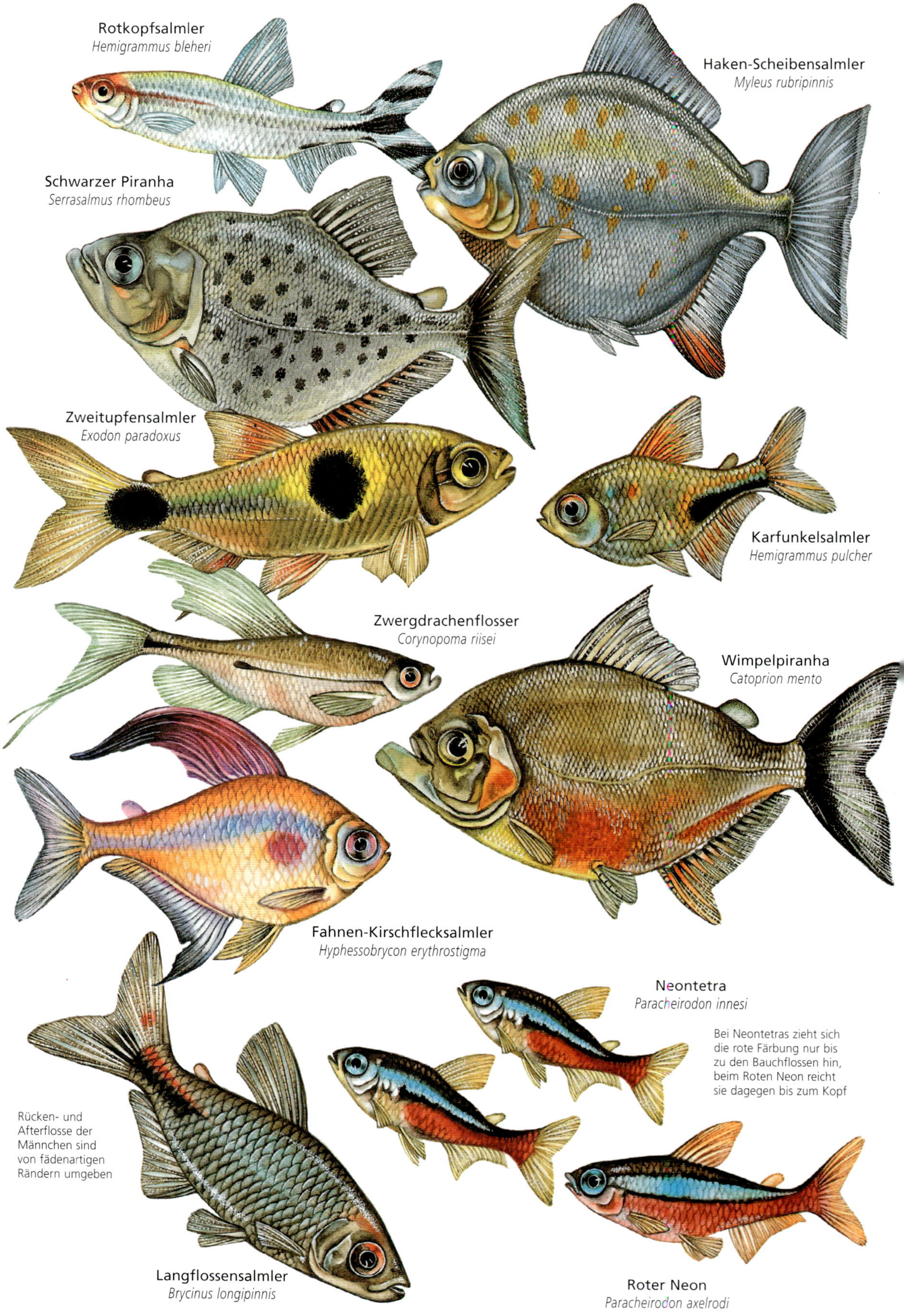

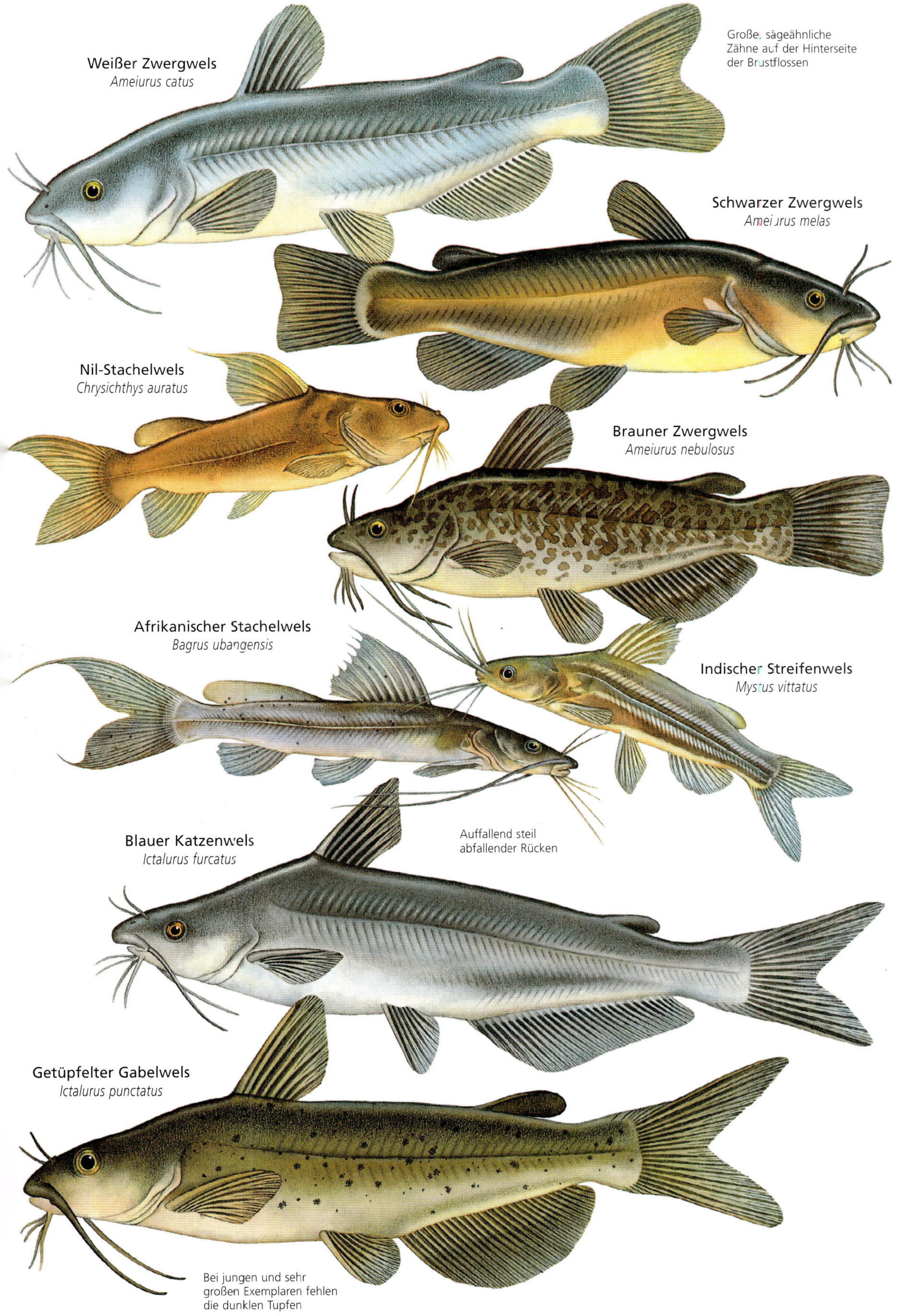

AUF EINEN BLICK

Brauner Zwergwels Der nachtaktive Allesfresser ernährt sich von Pflanzen, Wirbellosen und Fischen. Er bevorzugt den weichen Untergrund langsam fließender Flüsse und Tümpel. Entweder ein Elternteil oder aber beide bauen das Nest und bewachen die Eier.

Bis 53 cm
Bis 2,7 kg
Ovipar
Männchen/Weibchen
Häufig

Nordamerika

Afrikanischer Stachelwels Diese Art ist im Kongo-Becken zu finden. Die großen Barteln sind sehr lang und reichen bis über die Bauchflossen hinaus. Auf seinem Kopf befinden sich empfindliche Sinneskanäle.

Bis 32 cm
Bis 340 g
Ovipar
Männchen/Weibchen
Häufig

Zentral- und Westafrika

Indischer Streifenwels Die Färbung der Art verändert sich mit dem Alter und wechselt von silbergrau zu goldfarben mit mehreren blassblauen oder dunkelbraunen Streifen an den Seiten.

Bis 22 cm
Bis 270 g
Ovipar
Männchen/Weibchen
Häufig

Südasien

Blauer Katzenwels Als größter Vertreter seiner Gattung lebt der Fisch über dem Schlamm- oder Kiesgrund von Flüssen. Die Fischart wird kommerziell genutzt und mit toten Fischen als Köder gefangen.

Bis 165 cm
Bis 68 kg
Ovipar
Männchen/Weibchen
Häufig

Nordamerika

Getüpfelter Gabelwels Die Fischart ist in den tiefen Stellen der Seen und Flüsse zu finden. Sie legt ihre Eier in kleinen Vertiefungen am Boden ab. Die bis zu 20000 Eier werden vom Männchen bewacht.

Bis 127 cm
Bis 26 kg
Ovipar
Männchen/Weibchen
Häufig

Nordamerika

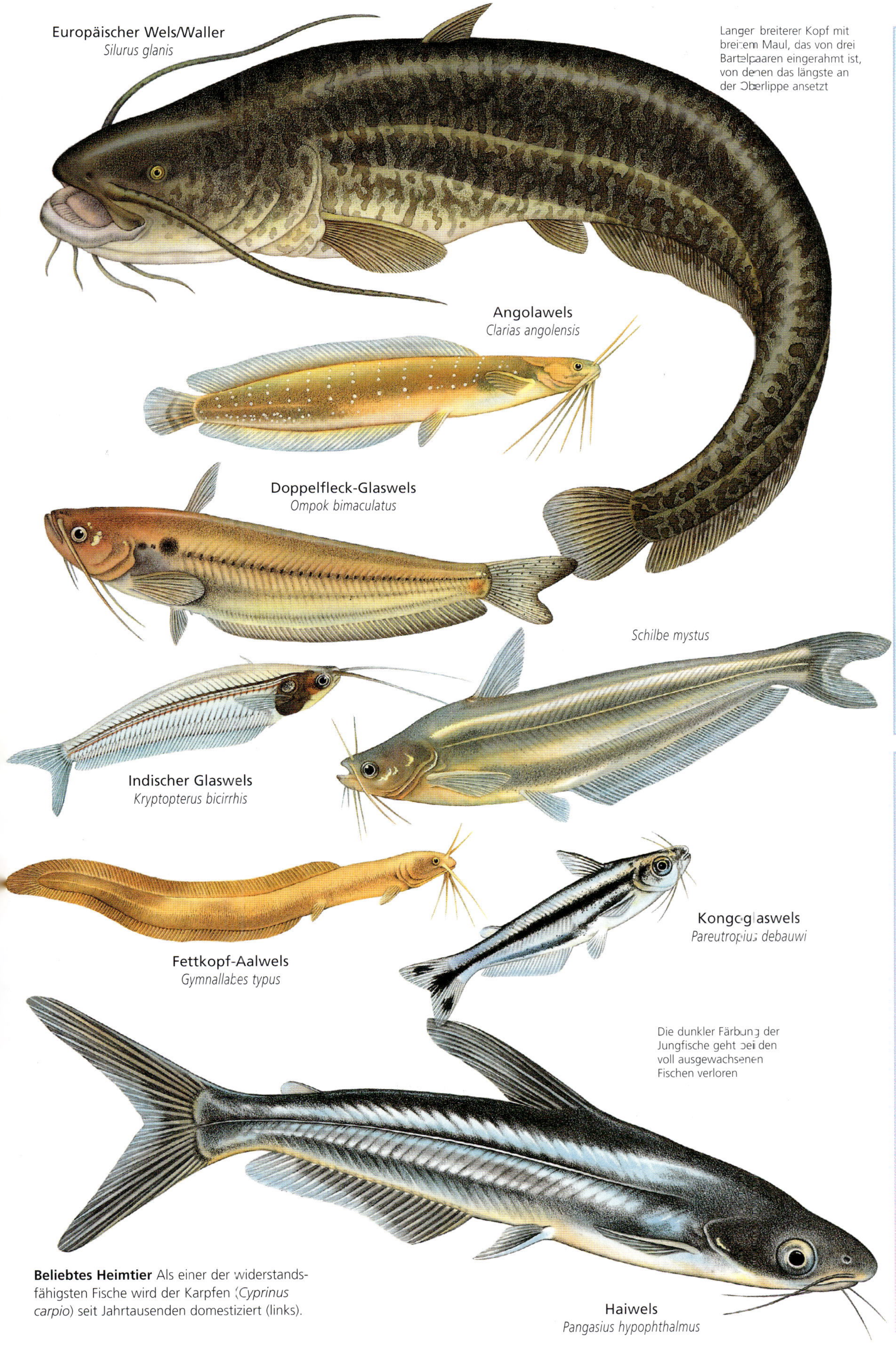

Beliebtes Heimtier Als einer der widerstandsfähigsten Fische wird der Karpfen (*Cyprinus carpio*) seit Jahrtausenden domestiziert (links).

AUF EINEN BLICK

Flusswels Als einer der größten Süßwasserfische lebt der Flusswels in langsam fließenden Tieflandflüssen und Seen. Man findet ihn aber gelegentlich auch im Brackwasser des Baltischen und Schwarzen Meeres und er laicht sogar im Salzwasser des Aralsees. Einige Seen in Russland beherbergen angeblich 450 kg schwere Exemplare.

- Bis 5 m
- Bis 306 kg
- Ovipar
- Männchen/Weibchen
- Häufig

Europa und Asien

Indischer Glaswels Die Art ist wegen ihres durchsichtigen Fleisches, durch das man das Skelett und die inneren Organe sehen kann, ein beliebter Aquariumfisch. Er bildet einen wichtigen Bestandteil der salzigen Fischsoße in vielen asiatischen Küchen. In der Natur lebt der Indische Glaswels in Schwärmen. Ein einzelner ohne Artgenossen in einem Aquarium gehaltener Fisch würde sterben.

- Bis 15 cm
- Bis 60 g
- Ovipar
- Männchen/Weibchen
- Häufig

Südostasien

PARASITISCHE BRUT

Synodontis multipunctatus aus dem Tanganjika-See ist die einzige Fischart, die ihre Eier von anderen Fischen ausbrüten lässt. Paare dieser Welsart laichen in der Nähe von maulbrütenden Buntbarschen, die auch beim Ablaichen sind, und fressen die meisten der Buntbarsch-Eier. Sammelt nun das Buntbarsch-Weibchen die Eier mit dem Maul ein, nimmt es Wels-Eier mit auf. Die Wels-Brut schlüpft zuerst, wächst rasch und frisst oft die Buntbarsch-Brut, wenn sie schlüpft.

Nach dem Schlüpfen kehrt die Wels-Brut ins Maul der „Pflegemutter", in die Sicherheit, zurück.

Eine feste Haut schützt die Buntbarsch-Eier, doch die Brut hat keinen derartigen Schutz.

AUF EINEN BLICK

Elektrischer Wels Der in den afrikanischen Tropen beheimatete Fisch besitzt einen speziellen Muskel, mit dem er eine elektrische Spannung von 400 Volt erzeugen kann, um mit Stromstößen seine Beute zu betäuben und potenzielle Angreifer abzuwehren.

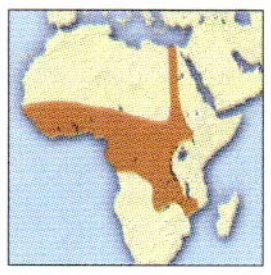

- Bis 1,2 m
- Bis 20 kg
- Ovipar
- Männchen/Weibchen
- Häufig

Nil und Zentralafrika

Kiemensackwels Dieser Wels hat zwei lange Kerben auf beiden Seiten des Körpers, die sich von den Kiemen weg nach hinten erstrecken. Das sind zusätzliche Atemorgane, mit denen er Luftsauerstoff atmen und so in sauerstoffarmem Wasser überleben kann. Auf den Dornen der Brustflossen befinden sich Giftdrüsen.

- Bis 30 cm
- Bis 340 g
- Ovipar
- Männchen/Weibchen
- Häufig

Asien

Australischer Tauwels Die in Australien heimische Art lebt in langsam dahinfließenden Bächen, in Teichen und Seen. Das Männchen baut ein Nest aus Kies und Steinen mit einer sandigen Vertiefung in der Mitte und bewacht die bis zu 20000 Eier.

- Bis 90 cm
- Bis 6,1 kg
- Ovipar
- Männchen/Weibchen
- Häufig

Australien

Kleiner Korallenwels Jungtiere der Meeresfischart leben in Schwärmen, um potenzielle Räuber davon abzuhalten, sich auf ein bestimmtes Tier zu konzentrieren. Brust- und Rückenflossen sind mit einem Gift versehen, das für Menschen tödlich sein kann.

- Bis 33 cm
- Bis 340 g
- Ovipar
- Männchen/Weibchen
- Häufig

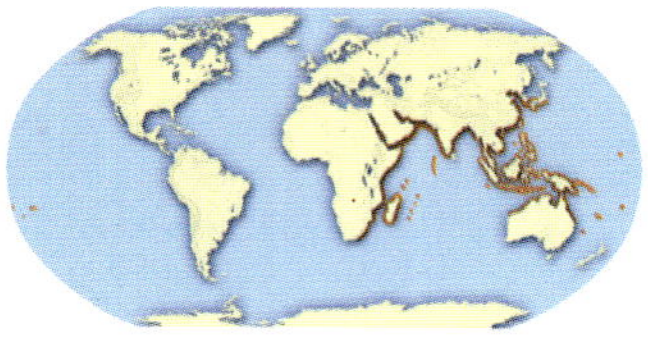

Indo-Pazifiik

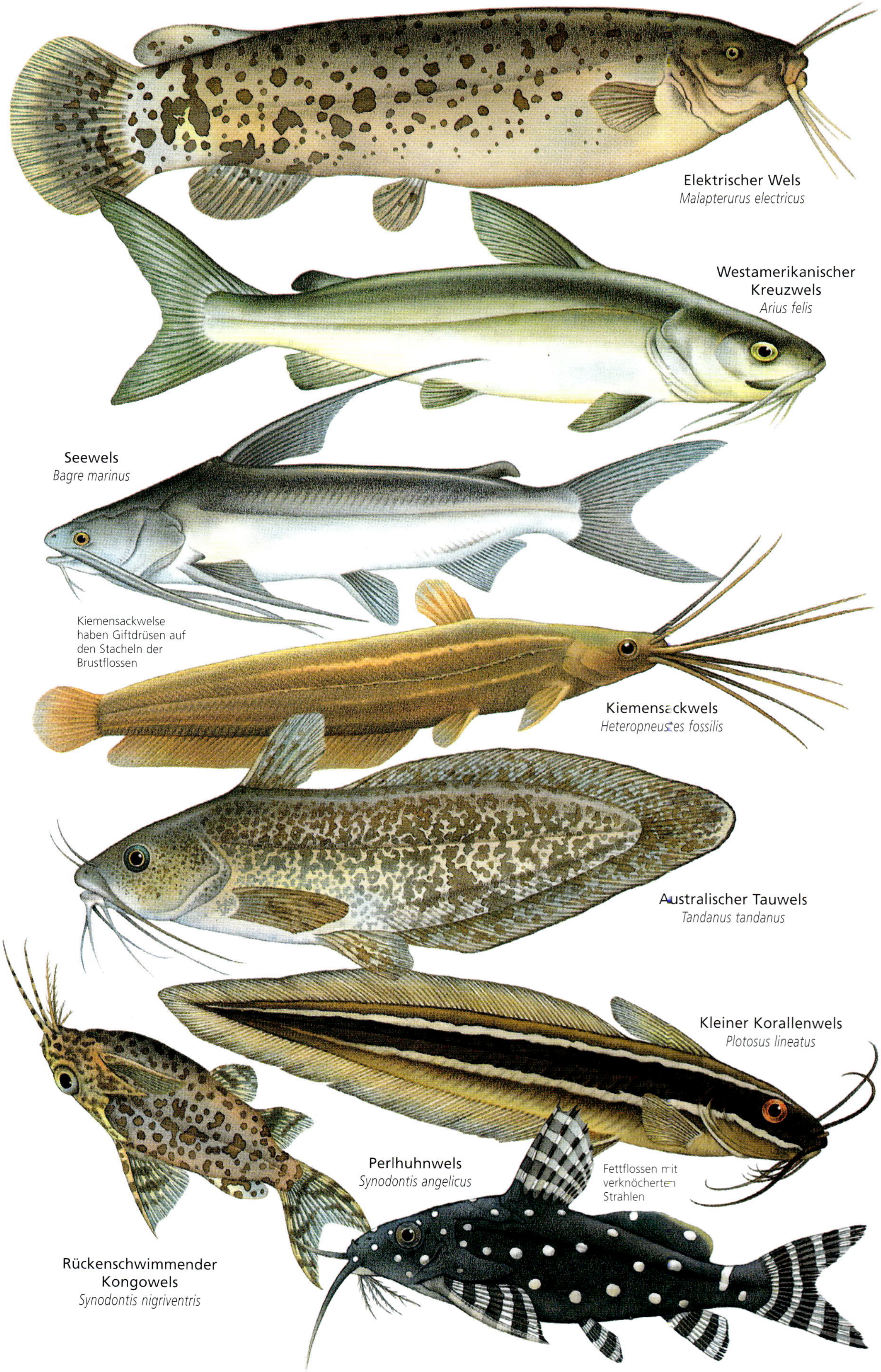

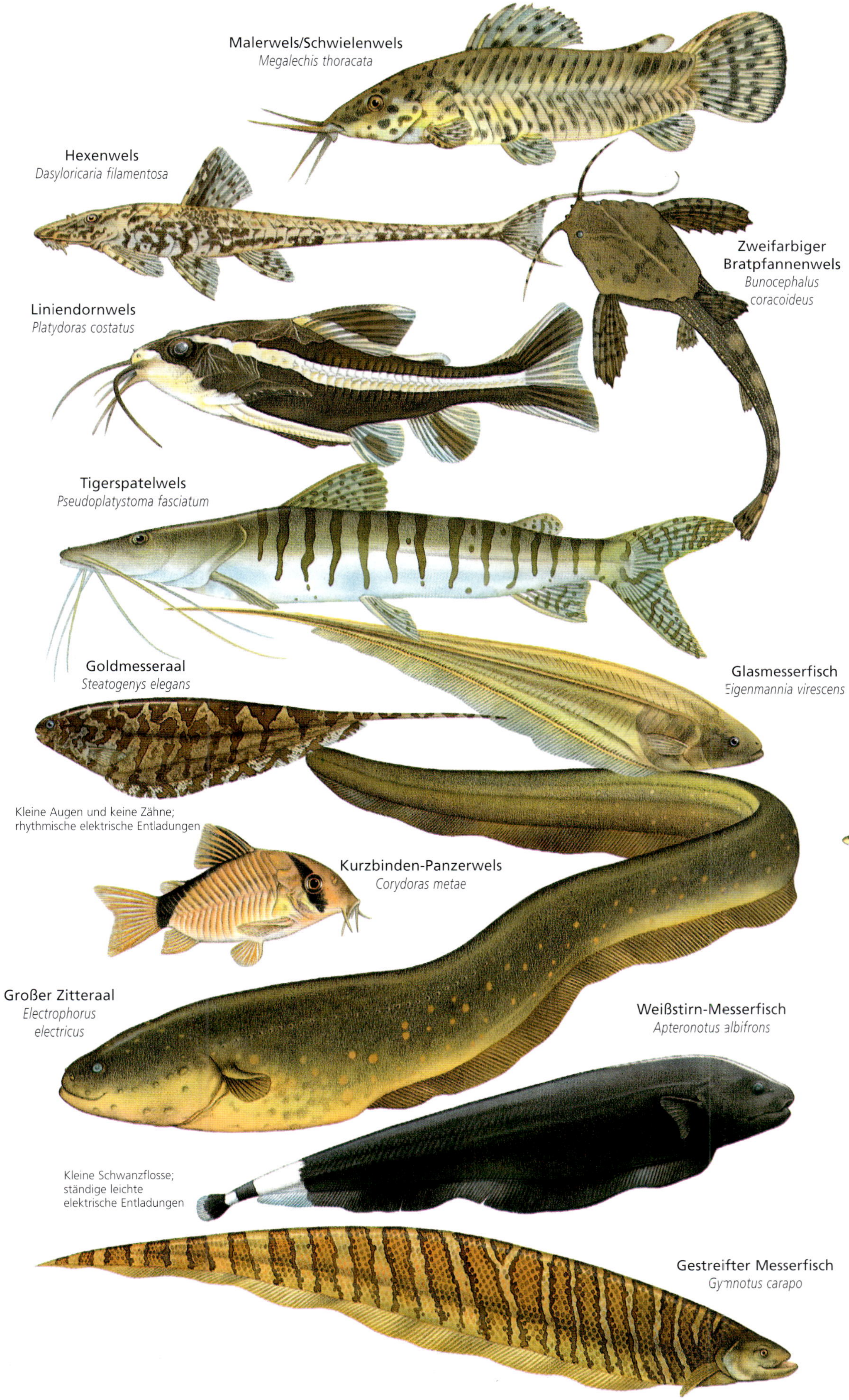

AUF EINE BLICK

Großer Zitteraal Die Art ist nicht mit den Aalen, sondern mit den Piranhas und Salmlern verwandt. Sie nimmt über die Kiemen nicht genügend Sauerstoff auf und atmet Luft über das Maul, das stark mit Adern durchzogen ist.

- Bis 2,4 m
- Bis 20 kg
- Ovipar
- Männchen/Weibchen
- Häufig

Nördliches Südamerika

Weißstirn-Messerfisch Die Art lebt in Bächen mit sandigem Grund, kann mit einem nervengesteuerten elektrischen Organ schwache Ladungen erzeugen und ist vom Kopf bis zum Schwanz mit Elektrorezeptoren ausgestattet.

- Bis 50 cm
- Bis 1,4 kg
- Ovipar
- Männchen/Weibchen
- Häufig

Südamerika

CANDIRU

Vandellia-Arten, von den Eingeborenen Candiru genannt, leben im Amazonas und werden nur 2,5 cm lang. Sie ernähren sich als Parasiten in den Kiemen anderer Fische von deren Blut. Sie sollen sich auch in der Harnröhre von im Wasser urinierenden Menschen festgesetzt und zu Blutungen, sogar zum Tod geführt haben.

ZITTERAALE

Der größte Teil eines Zitteraals besteht aus dem Schwanz, der von vielen tausend Elektrizität produzierenden Zellen durchsetzt ist, die aus Muskelgewebe entstanden sind. Der Fisch orientiert sich mittels leichter elektrischer Entladungen. Doch er betäubt auch Beute mit Stromschlägen von bis zu 550 Volt – auch einen Menschen könnte er so betäuben.

Lachsfische und Verwandte

KLASSE	Actinopterygii
ÜBERORDNUNG	Protacanthopterygii
ORDNUNGEN	3
FAMILIEN	15
ARTEN	502

Einige der weltweit begehrtesten Speisefische gehören zu den Protacanthopterygii, deren Ursprung bis in die Kreidezeit (vor 144 bis 65 Millionen Jahren) zurückreicht. Ihre 500 Arten werden gewöhnlich in 15 Familien und drei Ordnungen eingeteilt: Hechte, Glasaugen und Lachsfische. Sie sind vorwiegend Fleischfresser, mit großem Maul und scharfen Zähnen ausgestattet. Viele sind kraftvolle, flinke Schwimmer mit länglichem, stromlinienförmigem Körper und gut entwickelter Schwanzflosse. Gutes Schwimmvermögen ist für Lachse und Forellen besonders wichtig, weil viele von ihnen außerordentlich lange und beschwerliche Wanderungen zu ihren Laichplätzen unternehmen. Forscher waren jahrhundertelang über diese Reisen verblüfft.

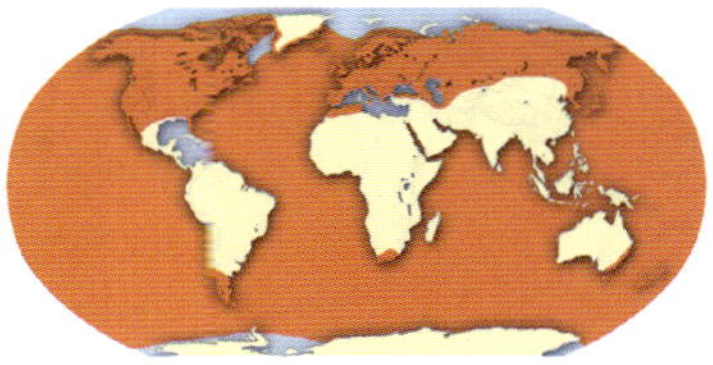

Zunehmende Verbreitung Hechte kommen nur in den gemäßigten Zonen Nordamerikas, Europas und Asiens vor. Stinte leben ebenfalls in den gemäßigten Zonen, aber in beiden Hemisphären. Die Lachsfische stammen von der Nordhalbkugel, aber viele Arten wurden weltweit in geeigneten Teichen, Bächen und Flüssen als Fische für Sportangler und für die Fischwirtschaft eingeführt.

Fischfarmen Verschiedene Forellenarten, vor allem die Regenbogenforelle (*Oncorhynchus mykiss*), züchtet man in den gemäßigten Zonen in Teichen und in durch Netze abgesperrten Bereichen in Flüssen und Bächen. Man setzt Jungfische ein, die durch künstliche Befruchtung entstanden sind. Während sie wachsen, füttert man sie mit Proteinpellets, die in der Fleischindustrie als Nebenprodukt anfallen (oben).

Salziger Geschmack Im Salzwasser gezüchtete Regenbogenforellen sind besser im Geschmack und haben als Lachsforellen einen höheren Marktwert (oben).

VIELFÄLTIGE RAUBFISCHE

Zu den Hechten zählen auch Arten wie Muskellunge und Hundsfisch. Alle Arten leben nur im Süßwasser. Die meisten lauern ihrer Beute mit großem Erfolg auf. Eine Anpassung an diese Lebensweise sind die weit hinten stehenden unpaaren Flossen.

Es gibt mehr als 230 Glasaugen-Arten. Zu den bizarrsten gehören die Teleskopfische, die nach oben gerichtete, röhrenförmige Augen und andere Anpassungen an ein Leben in der Dunkelheit und unter dem hohen Druck der Tiefsee haben. Von wirtschaftlicher Bedeutung sind die Stinte – kleine, stromlinienförmige Fische, die in temperierten Küstengewässern besonders häufig vorkommen. Auf der Südhalbkugel ist die Familie Galaxiidae am bekanntesten: schuppenlose Fische mit einem komplizierten Lebenszyklus, bei dem die Jugendstadien zwischen Süß- und Salzwasser hin und her wandern.

Zu den Lachsfischen zählen Weißfische, Zwergmaränen, Äschen, Saiblinge, Lachse und Forellen. Die meisten sind wichtige Speisefische. Die Fähigkeit der Lachse, zu ihren Laichplätzen zurückzufinden, zieht die Aufmerksamkeit der Menschen besonders stark auf sich. Die sechs Arten pazifischer Lachse verbringen die meiste Zeit im Meer, aber alle versuchen, sobald sie geschlechtsreif sind, die Süßgewässer zu erreichen, in denen sie ausgeschlüpft sind. Vermutlich führt der Geruchssinn die Tiere an ihren Geburtsort zurück.

Wundersame Wanderungen Jeder Bach hat durch die Erde und die Vegetation in seinem Bett einen bestimmten Geruch. Man glaubt, dass die jungen Lachse sich diesen Geruch einprägen und sich bei ihren Wanderungen daran orientieren.

Muskellunge
Esox masquinongy

Große, aggressive nordamerikanische Art, die Vögeln, Säugetieren, Reptilien und anderen Fischen auflauert

Hecht
Esox lucius

Kettenhecht
Esox niger

Goldlachs
Argentina silus

Bathylagus stilbius

Europäischer Hundsfisch
Umbra krameri

Fächerfisch
Dallia pectoralis

Der Fächerfisch verträgt es, wenn Teile seines Körpers viele Tage lang gefroren sind und taut wieder auf, ohne Schaden zu nehmen

Eine spezielle Anpassung der Nieren ermöglicht den Wechsel zwischen dem unterschiedlichen Salzgehalt von Salz- und Süßwasser

Zwerghundsfisch
Umbra pygmaea

Macropinna microstoma

Ayu
Plecoglossus altivelis

Alepocephalus tenebrosus

AUF EINEN BLICK

Hecht Die für den Angelsport und die Nahrungsindustrie wichtige Fischart lebt in den nördlichen Gebieten von Europa, Nordamerika und Asien. Kein anderer Fisch, der nur im Süßwasser vorkommt, besitzt ein derart großes Verbreitungsgebiet.

- Bis 1,4 m
- Bis 34 kg
- Ovipar
- Männchen/Weibchen
- Häufig

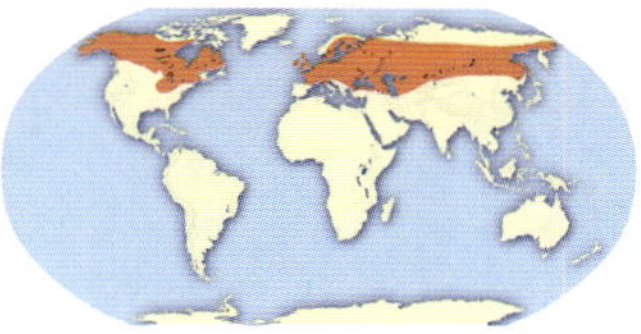

Nodamerika und nördliches Eurasien

Europäischer Hundsfisch Lebensraumzerstörung, Umweltverschmutzung und Konkurrenz durch eingeführte Arten bedrohen den osteuropäischen Fisch. Wenn der Sauerstoffgehalt im Wasser sinkt, kann der Hundsfisch Sauerstoff aus der Luft aufnehmen.

- Bis 13 cm
- Bis 140 g
- Ovipar
- Männchen/Weibchen
- Gefährdet

Osteuropa

HECHTZÄHNE

Der Unterkiefer eines Hechts trägt eine einzige Reihe mit zahlreichen nadelähnlichen Zähnen. Ihre Spitzen und messerscharfen Kanten durchbohren die Beute, wenn der Fisch mit einem „Satz" auf bis zu 48 km/h beschleunigt und zuschlägt. Nach hinten gebogene Zähne im Gaumen halten die Beute fest, die oft so groß ist wie der Hecht selbst. Mitunter sieht man ihn herumschwimmen, während ihm halb verdaute Beute aus dem Maul hängt.

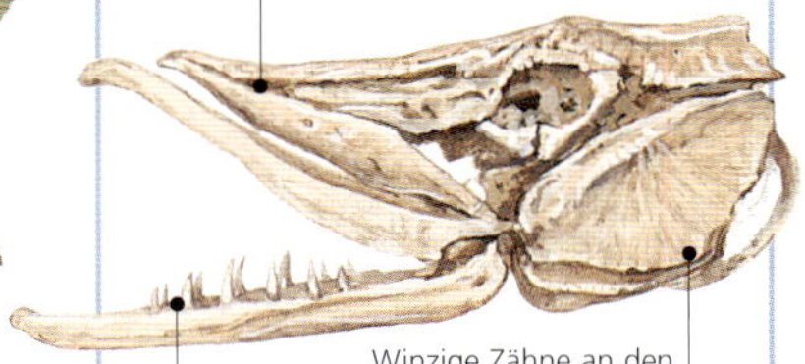

AUF EINEN BLICK

Atlantischer Lachs Die meisten jungen Atlantischen Lachse bleiben fast 4 Jahre im Süßwasser, bevor sie in den Nordatlantik ziehen. 1 bis 4 Jahre später kehren sie zum Laichen an ihren Geburtsplatz zurück – oft überleben sie und wandern später erneut. Einige Populationen wandern zwischen Fressplätzen im tiefen Wasser und flachen Küstengewässern.

- Bis 1,5 m
- Bis 36 kg
- Ovipar
- Männchen/Weibchen
- Häufig

N-Atlantik, NW-Europa, NO-Nordamerika

Lachsforelle Auch diese Art kommt im Süßwasser zur Welt, verbringt ihr Leben im Meer und kehrt zum Laichen ins Süßwasser zurück. Sie kann alt werden – man nimmt an älter als 20 Jahre. In dieser Zeit unternimmt sie einige Laichwanderungen.

- Bis 1,4 m
- Bis 15 kg
- Ovipar
- Männchen/Weibchen
- Häufig

NW-Europa; in weiten Gebieten eingeführt

Bachforelle Die Süßwasserform der Lachsforelle, die keine Wanderungen unternimmt, ist bei Anglern und Feinschmeckern sehr gefragt. Sie stammt aus Europa, wurde aber weltweit eingeführt. Die Weibchen bauen mit ihrem Schwanz Nester in sauberen Kies-Sedimenten.

- Bis 1,4 m
- Bis 15 kg
- Ovipar
- Männchen/Weibchen
- Häufig

Europa, W-Asien, NW-Afrika; weltweit eingef.

Stint Wie ihre engen Verwandten, die Lachse und Forellen, besitzen auch Stinte eine Fettflosse. Die kleine fleischige Flosse nahe der Rückenflosse gilt als urtümliches Merkmal.

- Bis 30 cm
- Bis 200 g
- Ovipar
- Männchen/Weibchen
- Keine Angaben

NW-Europa

AUF EINEN BLICK

Königslachs Dieser Fisch ist der größte und seltenste pazifische Lachs. Er verbringt den Großteil seines Erwachsenenlebens im Meer und schwimmt zum Laichen in küstennahe Gewässer und Flüsse. Sein Zahnfleisch ist am Zahnansatz schwarz. Der Königslachs ist weltweit auch als Schwarzmaul oder König und Thule bekannt.

- Bis 147 cm
- Bis 57 kg
- Ovipar
- Männchen/Weibchen
- Häufig

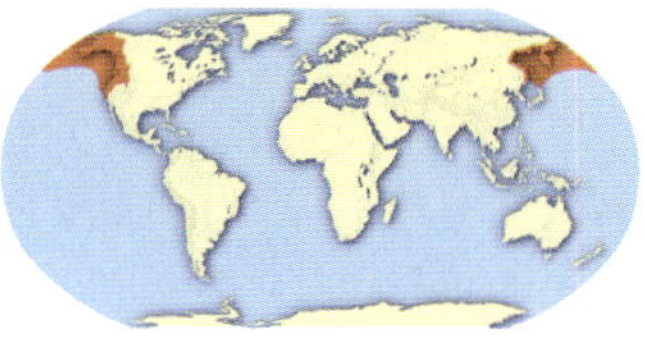

Arktis, N-Pazifik, NO-Asien, NW-Nordmerika

Buckellachs Junge Buckellachse bleiben nur kurze Zeit im Süßwasser und wandern schon kurz nach dem Schlüpfen ins Meer. Sie kehren nach 18 Monaten zum Laichen in die Bäche zurück, in denen sie geboren sind, und sterben bald darauf. Bei den Männchen bildet sich zur Laichsaison ein auffälliger „Buckel", der dieser Lachsart ihren Namen gegeben hat.

- Bis 76 cm
- Bis 6,8 kg
- Ovipar
- Männchen/Weibchen
- Häufig

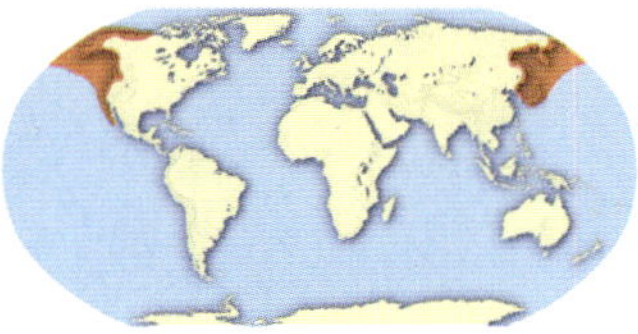

Arktis, N-Pazifik, NO-Asien, NW-Nordmerika

Regenbogenforelle Der Süßwasserfisch ist in vielen Teilen der Welt bei Sportanglern beliebt. Einige in Nordamerika heimische Populationen wandern als erwachsene Tiere ins Meer und kehren erst zum Laichen ins Süßwasser zurück. Regenbogenforellen laichen zwei- bis dreimal in ihrem Leben. Männchen sind mit einem Jahr, Weibchen erst mit drei bis vier Jahren geschlechtsreif bzw. fortpflanzungsfähig.

- Bis 1,2 m
- Bis 25 kg
- Ovipar
- Männchen/Weibchen
- Häufig

NW-Nordamerika; weltweit eingeführt

LEBENSZYKLUS EINES LACHSES

Um zu laichen, wandern Blaurückenlachse flussaufwärts und kehren in diejenigen Flüsse und Seen zurück, in denen sie geboren wurden. Dabei legen sie bis zu 1600 km zurück.

Zur Laichsaison nimmt der männliche Blaurückenlachs (*Onchorunchus nerka*) eine schillernde rote Färbung an und entwickelt einen langen, gebogenen Kiefer („Hakennasen"). Kurz nach dem Ablaichen sterben die Lachse.

Die Eier werden in Nester gelegt, die von den Weibchen gegraben werden.

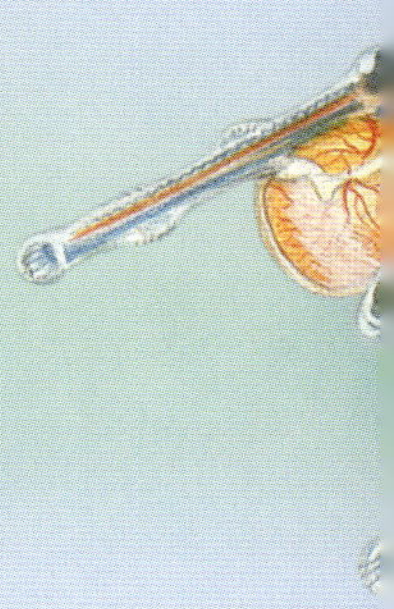

Früher wurden Dämme ohne Vorkehrungen für die wandernden Lachse gebaut, heute haben jedoch viele Leitern, um den Fischen das Weiterschwimmen zu ermöglichen.

Braunbären versammeln sich an bestimmten Plätzen und warten auf die flussaufwärts schwimmenden Lachse.

DEN HEIMWEG FINDEN

Etwa 80 Prozent der Millionen Blaurückenlachse in der Bristol Bay (Alaska) kommen innerhalb von zwei Wochen dort an. Wenige Monate davor waren diese Fische noch über den ganzen Ozean verteilt. Es scheint, als könnten sie die Veränderung des Tageslichts erkennen, und möglicherweise wissen sie dadurch, wann die richtige Zeit für ihren Heimweg gekommen ist. Sie orientieren sich wahrscheinlich sowohl am Erdmagnetfeld als auch an der Position der Sonne, um den Rückweg in ihre Heimat zu finden.

Die überlebenden Lachse wandern weiter in die Flüsse, in denen sie geboren wurden.

Wenn die Lachse in die Küstengewässer und Flussmündungen zurückkehren, warten dort schon Fischerboote, um Massen von gesunden, fetten Fischen zu fangen.

Nach dem Schlüpfen besitzen die Jungfische noch einige Tage lang einen Dottersack, schwimmen aber schon ein paar Tage später frei.

Die Jungfische entwickeln sich zum Parr-Stadium und bleiben oft mehrere Jahre im Süßwasser.

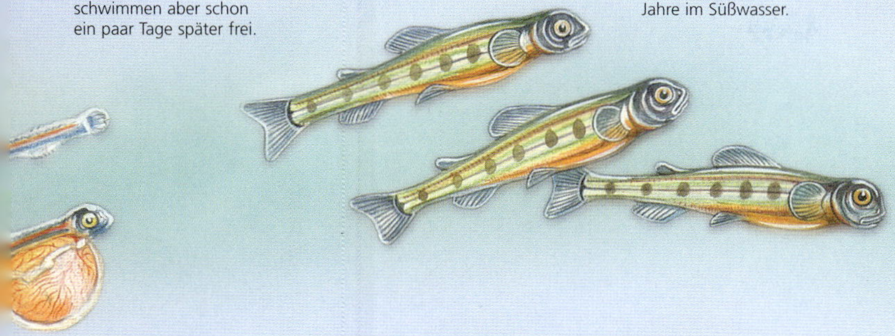

Auf ihrem Rückweg werden die Lachse von Vögeln und anderen Fischen bedroht und müssen deshalb rasch das Meer erreichen.

Wasserwechsel Beim Wechsel vom Süß- ins Salzwasser machen Blaurückenlachse gewaltige physiologische Veränderungen durch. Wenn die Jungfische zum ersten Mal ins Meer gelangen, müssen sie die Kiemen- und Nierenfunktionen umstellen, um Wasser zu speichern und überschüssiges Salz auszuscheiden. Erwachsene Fische, die zum Laichen ins Süßwasser zurückkehren, machen entgegengesetzte Veränderungen durch. Werden die Lachse geschlechtsreif, so bereiten sich die Geschlechtsorgane durch komplexe endokrine Vorgänge auf das Laichen vor, was auch mit einem Farbwechsel einhergeht.

Lachse müssen auch mit Staudämmen, Umweltverschmutzung und der Zerstörung der Feuchtgebiete fertig werden.

Im Meer warten weitere Räuber: große Fische, Vögel und Säugetiere wie Robben und Schwertwale.

Nach etwa vier Jahren im Meer begeben sich die Lachse auf die lange Wanderung zurück zu den Laichgründen.

Die Lachse gelangen als silbrige Jungfische, Silbersälmling genannt, ins Salzwasser und entwickeln sich dort zu erwachsenen Tieren.

AUF EINEN BLICK

Seesaibling Die im tiefen Wasser lebende, lichtscheue Süßwasserart frisst andere Fische, Krebstiere und Wasserinsekten. In Zuchten sind Weibchen mit dem Bachsaibling (*Salvelinus fontinalis*) gekreuzt worden, so entstanden rasch wachsende Hybriden.

- Bis 1,2 m
- Bis 32 kg
- Ovipar
- Männchen/Weibchen
- Häufig

Nördliches Nordamerika

Europäische Äsche Sie lebt in Nordeuropa in sauberen Bächen, Seen und gelegentlich im Brackwasser. Im nördlichen Frühling graben Männchen Nester, in die die Weibchen in großer Anzahl befruchtete Eier legen. Adulte Äschen fressen vor allem Wirbellose, mit Vorliebe Insekten.

- Bis 60 cm
- Bis 3 kg
- Ovipar
- Männchen/Weibchen
- Häufig

N-Europa

Huchen Der Huchen ist einer der größten Süßwasserfische der Welt. Erwachsene Tiere fressen in ihrem Revier andere Fische, Frösche, Reptilien, Vögel und sogar Kleinsäuger. Fischerei, Verschmutzung und das Aufstauen der schnell fließenden Wasserwege, die er bewohnt, haben dazu geführt, dass er als stark gefährdet gilt.

- Bis 1,5 m
- Bis 21 kg
- Ovipar
- Männchen/Weibchen
- Stark gefährdet

Donaubecken

SCHUTZSTATUS

Hechtlinge in Gefahr Auf der Roten Liste der IUCN sind 68 Lachsfisch-Arten aufgeführt, darunter 5 Arten, die bereits ausgestorben sind. Von den 8 vom Aussterben bedrohten Arten sind 4 Hechtlinge, die alle in eng begrenzten Süßwasser-Lebensräumen in Australien vorkommen und durch eingeführte Fische und Zerstörung ihres Lebensraums bedroht sind. Bis ins Jahr 1996 zählte *Galaxias pedderensis* zu den am meisten gefährdeten Fischarten der Welt. Schutzmaßnahmen – darunter vor allem das Umsetzen von Tieren in sichere Seen – haben inzwischen die Zukunft der Art gesichert.

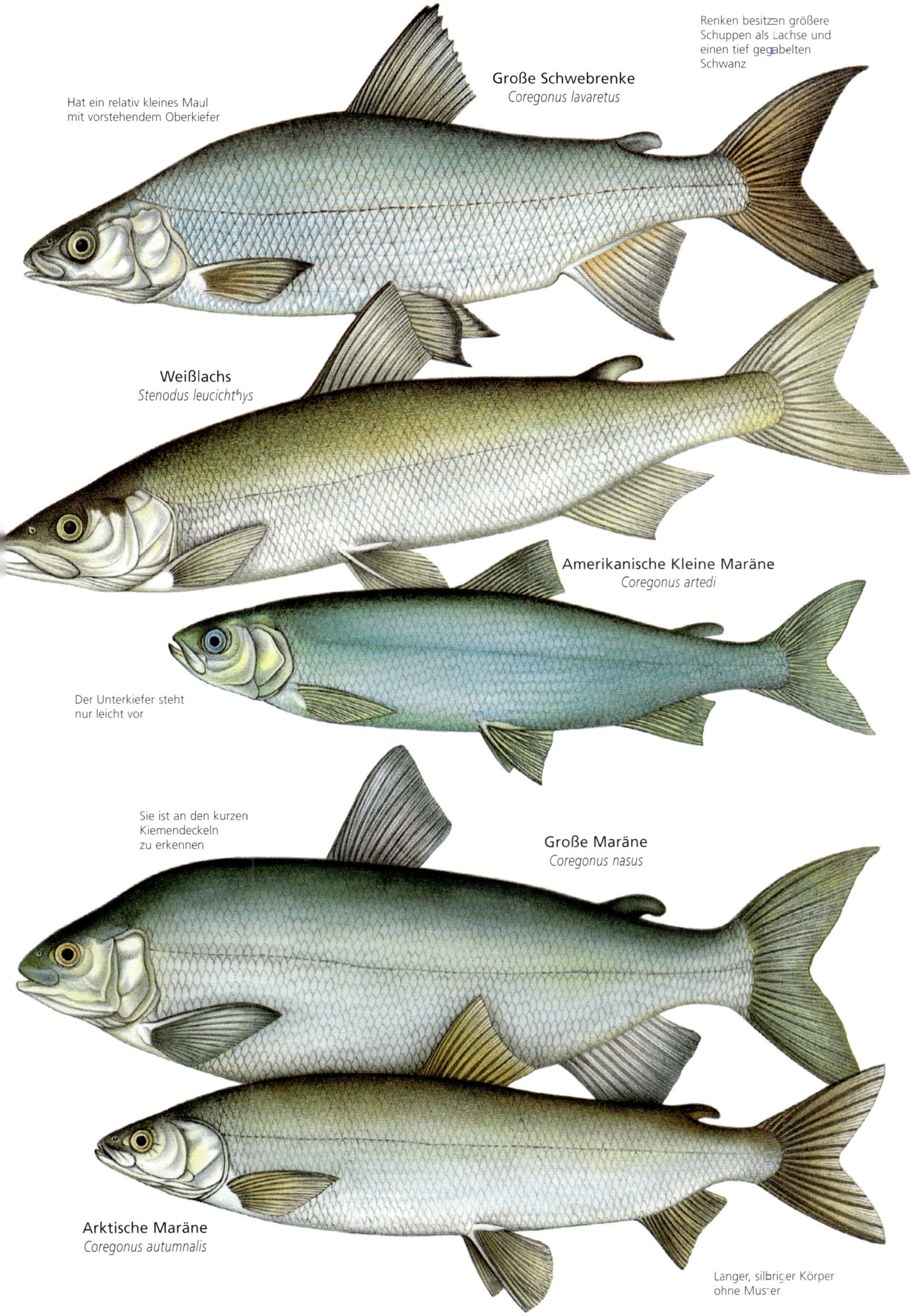

AUF EINEN BLICK

Große Schwebrenke Im Norden ihres Verbreitungsgebietes findet man diese Art nur im Brackwasser. Populationen auf den Britischen Inseln und in den Alpen sind auf Gebirgsseen beschränkt, wo die Große Schwebrenke seit dem Ende der letzten Eiszeit überlebt.

Europa

- Bis 70 cm
- Bis 10 kg
- Ovipar
- Männchen/Weibchen
- Daten ungenügend

Weißlachs Die an der nordamerikanischen Küste und im Norden des Kaspischen Meeres lebenden Populationen sind zwar anadrom, aber generell ist der Weißlachs in den Inlandseen vom Meer abgeschnitten. Die Jungfische ernähren sich von Insektenlarven und Zooplankton, erwachsene Exemplare jedoch ausschließlich von Fischen.

Nordamerika und Asien

- Bis 125 cm
- Bis 40 kg
- Ovipar
- Männchen/Weibchen
- Daten ungenügend

Amerikanische Kleine Maräne
Die Art ist in Seen und großen Flüssen anzutreffen, lebt aber auch in den Küstengewässern der Hudson Bay. Sie ernährt sich von Wirbellosen, kleinen Fischen und Fischeiern. Die Art wird auch „Seehering" genannt und ist ein begehrter Speisefisch.

Nordamerika

- Bis 57 cm
- Bis 3,35 kg
- Ovipar
- Männchen/Weibchen
- Häufig

Große Maräne Diese Art kommt in erster Linie in Bächen und Flüssen vor, aber es gibt auch anadrome Formen, die im Brackwasser leben. Die Große Maräne frisst Krebstiere, Insektenlarven und kleine Weichtiere.

- Bis 71 cm
- Bis 15,9 kg)
- Ovipar
- Männchen/Weibchen
- Daten ungenügend

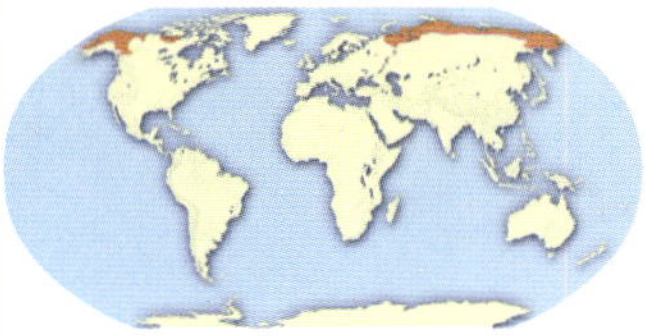

Nordamerika und Asien

GROSSMÜNDER

KLASSE Actinopterygii
ÜBERORDNUNG Stenopterygii
ORDNUNGEN 2
FAMILIEN 5
ARTEN 415

Obwohl weit verbreitet, sehen Menschen Großmünder nur sehr selten, weil sie in mitteltiefem bis tiefem Meerwasser leben. Sie sind Fleischfresser, die gut an den hohen Druck, das geringe Licht und Nahrungsangebot in ihrem Lebensraum angepasst sind. Die meisten haben lange Zähne und ein großes Maul, so dass sie auch große Beuten bewältigen können. Alle Arten, bis auf eine, sind mit Leuchtorganen ausgestattet. An den Flanken und am Bauch dienen sie als Tarnung, wenn Feinde sie von unten gegen das schwache Licht von der Meeresoberfläche sehen. Den meisten dienen sie, an einer Bartel oder einem Flossenstrahl befestigt, auch als Köder.

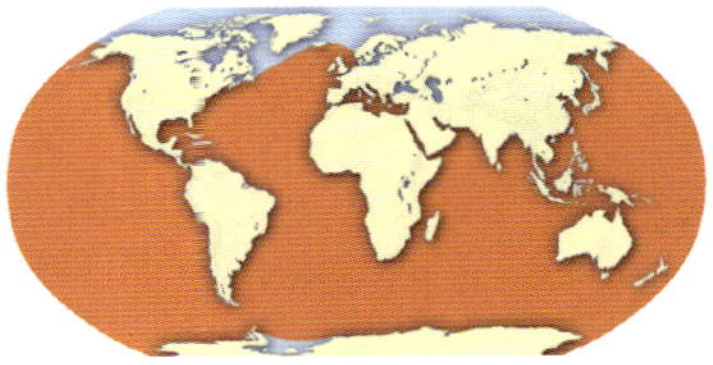

Verbreitung in der Tiefsee Großmünder kommen in den tiefen Gewässern aller gemäßigten und subtropischen Meere vor. Einige leben sogar in polaren Gewässern. Man findet sie in unterschiedlichen Tiefen. Viele zieht es nachts nach oben, tagsüber kehren sie wieder in die Tiefe zurück.

Bereit zum Angriff Dieser Drachenfisch (*Idiacanthus* sp.) der Tiefsee zeigt typische Merkmale der Großmünder, darunter die Leuchtorgane am Bauch und eine lange Bartel am Unterkiefer. Er bleibt bei Tag in der vollständigen Dunkelheit der Tiefsee, kommt aber nachts zum Fressen in geringere Tiefen. Die Männchen dieser Gattung sind deutlich kleiner als die Weibchen; sie haben weder Zähne noch Bauchflossen.

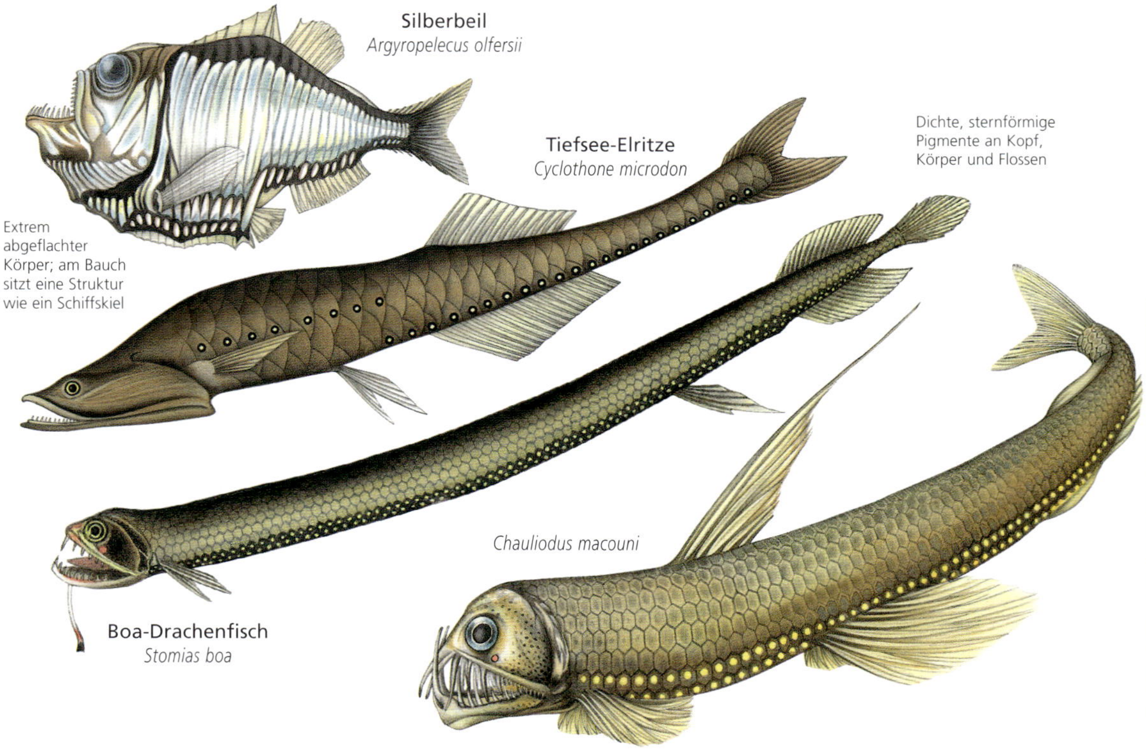

LEBEN IN DER TIEFSEE

Typisch für Großmünder ist der große Kopf, der lange Körper und die dunkle Färbung, obwohl einige durchscheinend oder silbrig sind. Deutsche Namen wie Borstenmünder, Drachenfische oder Viperfische lassen Rückschlüsse auf ihr oft bizarres Aussehen zu.

Zwittertum ist häufig – eine Anpassung an einen Lebensraum, in dem Tiere derselben Art nur selten anzutreffen sind.

Eier und Larven treiben, mitten im Plankton, in Oberflächenströmungen, doch die Jungfische kehren bereits in die großen Tiefen zurück. Adulte Tiere bleiben tagsüber meist in der Tiefsee, steigen aber in der Dämmerung in geringere Tiefen auf, wo es reichlich kleine Fische und Wirbellose gibt.

SCHUTZSTATUS

Rätselhaft Da Lebensräume in der Tiefsee oft so unzugänglich sind wie das Weltall, weiß man nur sehr wenig über Populationen und Fortpflanzungsverhalten der Großmünder. Möglicherweise gibt es von einer Gattung, *Cyclothone*, einen größeren Bestand als von jeder anderen Wirbeltiergattung: Milliarden der kleinen Fische leben in den Meeren. Vielleicht verschwinden einige von ihnen wegen der Wasserverschmutzung, bevor ihre Existenz wissenschaftlich festgehalten wird.

EIDECHSENFISCHE UND VERWANDTE

KLASSE Actinopterygii
ÜBERORDNUNG Cyclosquamata
ORDNUNG Aulopiformes
FAMILIEN 13
ARTEN 229

Die marine Gruppe kommt sowohl in Küstengewässern als auch in großen Tiefen vor. Zu ihr gehören Eidechsenfische, Bombay-Enten, Grünaugen, Spinnenfische, Lanzenfische, Säbelzahnfische und Riesenschwänze. Sie zeigen eine ungewöhnliche Mischung von primitiven und entwickelten Merkmalen und sind für Wissenschaftler aus verschiedenen Gründen interessant, z. B. wegen der Vielfalt ihrer Augenanpassungen. Viele Tiefseefische fallen durch ihren Fortpflanzungsstrategie auf: Sie sind Zwitter, d. h. sie besitzen sowohl weibliche als auch männliche Geschlechtszellen und können sich selbst befruchten. Die Eidechsenfische und ihre Verwandten sind auch für die extremen Metamorphosen bekannt, die sie vom Larven- bis zum Jugendstadium durchlaufen.

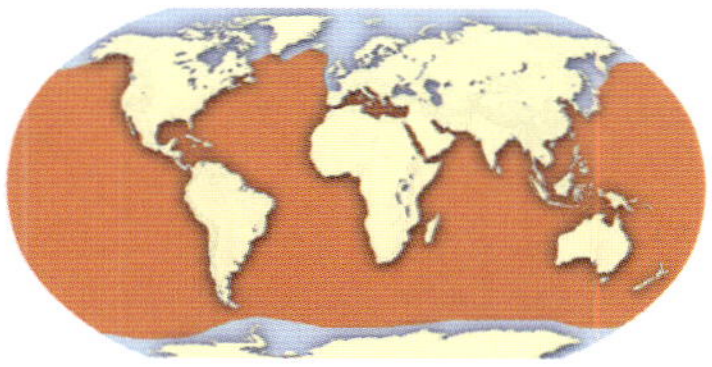

Weite Verbreitung Eidechsenfische gibt es in allen warmen Meeren. Grünaugen kommen weltweit in tropischen und warmen Gewässern vor. Bombay-Enten leben im Indo-Pazifik. Lanzenfische findet man in mittleren Tiefen in weiten Teilen des Atlantik und Pazifik.

FACETTENREICH

Eidechsenfische, Bombay-Enten und Grünaugen liegen am Meeresgrund auf der Lauer. Die gut getarnten Fische stützen sich oft auf ihre Brustflossen auf.

Die Spinnenfische leben in großen Tiefen, haben meist flache Köpfe, bleistiftförmige Körper und schlecht entwickelte Augen.

Lanzenfische gehören mit 2,1 m Länge zu den größten Raubfischen in der Tiefsee. Sie besitzen ein großes Maul und große, dolchähnliche Zähne. Man sagt ihnen nach, dass sie unterseeische Kabel zerstören. Manchmal sieht man sie auch in der Oberflächenströmung herumschwimmen.

Gute Tarnung Die Zeichnung und Farben der meisten Eidechsenfische, einschließlich dieser indo-pazifischen Art, *Synodus variegatus,* sind eine hervorragende Tarnung vor dem Hintergrund ihres Lebensraumes in den Tiefen des Meeres.

Teleskopfisch
Gigantura indica

Gemalter Eidechsenfisch
Trachinocephalus myops

Am Körper abwechselnd schmale, dunkel gerandete Streifen in Hellblau und Gelb

Schlanke Fettflosse

Vergrößerte, röhrenförmige Augen

Nördliches Perlauge
Benthalbella dentata

Augen ohne Linsen

Netzaugenfisch
Ipnops murrayi

Aussichtsplatz Spinnenfische ragen auf ihren stark verlängerten Bauch- und Schwanzflossen weit über das Sediment empor, während sie in den Tiefen des Ozeans auf Beute lauern. Sie erreichen eine Länge von bis zu 36 cm (oben).

Laternenfische

KLASSE	Actinopterygii
ÜBERORDNUNG	Scopelomorpha
ORDN.	Myctophiformes
FAMILIEN	2
ARTEN	ca. 300

Von allen Fischen der offenen Tiefsee sind Laternenfische am weitesten verbreitet, am vielfältigsten und zahlenmäßig am stärksten vertreten. Die kleinen Planktonfresser, die große Schulen bilden, sind eine wichtige Beute für Seevögel (vor allem Pinguine), Meeressäugetiere und viele Fleisch fressende Fische und deshalb ein wichtiger Teil im Ökosystem des Meeres. Sie werden in geringem Umfang für Fischmehl und Öl abgefischt, doch bei einer weltweiten Menge von etwa 600 Millionen Tonnen gelten sie als wenig genutzte Quelle. Sie bilden zusammen mit der weniger umfangreichen Gruppe der Laternenzüngler die Ordnung Myctophiformes.

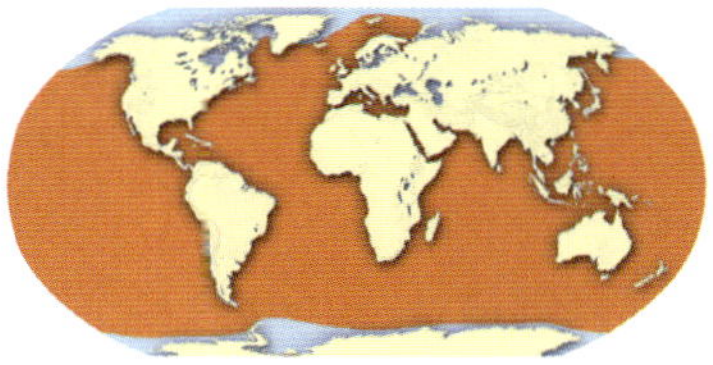

Weltweit Laternenfische gibt es in allen offenen Meeresgewässern. Die Verbreitung hängt sowohl von den Meeresströmungen als auch von den physikalischen und biologischen Merkmalen des Wassers ab. Viele leben tagsüber in großen Tiefen und ziehen nachts in Richtung Wasseroberfläche.

Leuchtende Wegweiser Kopf und Bauchseite sind bei Laternenfischen mit Leuchtorganen besetzt. Jede Art besitzt ein spezielles Muster, an dem Artgenossen sich untereinander identifizieren können. Leuchtorgane am Schwanz spielen vermutlich eine Rolle bei der Erkennung der Geschlechter.

Bartfische

KLASSE	Actinopterygii
ÜBERORDNUNG	Polymixiomorpha
ORDN.	Polymixiiformes
FAMILIE	Polymixiidae
ARTEN	10

Gerade zehn Arten in einer Gattung bilden diese kleine, aber rätselhafte Gruppe von Tiefseefischen. Sie besitzen empfindliche Barteln, die vom Maul herabhängen. Wie die meisten höher entwickelten Knochenfische haben sie echte Hartstrahlen: zwischen vier und sechs in der Rückenflosse und vier in der Afterflosse. Doch neben diesem modernen Merkmal weisen sie einige primitive und einzigartige Charakteristika auf: eine verwirrende Mischung aus Merkmalen, die eine Debatte auslösten, mit welcher anderen Fischgruppe die Bartfische am engsten verwandt sind.

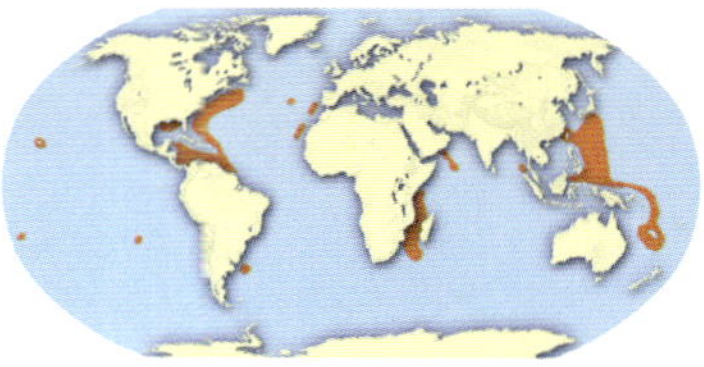

Bewohner des Meeresgrundes Schleimkopfartige Fische gibt es in tropischen und subtropischen Meeren. Sie leben auf dem äußeren Kontinentalschelf in verschiedenen Tiefen zwischen 20 und 760 m, meist auf dem Meeresgrund.

Seltener Fang *Polymixia berndti* findet man oft als Beifang in den Netzen von Trawlern in tropischen und subtropischen Gewässern des Indischen Ozeans und Pazifik.

GLANZFISCHE UND VERWANDTE

UNTERABT. Euteleostei
ÜBERORDNUNG Lampridiomorpha
ORDN. Lampridiformes
FAMILIEN 7
ARTEN 23

Diese Gruppe besteht aus 23 Arten von Tiefseefischen. Äußerlich scheinen sie sich stark zu unterscheiden, obwohl die meisten entweder breit und mondförmig oder lang und schlangenartig sind. Ihnen sind jedoch vier einzigartige Merkmale gemeinsam, von denen alle mit dem ungewöhnlichen spezialisierten Kiefer zusammenhängen, der den Fischen ein stark vorstehendes Maul verleiht. Sie haben meist keine Schuppen, besitzen Rückenflossen, die sich am ganzen Körper entlangziehen, und Bauchflossen, die weit vorn am Körper sitzen. Die Körper zeigen unterschiedliche Farbtöne mit leuchtend roten Flossen. Die Gruppe tauchte wohl vor etwa 65 Millionen Jahren auf.

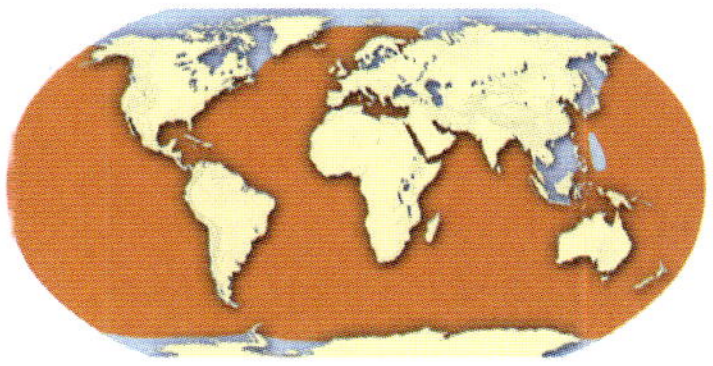

Weit verbreitet, selten gesichtet Glanzfische findet man meist in Tiefen zwischen 100 und 1000 m. Glanzfische, Bandfische und Fadenschwänze sind weltweit in warmen Meeren verbreitet. Segelträger gibt es nur im Indischen und Pazifischen Ozean. Da all diese Arten im tiefen Wasser des offenen Meeres leben, bekommen Menschen sie nur selten zu Gesicht.

Geheimnisvolle Schlange Berichte über Seeungeheuer entstanden wohl, wenn irgendwo ein Bandfisch gesichtet wurde. Es gibt einen Bericht über ein 17 m langes Exemplar, doch die meisten Tiere erreichen eine Länge von etwa 8 m. Die Fische leben normalerweise in Tiefen bis zu 200 m, wurden aber auch schon an der Oberfläche oder angespült am Strand gesehen.

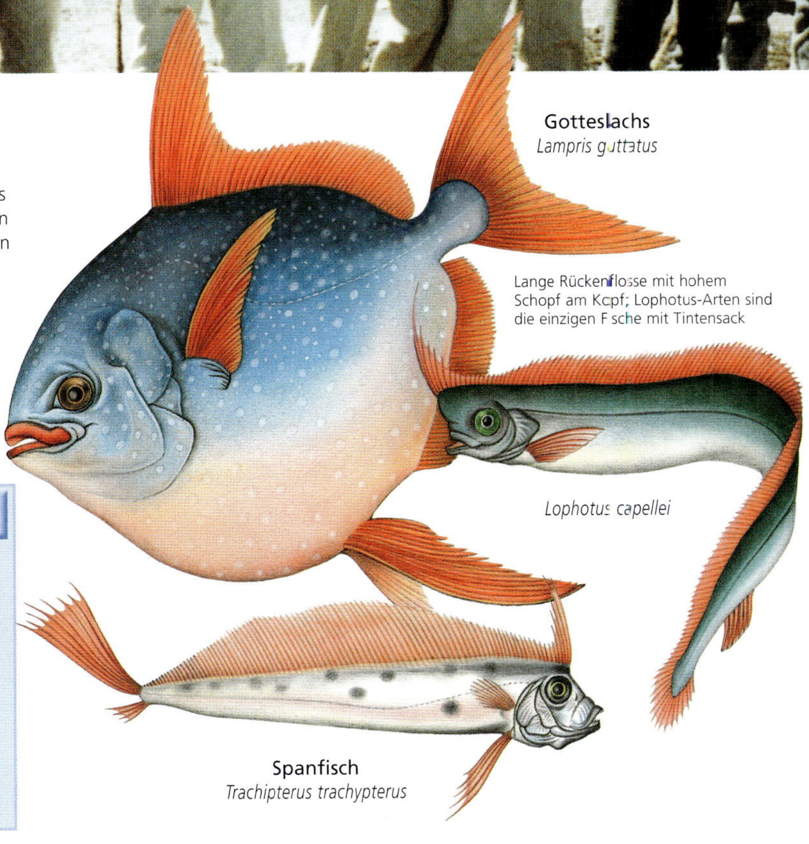

Gotteslachs
Lampris guttatus

Ovaler, abgeflachter Körper; zinnoberrote Lippen und Flossen

Lange Rückenflosse mit hohem Schopf am Kopf; Lophotus-Arten sind die einzigen Fische mit Tintensack

Lophotus capellei

Spanfisch
Trachipterus trachypterus

SCHUTZSTATUS

Rätselhafte Raritäten Keine Art in dieser Gruppe gilt als gefährdet, doch die meisten werden als selten betrachtet. Doch nicht nur über ihren Schutzstatus, sondern ganz allgemein ist nur sehr wenig über diese Fische bekannt. Das meiste, was wir wissen, stammt aus Erzählungen alter Seeleute oder aus kurzen Beobachtungen an gefangenen, erregten Tieren.

SELTSAME LEBENSWEISE

Zu den Glanzfischen und Verwandten gehören Schopffische, Glanzfische, Bandfische, Fadenschwänze und Segelträger, von denen einige ungewöhnliches Fressverhalten zeigen. Der Fadenschwanz *Stylephorus chordatus* z. B. steigt täglich aus Tiefen von 800 m hunderte von Meter auf, um senkrecht stehend winzige Krebstiere zu fressen.

Der Bandfisch *Trachipterus trachypterus* soll eine ähnliche senkrechte Position einnehmen, um Fisch und Tintenfisch zu fressen.

Alle Glanzfische und Verwandte legen große Eier, bis zu 6 mm Durchmesser. Die meisten sind kräftig rot – das schützt sie wohl vor UV-Strahlen, wenn sie vor dem Schlüpfen bis zu einem Monat an der Oberfläche treiben. Im Gegensatz zu den schwachen Larven anderer Knochenfische, die einen reichhaltigen Dottersack brauchen, entwickeln Glanzfisch-Embryos sich früh und schwimmen gut.

Dorschartige und Verwandte

UNTERABT. Euteleostei
ÜBERORDNUNG Paracanthopterygii
ORDNUNGEN 5
FAMILIEN 37
ARTEN 1382

Einige kleine, aber wichtige Merkmale am Skelett dokumentieren die Verwandtschaft der Arten in dieser Gruppe. Sie bevorzugen auch ähnliche Lebensräume. So leben z. B. die meisten am Meeresgrund; einige schwimmen aber auch in großen Schulen (vor allem die wirtschaftlich wichtigen wie Schellfisch, Seehecht und Dorsche). Bis auf etwa 20 Arten ist die gesamte Gruppe im Meer heimisch. Sie sind nachtaktiv oder leben in dunkler Umgebung wie Unterwasserhöhlen oder der Tiefsee. Typisch für einige Arten ist, dass sie mittels spezieller Muskeln an der Schwimmblase Geräusche produzieren können. Diese sind wohl für die Paarung und als Warnung wichtig.

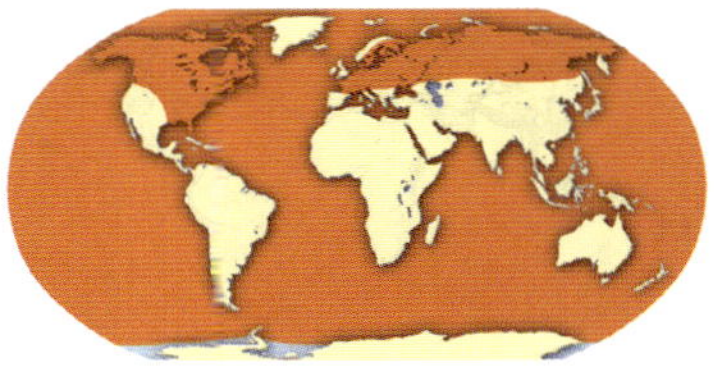

Verbreitung Dorsch- und Anglerfische gibt es in allen Meeren. Dorsche kommen bis auf eine im Süßwasser lebende Art – die Quappe – im Meer vor. Barschlachse sind auf Süßwasser und auf Nordamerika beschränkt. Batrachoididae leben in tropischen Küstengewässern.

AUF EINEN BLICK

Percopsis omiscomaycus Er ist in Süßwasserbächen und -seen der östlichen USA heimisch. Der Barschlachs sucht tagsüber Schutz unter Steinen und zieht nachts in flacheres Wasser, um Nahrung zu suchen. Der Körper von lebenden Exemplaren ist transparent.

Bis 20 cm
Bis 170 g
Ovipar
Männchen/Weibchen
Regional häufig

Nördliches Nordamerika

Mammuthöhlen-Blindfisch Der Fisch lebt in unterirdischen Gewässern und besitzt keine Augen. Auf seinem Kopf befinden sich zahlreiche berührungsempfindliche Papillen. Die Eier werden bis zu fünf Monate lang in den Kiemenhöhlen ausgebrütet.

Bis 11,5 cm
Bis 85 g
Ovipar
Männchen/Weibchen
Gefährdet

Nordamerika

SCHUTZSTATUS

Bedrohte Zukunft Die vom Aussterben bedrohte Art *Speoplatyrhinus poulsoni* ist vollkommen weiß und blind. Sie kommt nur in Key Cave, Alabama, in den USA vor. Die Fledermauspopulation beeinträchtigte die Nahrungskette der Art; eine weitere Bedrohung ist die Verschmutzung des Grundwassers. Eine eingeführte Seestern-Art und der stark erhöhte Schlickanteil im Sediment haben eindeutig dazu beigetragen, dass heute *Brachionichthys hirsutus*, ein Seefisch, der im Meer um Tasmanien endemisch ist, als vom Aussterben bedroht gilt.

SPEISEFISCH

Die wichtigsten Fischindustrien der Welt verarbeiten Arten der Familie Gadidae, zu der sowohl Alaska-Seelachs als auch Kabeljau gehören und die jährlich zehn Prozent des weltweiten Fischfangs liefert.

Diese Fische produzieren riesige Mengen an Eiern, mit die meisten unter allen Fischen. Ein großer Alaska-Seelachs kann z. B. 15 Millionen Eier pro Jahr ablaichen. Weil Dorschfische aber lang leben und spät geschlechtsreif werden, reagieren sie sehr empfindlich auf Überfischung – heute teilweise ein Problem für die Fischindustrie.

Anglerfisch Viele Dorscharten sind kräftige Schwimmer, die am Meeresboden aktiv Beute suchen. Anglerfische (links) bewegen sich dagegen meist nur langsam, liegen träge auf der Lauer und warten darauf, dass Nahrung kommt. Sie können aber blitzschnell losschnellen, um ahnungslose Beute zu fangen.

Begrenzte Verbreitung Das Verbreitungsgebiet des Roten Handfisches (*Brachionichthys politus*) beschränkt sich auf Tasmanien (Australien), wo vermutlich nur etwa 1000 Exemplare (rechts) existieren.

Piratenbarsch
Aphredoderus sayanus

Percopsis omiscomaycus

Brotula multibarbata

Eingeweidefisch
Carapus acus

Mammuthöhlen-Blindfisch
Amblyopsis spelaea

AUF EINEN BLICK

Quappe Der Süßwasserfisch, verbreitet vom Polarkreis bis in die gemäßigten Zonen der Nordhalbkugel, lebt meist in der Tiefe von Seen oder in langsam fließenden Flüssen. Er sucht Schutz zwischen Pflanzen oder in Felsspalten.

- Bis 1,5 m
- Bis 34 kg
- Ovipar
- Männchen/Weibchen
- Häufig

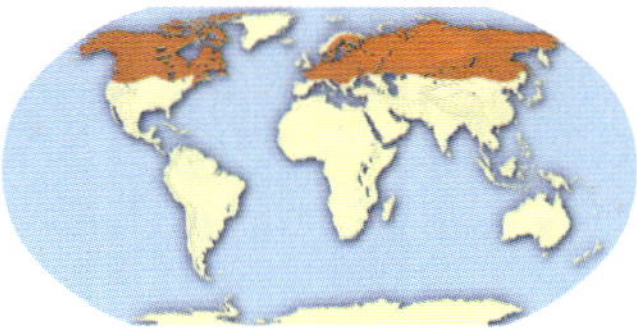

Nördliches Nordamerika und N-Eurasien

Seehecht Nachdem der Seehecht jahrzehntelang in großem Umfang kommerziell abgefischt wurde, bestehen heute Bedenken, dass man ihn überfischt hat. Obwohl als größtes je gewogenes Gewicht 11,5 kg aufgezeichnet ist, fängt man heute nur selten Tiere, die mehr als 5 kg wiegen.

- Bis 1,4 m
- Bis 11,5 kg
- Ovipar
- Männchen/Weibchen
- Häufig

Östl. Nordatlantik, Mittel- und Schwarzes Meer

SEXUALPARASITEN

Tiefseeanglerfische leben in kleinen Populationen in der Dunkelheit der Tiefsee. Um die Wahrscheinlichkeit eines erfolgreichen Zusammentreffens zu erhöhen, haben sich die Männchen einiger Arten sozusagen zu „parasitischen Hoden" zurückgebildet. Als adulte Tiere hängen sie dauerhaft an den wesentlich größeren Weibchen fest und beziehen auch von ihnen die Nahrung. Bei *Cryptopsaras couesii* (unten) hat man Weibchen gefunden, an denen 4 Männchen hingen.

Blauer Seehecht
Antimora rostrata

Caelorinchus fasciatus

Japanischer Tiefseedorsch
Laemonema longipes

Grenadierfisch
Macrourus berglax

Wird kommerziell gefischt; besitzt harte Schuppen, durch die schon Messer und Klingen in Fabriken stumpf geworden sind

Lumb
Brosme brosme

Quappe/Aalrutte
Lota lota

Der einzige nur im Süßwasser vorkommende Dorschfisch

Seehecht
Merluccius merluccius

Zwei Rückenflossen; zweite Rücken- und Afterflosse mit einer flachen Kerbe versehen

Roter Gabeldorsch
Urophycis chuss

Erste Rückenflosse mit verlängertem Strahl; lange Brustflosse

Nördlicher Bootsmannfisch
Porichthys notatus

Schellfisch
Melanogrammus aeglefinus

Kabeljau
Gadus morhua

Zwei Afterflossen

Froschdorsch
Raniceps raninus

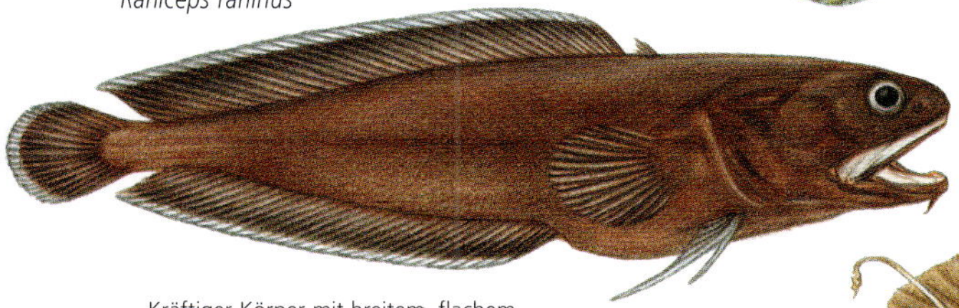

Kräftiger Körper mit breitem, flachem Kopf; winzige vordere Rückenflosse und kleine Bartel am Kinn

Amerikanischer Seeteufel
Lophius americanus

Sternseefledermaus
Halieutaea stellata

Atlantischer Seeteufel
Lophius piscatorius

Laternenangler
Linophryne arborifera

Franzosendorsch
Trisopterus luscus

Drei Rückenflossen

AUF EINEN BLICK

Schellfisch Schellfisch-Männchen und Weibchen machen bei Gefahr klopfende Geräusche. Vor allem Männchen klingen beim Ablaichen sehr heiser, es ist also wahrscheinlich, dass die Töne bei der Fortpflanzung eine Rolle spielen.

- Bis 90 cm
- Bis 8,2 kg
- Ovipar
- Männchen/Weibchen
- Gefährdet

Nordatlantik bis Spitzbergen

Kabeljau Die im kalten Wasser lebende Art wird in großem Umfang kommerziell abgefischt. Meist fängt man den Kabeljau, wenn er etwa 11,5 kg wiegt, doch er kann das Vierfache dieser Größe erreichen.

- Bis 1,5 m
- Bis 45 kg
- Ovipar
- Männchen/Weibchen
- Gefährdet

Nordatlantik bis Spitzbergen

Atlantischer Seeteufel Die Art, die im Ostatlantik lebt, besitzt ein riesiges Maul und liegt gut getarnt im Sand und Sediment am Meeresgrund auf der Lauer. Sie frisst normalerweise andere Fische, doch man weiß, dass sie auch schon Seevögel gefangen hat.

- Bis 2 m
- Bis 58 kg
- Ovipar
- Männchen/Weibchen
- Häufig

Östlicher Nordatlantik

AUSGEZEICHNETE TARNUNG

Seeteufel und Anglerfische müssen nicht stromlinienförmig sein. Für sie ist es vorteilhafter, ihrer Umgebung zu ähneln, wenn sie auf der Lauer liegen. Der Sargassofisch (*Histrio histrio*) fällt z. B. zwischen den Algen, die um ihn wachsen, überhaupt nicht auf. *Antennarius avalonis* ähnelt einem Felsen.

Sargassofisch

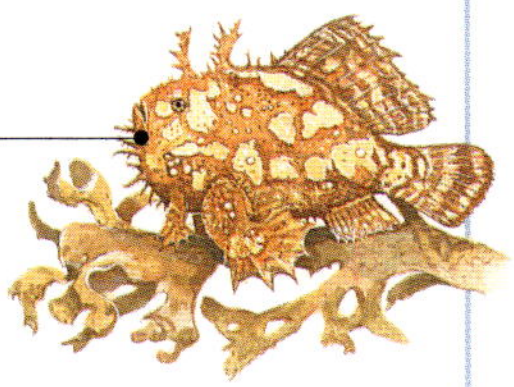

Antennarius avalonis

Stachelflosser

KLASSE	Actinopterygii
ÜBERORDNUNG	Acanthopterygii
ORDNUNGEN	15
FAMILIEN	269
ARTEN	ca. 14 000

Zu der größten Fischgruppe zählen die erst in jüngerer Zeit entwickelten Knochenfische. Die Acanthopterygii, die Echten Strahlenflosser, umfassen mehr als 14 000 Arten in über 250 Familien. Zu den typischen Merkmalen gehören ein sehr beweglicher und vorstülpbarer Oberkiefer, der viele verschiedene Ernährungsstrategien ermöglicht, und Kammschuppen, die sich bei manchen Arten zu verhärteten Platten entwickelt haben, sowie harte Stacheln in den Flossen. Als Gruppe sind diese Fische überall vertreten, kommen aber in Küstengewässern besonders häufig vor. Sie zeigen eine enorme Vielfalt an speziellen Anpassungen bezüglich Fortpflanzung, Verhalten und Körperbau. Dadurch können sie Nischen nutzen, die für andere Fische unerreichbar sind.

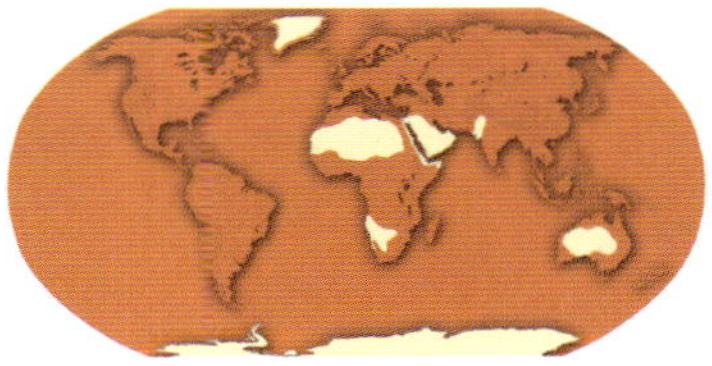

Weite Verbreitung Als am weitesten verbreitete Fischgruppe kommen die Stachelflosser in fast allen Gewässern der Welt vor, vom Süßwasser über Brackwasser bis zum Salzwasser, von flachen Küsten bis in die Tiefsee. Anpassungen in Körperform und Verhalten erlauben ihnen die Besiedlung vieler verschiedener Lebensräume, selbst zugefrorener Meere oder austrocknender Teiche.

Farbenpracht Mit ihren bunten Farben und Mustern zählen Brassen und Papageifische zu den auffälligsten Fischarten der Korallenriffe.

Starke Saugwirkung Diagonal-Süßlippen (*Plectorhinchus lineatus*) haben lockere, gummiartige Lippen, mit denen sie Würmer und Weichtiere aus dem sandigen Meeresgrund „saugen".

Vielfältige Anpassungen

Bei den Stachelflossern ist fast jede Variante des Grundbauplans eines Fisches zu finden. Die Plattfische weichen z. B. dramatisch von der normalen Symmetrie der meisten Fische ab. Lippfische und Papageifische haben einen veränderten Schlundapparat, der als zweites Kieferpaar fungiert und eine spezielle Nahrungsaufnahme ermöglicht.

Zu den Cyprinodontiformes zählen Guppys, Schwertträger und andere robuste Süßwasser-Aquarienfische. Ährenfische bilden große Schwärme im Meer, viele sind wichtige Köderfische. Fliegende Fische sind an ein Gleiten über dem Wasser angepasst. Grundeln sind meist kleine Fische, wie der amphibische Schlammspringer, bei denen die Bauchflossen oft zu einer becherförmigen Scheibe verschmolzen sind.

Bei vielen Drückerfischen und ihren Verwandten sind die Schuppen zu einem schützenden Panzer umgewandelt.

Riffbarsche, wie der bekannte Clownfisch, haben oft ein stark ausgeprägtes Revierverhalten. Buntbarsche betreiben Brutpflege. Zackenbarsche gehören zu den robustesten aller Meeresraubfische und Fächerfische wie der Marlin sowie Schwertfische gehören zu den schnellsten Schwimmern.

Das Gift der Drachenköpfe kann Menschen töten. Umberfische erzeugen tiefe Töne, wenn sie bedroht werden. Schmetterlings- und Kaiserfische bestechen durch ihre herrlichen Farben.

Goldie-Regenbogenfisch
Melanotaenia goldiei

Gabelschwanz-Blauauge
Pseudomugil furcatus

Harlekin-Regenbogenfisch
Melanotaenia boesemani

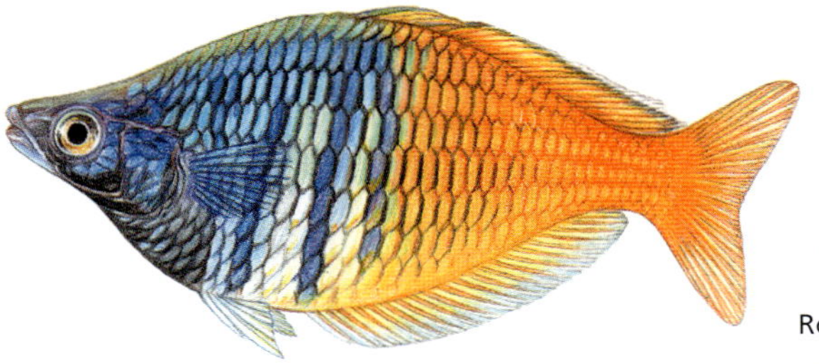

Zwergregenbogenfisch
Melanotaenia maccullochi

Rotschwanz-Ährenfisch
Bedotia madagascariensis

Bachährenfisch
Labidesthes sicculus

Fadenflossen-Regenbogenfisch
Iriatherina werneri

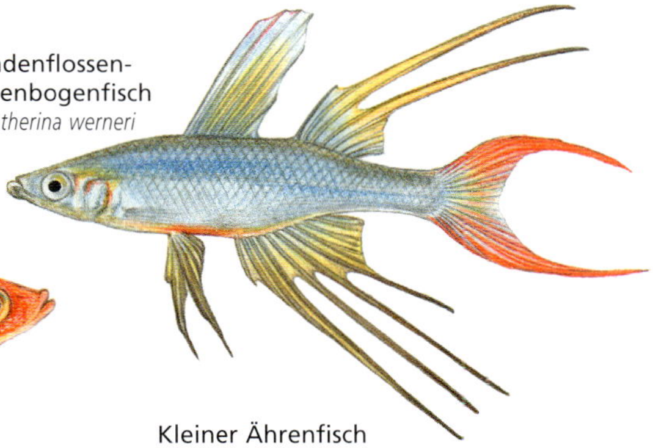

Lachsroter Regenbogenfisch
Glossolepis incisus

Kleiner Ährenfisch
Atherina boyeri

Priesterfisch
Atherina presbyter

Zwei Rückenflossen, wobei die erste sieben bis acht schlanke Dornen aufweist

Männchen sind bunter gefärbt und haben längere Rücken- und Afterflossen

Geflecktes Blauauge
Pseudomugil gertrudae

AUF EINEN BLICK

Bachährenfisch Der kleine durchscheinende Fisch ist in den nordamerikanischen Süßwasserseen und Flüssen heimisch und lebt gewöhnlich in Schwärmen. Er ernährt sich von Krebstieren, Insektenlarven und kleinen Insekten. Das Ablaichen findet in klarem Wasser statt und meist in der Nähe von Wasserpflanzen. Jedes einzelne Ei wird mit klebrigen Fäden fest im Boden verankert.

- Bis 13 cm
- Bis 115 g
- Ovipar
- Männchen/Weibchen
- Häufig

Südöstliches Nordamerika

Fadenflossen-Regenbogenfisch Die Art lebt nur im Süden von Neuguinea und im nördlichen Australien. Man findet den Fisch an dicht bewachsenen Rändern von Tümpeln und Bächen, wo er sich von kleinen Krebstieren und Kieselalgen ernährt. Die Eier werden zwischen dünnblättrigen Pflanzen verteilt, nach acht bis zehn Tagen schlüpfen die Jungfische.

- Bis 4 cm
- Bis 15 g
- Ovipar
- Männchen/Weibchen
- Regional häufig

Asien und Ozeanien

Roter Regenbogenfisch Die Art findet man nur im Sentani-See auf Irian Jaya (Indonesien), der 75 m über dem Meeresspiegel liegt. Sie ist trotz des begrenzten Verbreitungsgebietes ein beliebter Aquariumfisch. Zur Laichsaison sind die Männchen rot, die Weibchen silbrig mit einem Hauch von Gelb.

- Bis 12 cm
- Bis 85 g
- Ovipar
- Männchen/Weivbchen
- Gefährdet

Asien

Priesterfisch Die Art lebt in Schwärmen in der Nähe der Küste und wandert saisonal im Atlantik nord- bzw. südwärts. Priesterfische ernähren sich von kleinen Krebstieren und Fischlarven. Im späten Frühling und Frühsommer legen sie ihre relativ großen Eier ab, die sie mit schleimigen Fäden an Wasserpflanzen befestigen.

- Bis 21 cm
- Bis 70 g
- Ovipar
- Männchen/Weibchen
- Häufig

Östl. Atlantik und Westl. Mittelmeer

FLIEGENDE FISCHE

Fliegende Fische leben in den oberen Schichten tropischer Meere und sind meist in Gruppen in der Umgebung von Inseln zu finden. Bei Gefahr springen sie aus dem Wasser und gleiten über die Meeresoberfläche, wobei der Gleitflug von der Größe ihrer Brustflossen abhängig ist. Fliegende Fische (Gattung *Exocoetus*) beschleunigen nahe der Wasseroberfläche, breiten ihre Brustflossen aus und können dann 20 bis 25 Meter durch die Luft „fliegen". Bei Vertretern der Unterfamilie Cypselurinae sind die beiden Brustflossen weitaus größer als die Bauchflossen. Wenn sie die nötige Geschwindigkeit erreicht haben, heben sie den Körper aus dem Wasser und bewegen den unteren Lappen der Schwanzflosse im Wasser hin und her, um weiter zu beschleunigen. Auf diese Weise erreichen sie Geschwindigkeiten von mehr als 60 km/h, können über 30 Sekunden lang in der Luft bleiben und 200 Meter oder noch weiter übers Wasser gleiten.

Abheben Fliegende Fische müssen ihre Atmung und die Augen an den Gleitflug durch die Luft anpassen, denn beim Abheben gelangen sie aus dem relativ sauerstoffarmen Wasser in die sauerstoffreiche Luft. Beim Gleitflug nehmen sie über die Kiemen mehr Sauerstoff auf und verlangsamen deshalb ihren Herzschlag. Außerdem gibt es Hinweise darauf, dass sie ihre Augen auf die unterschiedlichen optischen Dichten von Luft bzw. Wasser einstellen können.

Vier Flügel Einige Arten aus der Gattung *Cypselurus* haben vier „Flügel", denn neben den Brustflossen sind auch die Bauchflossen an den Gleitflug angepasst. Sie heben sich aus dem Wasser, um Angriffen von Räubern zu entkommen (rechts).

AUF EINEN BLICK

Europäischer Hornhecht Er kommt in drei Unterarten vor, von denen eine nördlich der Bucht von Biscay zu finden ist, eine weitere im Mittelmeer und die Dritte im Schwarzen Meer. Sie fressen Fische und leben in der Nähe der Wasseroberfläche, sind äußerst flinke, wendige Schwimmer und springen aus dem Wasser, wenn sie an einem Angelhaken hängen.

- Bis 95 cm
- Bis 1,3 kg
- Ovipar
- ♀♂ Männchen/Weibchen
- Häufig

NO-Atlantik, Mittelmeer, Schwarzes Meer

Japanischer Reiskärpfling Dieser Reiskärpfling bevorzugt langsam fließende Bäche und ernährt sich von kleinen Wirbellosen. Er ist neben dem Zebrafisch der am häufigsten in der Forschung eingesetzte Fisch. Für den Aquariumhandel wurde mit Hilfe der DNA von Quallen eine genetisch veränderte fluoreszierende Form geschaffen.

- Bis 4 cm
- Bis 15 g
- Ovipar
- ♀♂ Männchen/Weibchen
- Häufig

Südostasien

Kleiner Flugfisch Die Vertreter der Gattung *Fodiator* zählen zu den schlechtesten „Fliegern" unter den fliegenden Fischen, können mit ihren verlängerten Brustflossen aber immerhin 50 m übers Wasser gleiten. Der Kleine Flugfisch lebt im offenen Meer und „fliegt", um den Angriffen von Räubern zu entkommen.

- Bis 24 cm
- Bis 225 g
- Ovipar
- ♀♂ Männchen/Weibchen
- Häufig

Östlicher Pazifik und östlicher Atlantik

Halbschnäbler Die Art lebt in großen Schwärmen nahe an der Wasseroberfläche in Buchten, ernährt sich von winzigen Wirbellosen und Phytoplankton. Der Unterkiefer ist verlängert und klingenähnlich. In Venezuela werden Schwärme des Speisefisches mit Lichtern ins seichte Wasser gelockt und mit speziellen Netzen („Mandingas") gefangen.

- Bis 28 cm
- Bis 200 g
- Ovipar
- ♀♂ Männchen/Weibchen
- Häufig

Westlicher Atlantik und Östlicher Pazifik

Flacher Hornhecht
Ablennes hians

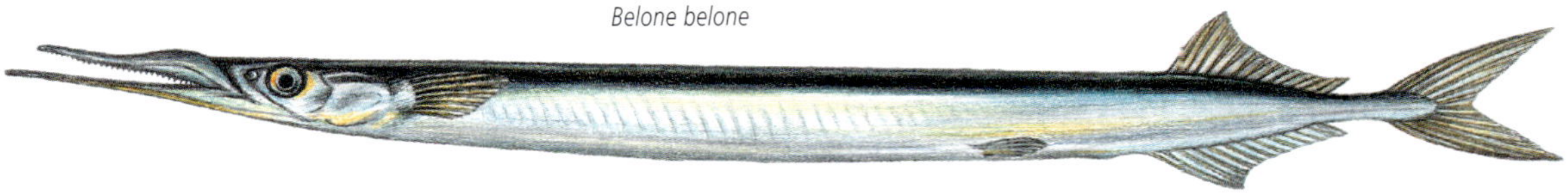

Europäischer Hornhecht
Belone belone

Pazifischer Makrelenhecht
Cololabis saira

Atlantischer Makrelenhecht
Scomberesox saurus

Japanischer Reiskärpfling
Oryzias latipes

Kleiner Flugfisch
Fodiator acutus

Jungfische haben oft ein Paar schnurrbartähnlicher Hautlappen

Ravnaks Halbschnäbler
Nomorhamphus ravnaki

Beide Kiefer sind in die Länge gezogen und schmal, aber der Unterkiefer ist deutlich länger als der Oberkiefer

Halbschnäbler
Hyporhamphus unifasciatus

Säbelkärpfling/ Flügelflosser
Terranatos dolichopterus

Tüpfelhechtling
Pachypanchax playfairii

Orangefarbiger Schwanz und deutlich sichtbare Schuppenränder

Somalia-Prachtgrundkärpfling
Nothobranchius patrizii

Amiets Prachtkärpfling
Fundulopanchax amieti

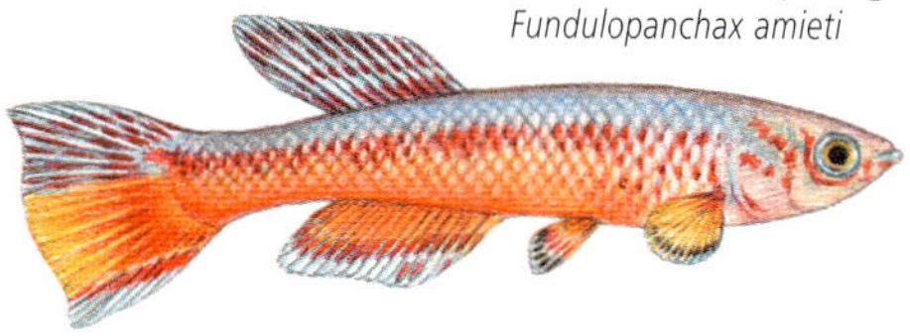

Gardners Prachtkärpfling
Fundulopanchax gardneri

Blauer Fächerfisch
Austrolebias bellottii

Streifenhechtling
Aplocheilus lineatus

Ringelhechtling
Pseudepiplatys annulatus

Nackenfleckkärpfling
Aplocheilichthys spilauchen

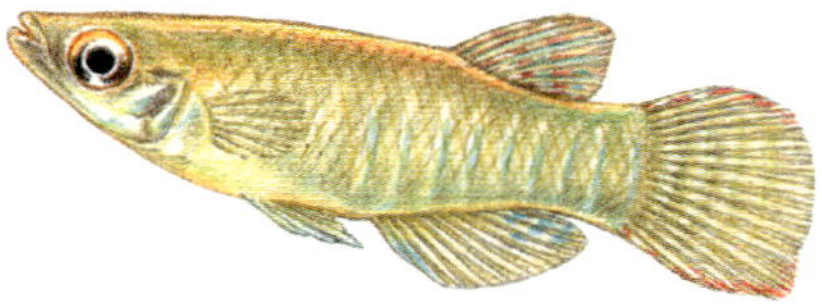

Edelsteinkärpfling
Cyprinodon variegatus

Guatemalakärpfling
Phallichthys amates

Die Afterflosse ist zu einem Gonopodium umgebildet, mit dem die Spermien übertragen werden

Rachows Prachtgrundkärpfling
Nothobranchius rachovii

AUF EINEN BLICK

Tüpfelhechtling Der kurzlebige Süßwasserfisch kommt in Tümpeln und Pfützen westafrikanischer Regenwälder vor. Die erwachsenen Fische laichen zu Beginn der Trockenzeit und sterben dann. Die befruchteten Eier überleben drei Monate im Schlamm und die Jungfische schlüpfen, sobald die nächste Regenzeit anfängt. Tüpfelhechtlinge ernähren sich von Würmern, Krebstieren, Insekten und kleinen Fischen.

Westafrika

- Bis 7,5 cm
- Bis 30 g
- Ovipar
- Männchen/Weibchen
- Häufig

Säbelkärpfling Eine weitere kurzlebige Art, bei der die adulten Tiere bald nach dem Ablaichen sterben. Die befruchteten Eier ruhen im Schlamm, bis die Jungfische von den ersten Regentropfen zum Schlüpfen angeregt werden. Bei dieser Art gibt es kein Larvenstadium, die Jungfische sind nach einem Monat geschlechtsreif.

Venezuela

- Bis 4 cm
- Bis 15 g
- Ovipar
- Männchen/Weibchen
- Häufig

Somalia-Prachtgrundkärpfling Die Art lebt in temporären Tümpeln und Sümpfen entlang der Küstenebenen von Kenia und Somalia. Die Eier des Somalia-Prachtgrundkärpflings werden vom Männchen mit dem Schwanz im Schlamm vergraben. Dort überleben sie bis zu den nächsten Regenfällen, während die erwachsenen Fische zu Beginn der Trockenzeit sterben.

Ostafrika

- Bis 4,5 cm
- Bis 20 g
- Ovipar
- Männchen/Weibchen
- Regional häufig

Amiets Prachtkärpfling Dieser Killifisch lebt in den Sümpfen entlang der Nebenläufe des unteren Sanaga-Flusses im westlichen Kamerun. Die Eier werden mit Fäden auf dem Grund verankert und die Jungfische schlüpfen nach einem Monat.

Westafrika

- Bis 7 cm
- Bis 30 g
- Ovipar
- Männchen/Weibchen
- Regional häufig

AUF EINEN BLICK

Vierauge Die Augen dieser Fischart sind unterteilt, um sowohl unter als auch über der Wasseroberfläche sehen zu können. Vieraugen findet man im Süßwasser, aber auch in brackigen Lagunen und Mangrovensümpfen. Bei dieser Art kommt es zu einer inneren Befruchtung und die Jungen werden lebend geboren.

- Bis 30 cm
- Bis 400 g
- Vivipar
- ♀♂ Männchen/Weibchen
- Häufig

Südamerika

Guppy Diese Art zählt zu einer der wenigen Knochenfischfamilien, die ihre Jungen lebend gebären (Poeciliidae). Der aus Südamerika stammende beliebte Aquariumfisch wurde weltweit in warmen Süßwasserseen eingeführt. Der Guppy ist äußerst anpassungsfähig und besiedelt verschiedene Lebensräume mit unterschiedlicher Wasserqualität.

- Bis 5 cm
- Bis 20 g
- Vivipar
- ♀♂ Männchen/Weibchen
- Häufig

Nordöstliches Südamerika, Barbados, Trinidad; weltweit eingeführt

Valenciakärpfling Dieser Killifisch lebt in mit Pflanzen bewachsenen, stehenden Gewässern entlang der spanischen Mittelmeerküste, aber auch in Albanien und auf der Insel Korfu. Er ernährt sich von Wirbellosen und kommt sowohl im Brack- als auch im Süßwasser vor. Die Art gilt wegen der Zerstörung ihres Lebensraumes als stark gefährdet.

- Bis 7,5 cm
- Bis 40 g
- Ovipar
- ♀♂ Männchen/Weibchen
- Stark gefährdet

Südeuropa

Moskitofisch Die Art ist ursprünglich in den stehenden und langsam fließenden Gewässern Nordamerikas heimisch, mittlerweile jedoch auf der ganzen Welt verbreitet. Er wurde in vielen Ländern zur Eindämmung von Mückenplagen eingeführt – mit oft verheerenden Auswirkungen auf die lokale Fischfauna. Moskitofische sind lebend gebärend.

- Bis 6,6 cm
- Bis 35 g
- Vivipar
- ♀♂ Männchen/Weibchen
- Häufig

Nordamerika

Vierauge
Anableps anableps

Hat oberhalb der Seitenlinie weniger als 80 Schuppen je Reihe

Guppy
Poecilia reticulata

Die äußeren Strahlen der Afterflosse sind beim Männchen zu einem Gonopodium verlängert

Rotschwanzkärpfling
Lucania goodei

Tanganjika-Leuchtaugenfisch
Lamprichthys tanganicanus

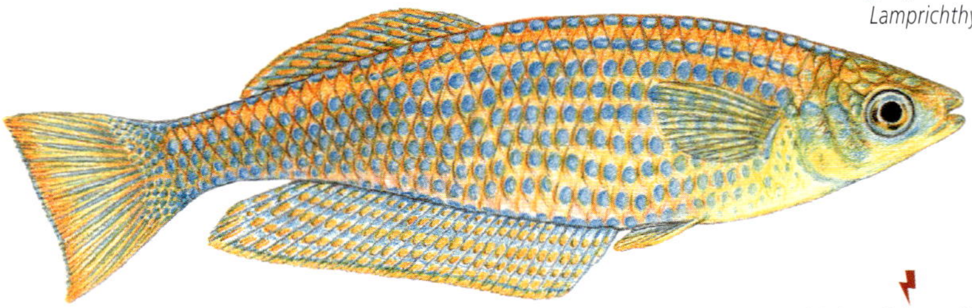

Die Männchen sind farbenprächtiger und haben größere Flossen als die Weibchen

Valenciakärpfling
Valencia hispanica

Breitflossen-Leuchtaugenfisch
Procatopus nototaenia

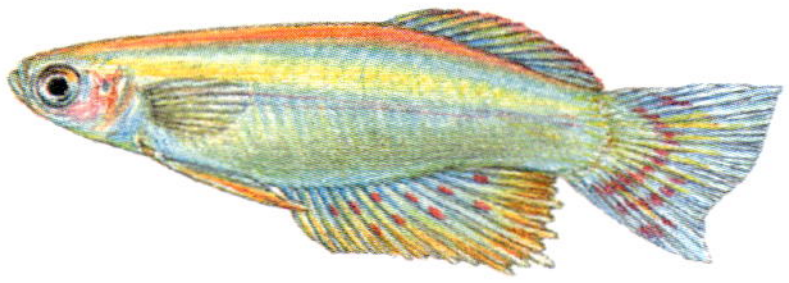

Zebrakärpfling
Aphanius fasciatus

Spanienkärpfling
Aphanius iberus

Moskitofisch
Gambusia affinis

Barbourisia rufa

Floridakärpfling
Jordanella floridae

Die Seitenlinie erstreckt sich bis zur tief gegabelten Schwanzflosse

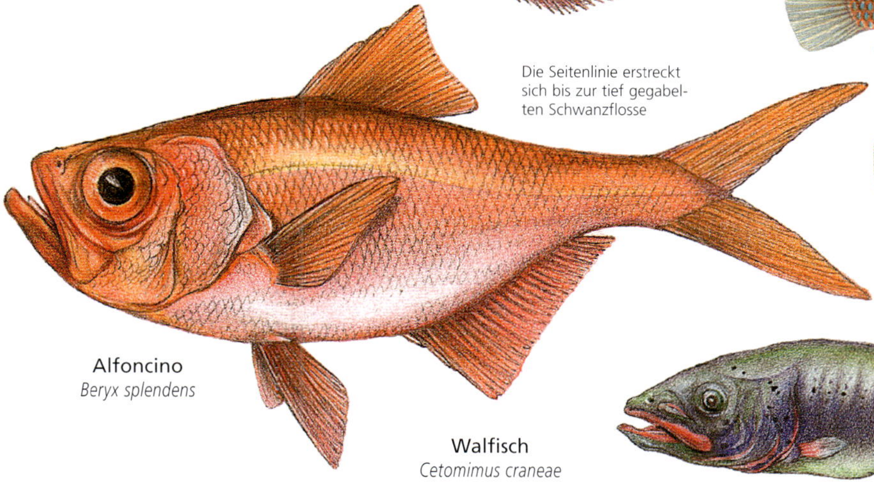

Alfoncino
Beryx splendens

Walfisch
Cetomimus craneae

Glattfisch
Rondeletia bicolor

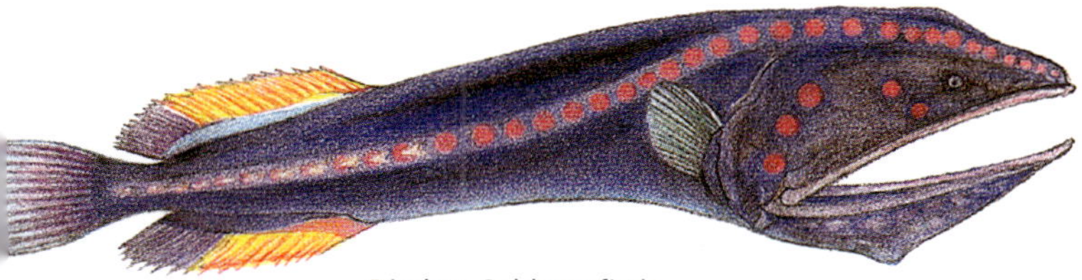

Laternenfisch
Anomalops katoptron

Diadem-Soldatenfisch
Sargocentron diadema

Abwechselnd breite rote und schmale silberne Streifen; die Afterflosse hat 4 Strahlen

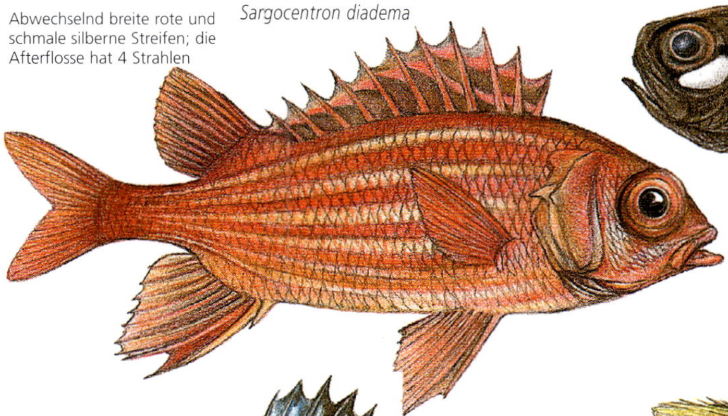

Große, unbewegliche Schuppen; Afterflosse ohne Dornen

Japanischer Tannenzapfenfisch
Monocentris japonica

Schwarzbinden-Soldatenfisch
Myripristis adusta

AUF EINEN BLICK

Barbourisia rufa lebt in den Tiefen des Meeres. Die Fische haben verkümmerte Augen, aber ein hoch entwickeltes Seitenlinienorgan, das sie mit den nötigen Informationen über ihre Umgebung versorgt. Sie besitzen ein großes Maul und einen stark dehnbaren Magen – so kommen sie mit den unregelmäßigen Mahlzeiten zurecht, die typisch für das Leben am Meeresgrund sind.

- Bis 36 cm
- Bis 455 g
- Unbekannt
- ♀♂ Unbekannt
- Häufig

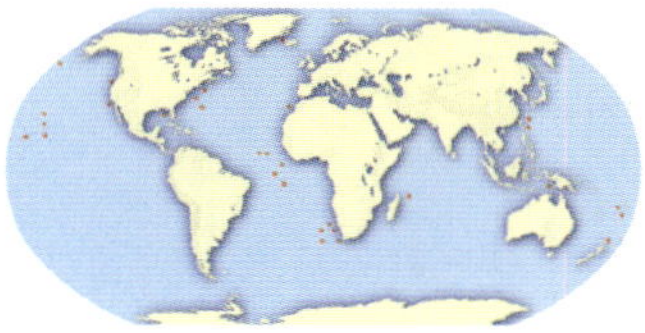

Weltweit in tropischen u. gemäßigten Meeren

Diadem-Soldatenfisch Die meisten adulten Soldatenfische halten sich im seichten Wasser rund um tropische Riffe auf. Die Larven dagegen schwimmen frei im offenen Meer. Die Art hat an der Wange einen kurzen Giftstachel, ist nachtaktiv, versteckt sich tagsüber in Höhlen und ernährt sich von kleinen Fischen und Wirbellosen.

- Bis 16,5 cm
- Bis 225 g
- Ovipar
- ♀♂ Männchen/Weibchen
- Häufig

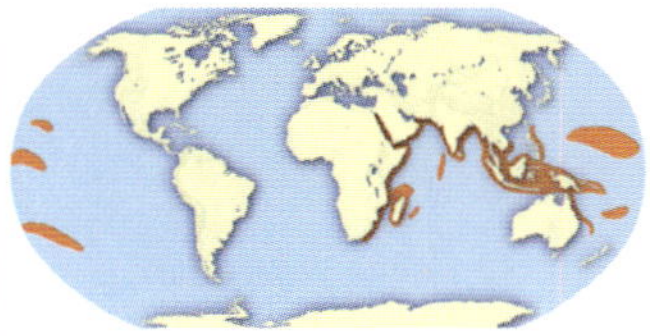

Indo-Pazifik, Rotes Meer, Ozeanien

Schwarzbinden-Soldatenfisch Die Art lebt allein oder in kleinen Gruppen in Felsspalten und Höhlen von Korallenriffen und ernährt sich von Plankton.

- Bis 35 cm
- Bis 510 g
- Ovipar
- ♀♂ Männchen/Weibchen
- Häufig

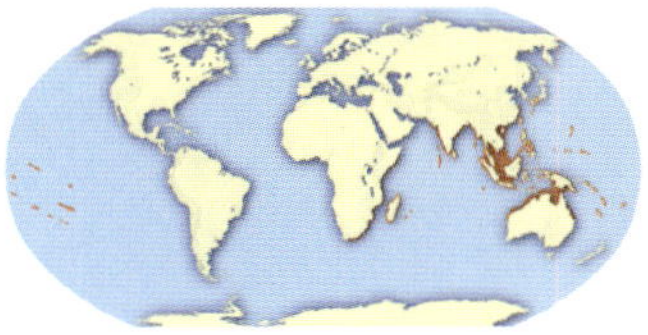

Indo-Pazifik

AUF EINEN BLICK

Petersfisch Der Petersfisch ist ein schlechter Schwimmer, der als Einzelgänger in der Nähe des Meeresgrundes lebt. Der stark abgeplattete Körper lässt ihn von vorn sehr schmal erscheinen, was ihm hilft, sich vor Beutetieren zu verbergen. Mit seinen weit vorstreckbaren Kiefern kann er ahnungslose Fische und Krebstiere packen.

- Bis 66 cm
- Bis 6 kg
- Ovipar
- Männchen/Weibchen
- Häufig

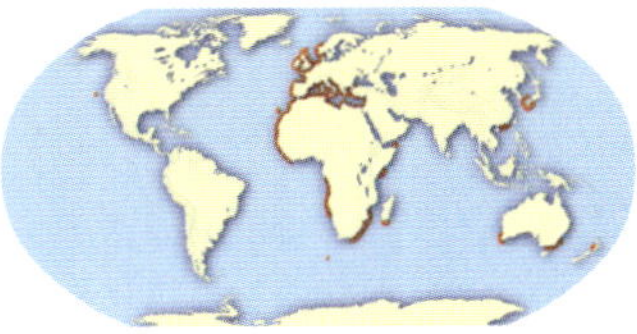

Östlicher Atlantik, Mittelmeer, westlicher Pazifik, westlicher Indischer Ozean

Schnepfenmesserfisch Die Art mit dem beinahe durchscheinenden Körper und der langen Schnauze sammelt sich in Schwärmen und frisst mit dem Schwanz nach oben stehend Zooplankton. Sie lebt zwischen Seeigeln und Acropora-Korallen. Bei Stürmen werden die Fische oft an Land gespült.

- Bis 15 cm
- Bis 115 g
- Ovipar
- Männchen/Weibchen
- Häufig

Indo-Pazifik

EIFRIGE VÄTER

Stichling-Männchen kleben mit einem Sekret aus ihren Nieren Pflanzen zusammen, um ein kunstvolles Nest zu bauen, in das die Weibchen die Eier legen. Nach der Befruchtung verjagen die Männchen meist die Weibchen und kümmern sich weiter um das Nest: Sie bewachen die Eier und fächeln ihnen mit den Brustflossen sauerstoffreiches Wasser zu.

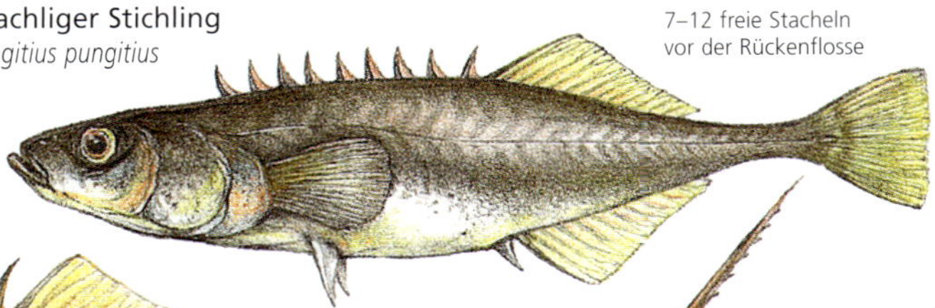

Neunstachliger Stichling
Pungitius pungitius

7–12 freie Stacheln vor der Rückenflosse

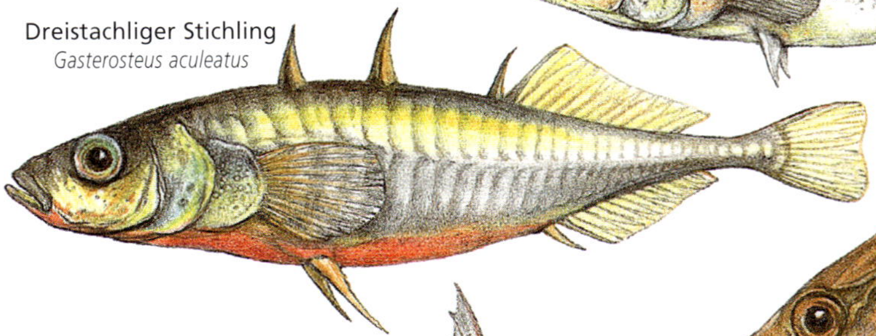

Dreistachliger Stichling
Gasterosteus aculeatus

Schnepfenfisch
Macrorhamphosus scolopax

Abgeplatteter, schuppenloser Körper; das Maul sitzt am Ende einer langen, röhrenförmigen Schnauze

Indo-Pazifischer Eberfisch
Antigonia rubescens

Drei Stacheln auf der Afterflosse; stark abgeplatteter Körper

Petersfisch
Zeus faber

Lange Fäden auf den Strahlen der Rückenflosse; großer, gelb umrandeter schwarzer Fleck auf beiden Seiten des Körpers

Massiger Kopf mit großem, weit vorstreckbarem Kiefer

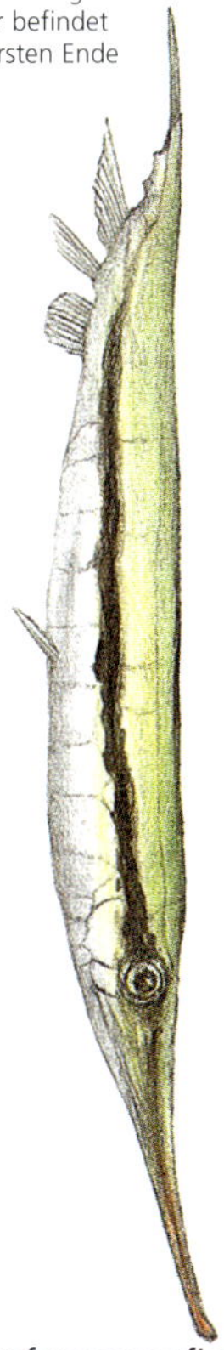

Schnepfenmesserfisch
Aeoliscus strigatus

Der erste Strahl der Rückenflosse ist lang und scharf. Er befindet sich am äußersten Ende des Körpers

Sehr schlanker, rasiermesserförmiger Körper, der mit dünnen Knochenplatten bedeckt ist, die zur Wirbelsäule gehören. Seitenlinie und Zähne sind nicht vorhanden. Schwimmt mit dem Kopf nach unten

Hawaiianischer Flügelrossfisch
Eurypegasus papilio

Körper in knöcherne Platten gehüllt; kleiner zahnloser Mund; große waagrechte Brustflossen

AUF EINEN BLICK

Flötenfisch Die Art lebt in Tiefen unterhalb von 10 m und ernährt sich von Garnelen und kleinen Fischen.

- Bis 2 m
- Bis 4,65 kg
- Ovipar
- Männchen/Weibchen
- Häufig

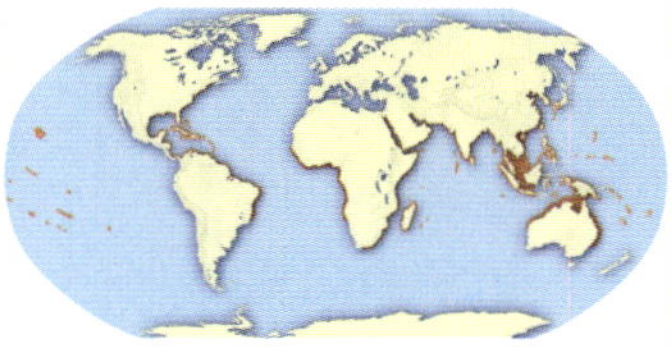

Atlantik und Indo-Pazifik

Geisterpfeifenfisch Knöcherne Platten unter der Haut verhindern, dass Seepferdchen und Pfeifenfische ihren Körper beim Schwimmen biegen können. Um sich fortzubewegen, fächeln sie mit den Flossen.

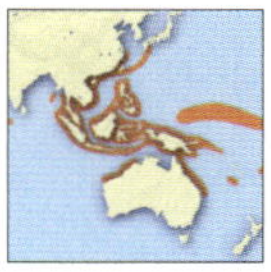

- Bis 12 cm
- Bis 30 g
- Ovipar
- Männchen/Weibchen
- Bedingt häufig

Indo-Pazifik

Australischer Fetzenfisch Wie bei den Seepferdchen bebrüten die Männchen die Eier. Die Weibchen legen bis zu 250 Eier auf ein Schwammgewebe an der Schwanzunterseite des Männchens, wo sie etwa sechs Wochen reifen.

- Bis 40 cm
- Bis 225 g
- Ovipar
- Männchen/Weibchen
- Daten ungenügend

Südaustralien

KLEINE „SAUGER“

Seepferdchen lauern in einem Hinterhalt meist Planktontierchen auf. Wie ihre nahen Verwandten, darunter Seenadeln, Trompeten- und Pfeifenfische (Familien Syngnathidae, Aulostomidae und Fistulariidae), besitzen sie ein röhrenförmiges Maul, das wie ein Strohhalm durch Entstehung eines Unterdrucks die Beute ins Maul zieht.

Zahnlose Räuber *Seepferdchen und ihre Verwandten besitzen keine Zähne und schlucken ihre Beute im Ganzen.*

TRÄCHTIGE MÄNNCHEN

Die Fortpflanzung der Seepferdchen weist einige äußerst interessante Merkmale auf und stellt die extremste Form männlicher Brutpflege dar, die wir im Tierreich kennen. Bei Seepferdchen ist das Männchen der Elternteil, der trächtig wird. Die Männchen haben längere Schwänze und Schnauzen als die Weibchen. Die Paarung beginnt mit einem Ritual, bei dem das Männchen um das Weibchen tanzt und schnalzende Geräusche von sich gibt. Im Verlauf des Tanzes verändert sich bei beiden Geschlechtern die Farbe. Manchmal umschlingen sie einander mit ihren biegsamen Greifschwänzen und halten sich an Korallen oder Wasserpflanzen fest. Danach lösen sie sich vom Meeresgrund und schweben eng umschlungen im Wasser, wobei das Männchen den Schwanz nach hinten drückt und Wasser in eine Tasche auf seinem Bauch pumpt, um diese auszuspülen. Dann streckt es sich, drückt seinen Bauch gegen den des Weibchens und übernimmt die Eier.

Eiertausch Nach dem Paarungsritual legt das Weibchen die unbefruchteten Eier mit Hilfe eines Ovipositors (einer Legeröhre) in die Bruttasche des Männchens. Das Männchen wird dadurch zur Spermienproduktion angeregt und befruchtet die Eier, die danach vom Gewebe der Taschenwände eingehüllt werden. Die Eier werden durch die Gewebsflüssigkeit, die bei nahender Geburt der Zusammensetzung des Meerwassers immer ähnlicher wird, mit Nährstoffen und Sauerstoff versorgt (links) .

Unabhängiger Nachwuchs Seepferdchen werden als Miniaturausgaben ihrer Eltern geboren und sind von Geburt an unabhängig. Durchschnittlich werden 100 bis 200 Jungtiere geboren. Bei kleineren Arten sind es oft nur fünf, bei größeren können es dagegen bis zu 1500 sein (oben).

Bereit zur Paarung Die Anwesenheit einer Bruttasche kennzeichnet geschlechtsreife Männchen. Zur Brutsaison, die in erster Linie von der Wassertemperatur bestimmt wird, können sie jederzeit trächtig werden. Die Tragzeit schwankt zwischen zwei bis vier Wochen, wobei die Dauer mit steigender Wassertemperatur abnimmt (links).

Geburt Die Männchen bringen die Jungen meist nachts zur Welt, der Vorgang dauert oft mehrere Stunden (rechts). Während der Trächtigkeit bleiben die Weibchen in der Nähe und „grüßen" ihre Partner regelmäßig. Vermutlich wird dadurch gewährleistet, dass sich Männchen und Weibchen schon wenige Stunden nach dem Gebären erneut paaren können.

AUF EINEN BLICK

Roter Knurrhahn Der Fisch erforscht den Meeresboden mit fingerähnlichen Brustflossenstrahlen, die mit Tastorganen ausgestattet sind. Er frisst im Sand vergrabene Krebstiere und wird in Küstengewässern mit Schleppnetzen gefangen, denn sein Fleisch ist sehr schmackhaft. Knurrhähne können mit speziellen Muskeln in der Schwimmblase Töne von sich geben.

- Bis 40 cm
- Bis 900 g
- Ovipar
- Männchen/Weibchen
- Häufig

Östlicher Atlantik und Mittelmeer

Ostasiatischer Kiemenschlitzaal Der anpassungsfähige, Luft atmende Süßwasserfisch kann lange Zeit außerhalb des Wassers überleben. Nachdem sie einen Teil ihres Lebens als Weibchen verbracht haben, verwandeln sich manche Individuen in Männchen. Die Fischart wird in einigen Gebieten, in die er eingeführt wurde, als „ökologischer Alptraum" bezeichnet.

- Bis 46 cm
- Bis 700 g
- Ovipar
- Hermaphrodit
- Häufig

Südostasien und Australien

Feuerstachelaal Im Aquariumhandel wird er zwar oft angeboten, doch in freier Natur, wo er in langsam fließenden Flussabschnitten vorkommt, wird der Feuerstachelaal immer seltener. Er enährt sich von Würmern, im Schlamm vergrabenen Insektenlarven und Pflanzen. Manche in Aquarien gehaltene Exemplare scheinen ihre Besitzer zu erkennen.

- Bis 1 m
- Bis 1,9 kg
- Ovipar
- Männchen
- Bedingt häufig

Südostasien

Flughahn Die Art besitzt stark vergrößerte, flügelähnliche Brustflossen mit freien, fingerartigen Strahlen. Mit seinen „Flügeln" gleitet der Flughahn durchs Wasser und seine „Finger" untersuchen den Meeresgrund. Er kann Töne erzeugen, mit seinen Bauchflossen über den Boden „gehen" und frisst Weich- sowie Krebstiere und kleinere Fische.

- Bis 90 cm
- Bis 1,8 kg
- Ovipar
- Männchen/Weibchen
- Häufig

Atlantik und Mittelmeer

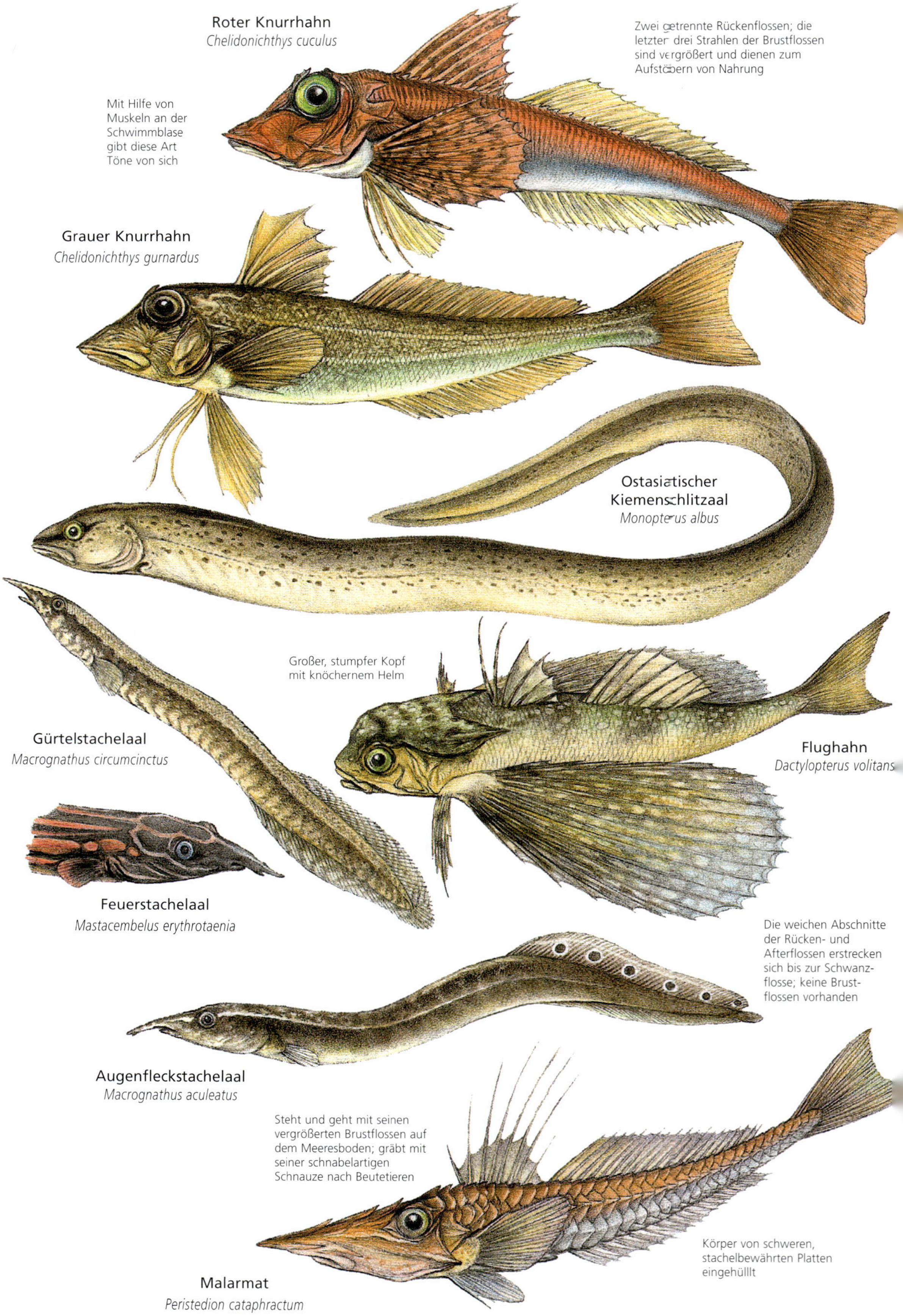

Großer, stachelbewährter Kopf und stämmiger Körper mit großen Schuppen und zahlreichen kleinen Hautlappen; Rückenflosse mit 11–12 kräftigen Stacheln

Großer Drachenkopf
Scorpaena scrofa

Schwerer Kopf mit großen Augen und vorstehendem Kinn; Giftdrüsen, die mit den Stacheln der Rücken-, After- und Bauchflossen verbunden sind

Rotbarsch
Sebastes marinus

Rotfeuerfisch
Pterois volitans

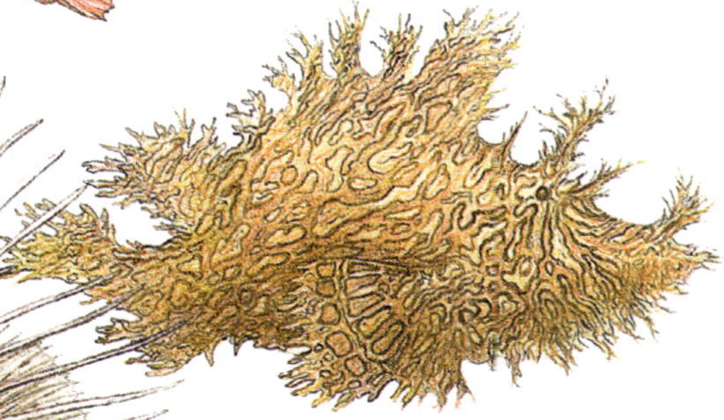

Algendrachenkopf
Rhinopias aphanes

Strahlenfeuerfisch
Pterois radiata

Flossen mit äußerst langen Strahlen und Stacheln; Giftstacheln auf dem Rücken

Blaumäulchen
Helicolenus dactylopterus

Kleiner Drachenkopf
Scorpaena porcus

Äußerst gut getarnt und manchmal sogar mit Algen bedeckt

Steinfisch
Synanceia verrucosa

AUF EINEN BLICK

Rotbarsch Die räuberische Fischart lebt in Schwärmen in Tiefen zwischen 100 und 400 Metern und ernährt sich von Krebstieren und Fischen. Sie ist vivipar: die Weibchen bringen im Winter zwischen 50 000 und 350 000 im offenen Meer lebende, etwa acht mm große Larven zur Welt.

- Bis 1 m
- Bis 15 kg
- Vivipar
- Männchen/Weibchen
- Häufig

Nordatlantik und Polarmeere

Rotfeuerfisch Die Stacheln auf der Rückenflosse des Rotfeuerfisches sind ebenso giftig wie die langen, fadenähnlichen Strahlen der Brustflossen. Die Art ist im westlichen Pazifik zu finden. Die ähnlich aussehende Art *Pterois miles* lebt im Indischen Ozean.

- Bis 38 cm
- Bis 900 g
- Ovipar
- Männchen/Weibchen
- Häufig

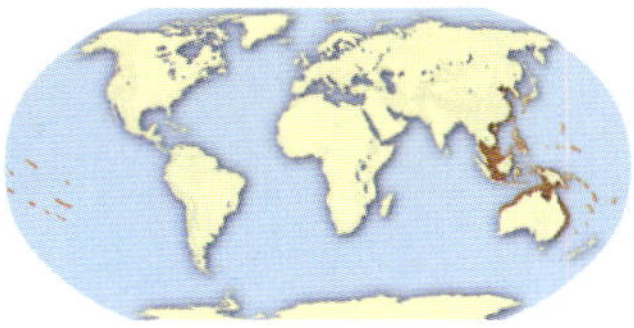

Westlicher Pazifik

Blaumäulchen Die häufig vorkommende Art lebt auf dem schlammigen oder sandigen Grund der Kontinentalplatten in 200 bis 800 Metern Tiefe und ist mit einer Lebenserwartung von bis zu 43 Jahren sehr langlebig. Das Blaumäulchen ist giftig und bringt seine Jungen lebend zur Welt.

- Bis 46 cm
- Bis 1,6 kg
- Vivipar
- Männchen/Weibchen
- Häufig

Atlantik und Mittelmeer

Steinfisch Die Stacheln der Rückenflosse funktionieren wie Spritzen, mit denen der gefährlichste aller giftigen Fische ein lähmendes Gift injiziert, an dem schon Menschen gestorben sind, die auf Riffbänken unabsichtlich auf einen Steinfisch getreten sind.

- Bis 36 cm
- Bis 2 kg
- Ovipar
- Männchen/Weibchen
- Häufig

Indo-Pazifik und Rotes Meer

Farbenprächtiger Fisch Der Rotfeuerfisch (*Pterois volitans*) ist der auffälligste und farbenprächtigste Vertreter der Skorpionfische (Scorpaenidae). Die äußere Hälfte der Brustflossenstrahlen besitzt relativ breite, federartige Membranen.

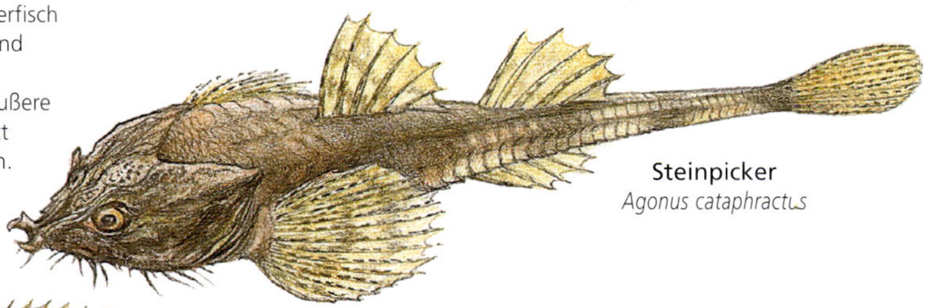

Steinpicker
Agonus cataphractus

Lengdorsch
Ophiodon elongatus

Großes Maul mit kleinen spitzen Zähnen und dazwischen liegenden großen Fangzähnen

Kohlenfisch
Anoplopoma fimbria

Weißgepunkteter Grünling
Hexagrammos stelleri

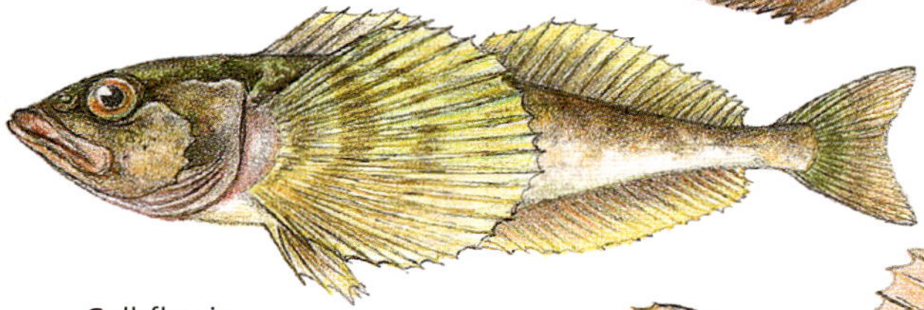

Gelbflossige Baikalgroppe
Cottocomephorus grewingkii

Im Baikalsee endemisch; besitzt große Brustflossen

Seeskorpion
Myoxocephalus scorpius

Dornige Rückenflosse; auch am Kopf befinden sich kleine Dornen

Seehase
Cyclopterus lumpus

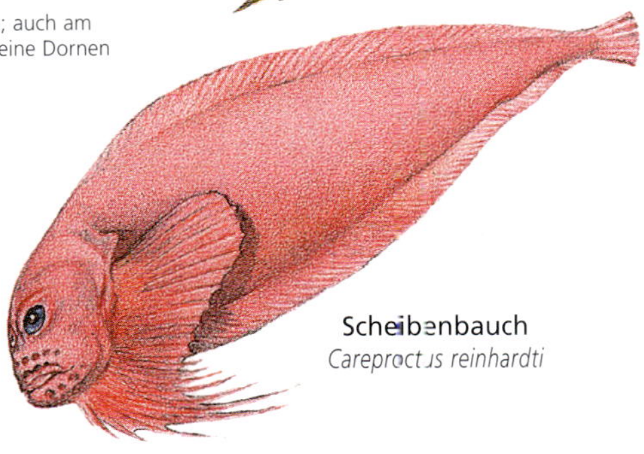

Scheibenbauch
Careproctus reinhardti

AUF EINEN BLICK

Kohlenfisch Er verdankt seinen Namen seiner glatten, schwarzen bis dunkelgrünen Haut. In Alaska und in geringerem Maße in Kanada ist er für die Fischindustrie bedeutend. Exemplare des langlebigen Tiefseefisches sollen über 90 Jahre alt geworden sein.

Nordpazifik

- Bis 1 m
- Bis 57 kg
- Ovipar
- Männchen/Weibchen
- Häufig

Gelbflossige Baikalgroppe Die Art ist im Baikalsee und seinen Zuflüssen endemisch. Sie kommt überall im See vor und ist bis in eine Tiefe von 300 m zu finden. Die Gelbflossige Baikalgroppe ernährt sich von Krebstieren und Fischlarven.

Baikalsee

- Bis 19 cm
- Bis 142 g
- Unbekannt
- Unbekannt
- Regional häufig

Seeskorpion Er ist bekannt dafür, dass er „alles und jedes" frisst, sein Appetit scheint unstillbar. In sein großes Maul passt Beute, die halb so groß ist wie er selbst, und sein Magen dehnt sich problemlos aus, um auch große Mahlzeiten aufzunehmen.

Nordatlantik und Polarmeere

- Bis 61 cm
- Bis 900 g
- Ovipar
- Männchen/Weibchen
- Häufig

ANATOMIE DES SEEHASEN

Das Seehasen-Weibchen legt seine große Menge Eier nahe der Küste ab, dort, wo sie gerade noch immer von Wasser umspült sind. Das Männchen verteidigt sie heftig. Um nicht abzudriften, heftet das Männchen sich mit einer Saugscheibe an Felsen oder Pflanzen fest. Die Saugscheibe am Bauch entsteht aus den umgebildeten Bauchflossen.

Preiswert
Seehasen-Eier werden als billige Kaviar-Variante verkauft.

AUF EINEN BLICK

Gewöhnlicher Snook Die Art lebt in Mangrovensümpfen und im Brackwasser vor den Küsten. Sie dringt jedoch auch ins Süßwasser vor und frisst Krebstiere sowie Fische. Der Gewöhnliche Snook ist ein beliebter Angelsport- und Speisefisch. Die starke Überfischung hat seine Bestandszahlen dramatisch gesenkt, weshalb er nun in vielen Regionen unter Artenschutz steht.

- Bis 1,2 m
- Bis 23 kg
- Ovipar
- Hermaphrodit
- Häufig

Westlicher Atlantik

Streifenbrasse Der silberfarbene Fisch mit den sieben bis acht Streifen ist in Küstennähe zu finden. Er begibt sich auch ins Süßwasser, und einige Populationen sind im Landesinneren eingeschlossen. Die Streifenbrasse ernährt sich von Krebstieren und Fischen. Sie ist ein wichtiger Sport- und Speisefisch, obwohl die Bestände in den vergangenen Jahren stark abgenommen haben.

- Bis 1,8 m
- Bis 56 kg
- Ovipar
- Männchen/Weibchen
- Häufig

Nordwestlicher Atlantik

Europäischer Wolfsbarsch Der Fisch lebt in Schwärmen in der Nähe der Küsten. Größere Exemplare bevorzugen Riffe mit starken Strömungen, die kleineren sind dagegen oft im Bereich von Flussmündungen anzutreffen. Die Art ernährt sich von Fischen, Krebstieren und Tintenfischen. Sie kann über 20 Jahre alt werden.

- Bis 1 m
- Bis 9 kg
- Ovipar
- Männchen/Weibchen
- Häufig

NO-Atlantik, Mittelmeer und Schwarzes Meer

Barramundi Die meisten Barramundis sind Zwitter, die ihr Leben als Männchen beginnen, mit etwa drei Jahren geschlechtsreif werden und sich mit etwa fünf Jahren zu Weibchen umwandeln. Daher sind größere Tiere unweigerlich Weibchen, kleinere dagegen meist Männchen.

- Bis 1,8 m
- Bis 60 kg
- Ovipar
- Hermaphrodit
- Häufig

Indo-Pazifik

Gewöhnlicher Snook
Centropomus undecimalis

Abschüssige Stirn; vorstehender Unterkiefer und deutlich sichtbare Seitenlinie, die sich bis zum hinteren Ende der Schwanzflosse erstreckt

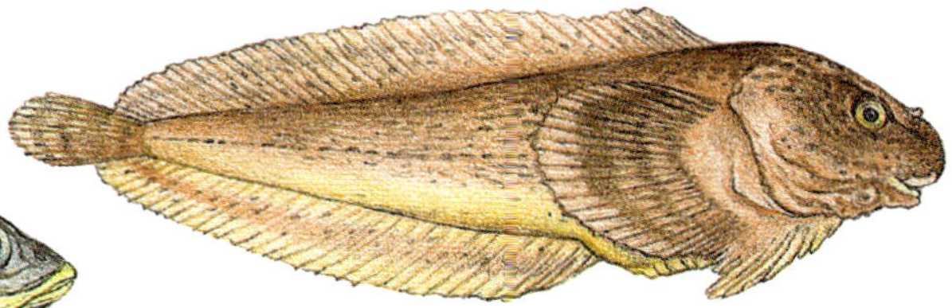

Großer Scheibenbauch
Liparis liparis

Bauchflossen bilden eine Saugscheibe; Rückenflosse und Afterflossen sind lang und gehen in die Schwanzflosse über

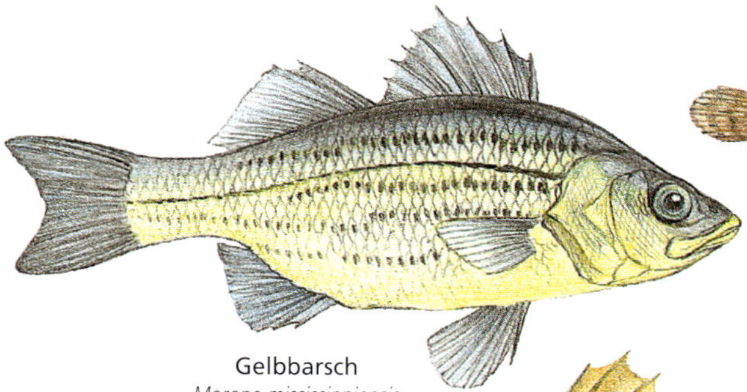

Gelbbarsch
Morone mississippiensis

Streifenbarsch
Morone saxatilis

Getrennte Rückenflossen; gegabelte Schwanzflosse; ctenoide Schuppen

Europäischer Wolfsbarsch
Dicentrarchus labrax

Zwei getrennte Rückenflossen; die vordere mit acht bis neun kräftigen Dornen

Barramundi
Lates calcarifer

Eine diadrome Art, die in Küstengewässern, Flüssen, Flussmündungen und Lagunen lebt

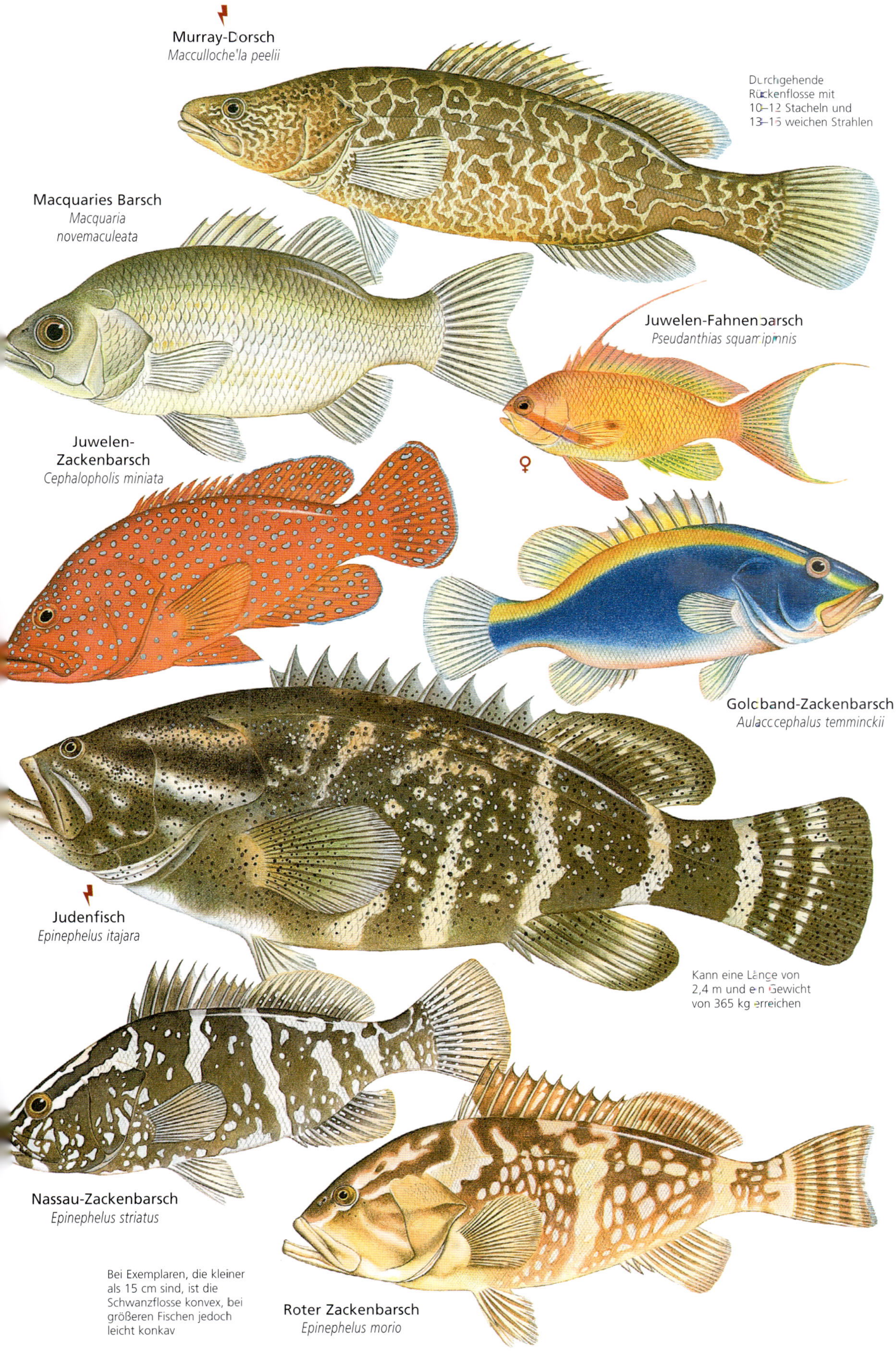

AUF EINEN BLICK

Murrays Dorsch Die Art zählt zu den größten Süßwasserfischen und bewohnt langsam fließende, trübe Flüsse, wo sie sich meist in tiefen Höhlen aufhält. Murrays Dorsch kann bis zu 60 Jahre alt werden.

- Bis 1,8 m
- Bis 108 kg
- Ovipar
- Männchen/Weibchen
- Vom Aussterben bedr.

Östliches Australien

Juwelen-Fahnenbarsch Die Geschlechter wirken wie unterschiedliche Arten, die Weibchen sind gelb und die Männchen rot. Diese haben einen sehr langen Stachel an der Rückenflosse und längere äußere Schwanzflossenstrahlen.

- Bis 15 cm
- Bis 225 g
- Ovipar
- Hermaphrodit
- Häufig

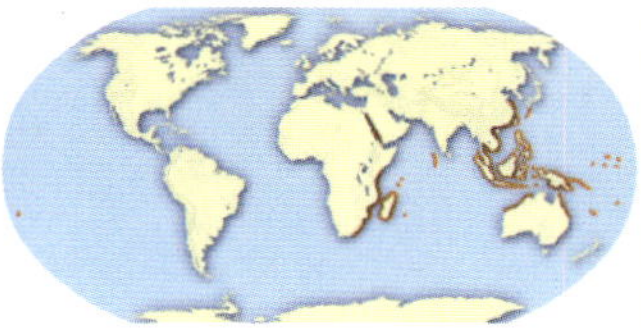

Indo-Pazifik und Rotes Meer

Goldband-Zackenbarsch Dieser Fisch hat einen dunkelblauen Körper mit einem dicken gelben Streifen, der sich von der Schnauze bis zur Schwanzflosse zieht. Die Haut ist von einer dicken, schleimigen Hülle umgeben, die das bitter schmeckende Toxin Grammistin enthält.

- Bis 40 cm
- Bis 800 g
- Ovipar
- Unbekannt
- Bedingt häufig

Indo-Pazifik

Riesenzackenbarsch Die erwachsenen Exemplare der einzelgängerischen Art leben in seichten, küstennahen Gewässern, Jungfische sind häufig in Mangrovensümpfen anzutreffen. Riesenzackenbarsche verteidigen ihr Revier und warnen Eindringlinge mit offenem Maul und zitterndem Körper. Einige große Individuen haben auch schon Taucher angegriffen.

- Bis 2,5 m
- Bis 455 kg
- Ovipar
- Hermaphrodit
- Vom Aussterben bedr.

Atlantik und östlicher Pazifik

AUF EINEN BLICK

Mondsichel-Juwelenbarsch Die Art zieht die Riffe im offenen Meer den Küstengewässern vor und lebt in der Umgebung von Korallenriffen unterhalb von 15 m. In erster Linie ernährt sich dieser Juwelenbarsch von Fischen, frisst jedoch auch Krabben und Garnelen.

- Bis 85 cm
- Bis 12 kg
- Ovipar
- Hermaphrodit
- Häufig

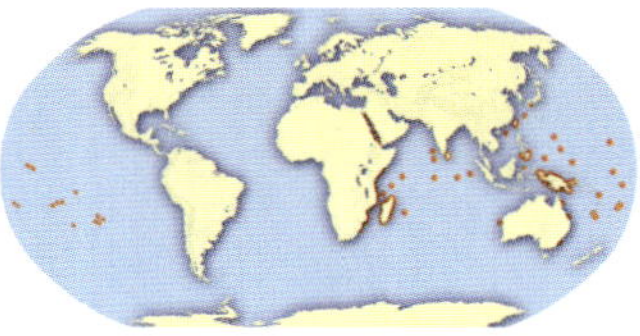

Indo-Pazifik

Japanischer Fahnenbarsch Die Art findet man in großen Schwärmen in felsigen Gebieten. Die Männchen sind purpurrot mit perlweißen Tupfen, die Weibchen rötlich bis orangefarben, der dritte Strahl ihrer Rückenflosse ist verlängert.

- Bis 13 cm
- Bis 170 g
- Ovipar
- Hermaphrodit
- Regional häufig

Nordwestlicher Pazifik

GENIALE TARNUNG

Der Echte Mirakelbarsch versteckt sich in einem Loch und zeigt nur seinen Schwanz. Dieser ähnelt dem grimmig aussehenden Kopf der Muräne *Gymnothorax meleagris*. Ein Fleck am hinteren Ende der Rückenflosse wirkt wie ein Auge. Ein Spalt zwischen After- und Schwanzflosse bildet das Maul.

Bates'sche Mimikry *Tiere, die wie dieser Barsch das Aussehen einer gefährlicheren Art imitieren, gibt es vor allem bei Schmetterlingen.*

Halblinien-Kardinalbarsch
Apogon semilineatus

Großaugenbarsch
Priacanthus arenatus

Regenbogen-Springbarsch
Etheostoma caeruleum

Flussbarsch
Perca fluviatilis

Auffälliger Buckel hinter dem Kopf und segelähnliche, stachelige vordere Rückenflosse

Blaubarsch
Pomatomus saltatrix

Sandtorpedobarsch
Malacanthus plumieri

Silber-Sillago
Sillago sihama

Schraetser
Gymnocephalus schraetser

Streber
Zingel streber

Zander
Sander lucioperca

AUF EINEN BLICK

Großaugenbarsch Der nachtaktive Räuber ernährt sich von Fischen und Krebstieren. Der Großaugenbarsch ist meist in kleinen Gruppen in der Umgebung von Korallenriffen und Felsbänken anzutreffen.

Bis 50 cm
Bis 2,8 kg
Ovipar
Unbekannt
Häufig

Atlantik

Flussbarsch Die Weibchen der Art legen Zehntausende in weiße, klebrige Schleimbänder gehüllte Eier ab. Diese Bänder können bis zu einem Meter lang sein, werden um Steine oder Wasserpflanzen geschlungen und danach ihrem Schicksal überlassen.

Bis 51 cm
Bis 4,7 kg
Ovipar
Männchen/Weibchen
Häufig

Nördliches Eurasien

Blaubarsch Der Blaubarsch lebt in großen Schwärmen in der Nähe der Küsten. Die Weibchen dieser Fischart legen auf ein Mal zwischen 400 000 und 2 000 000 Eier ab.

Bis 1,3 m
Bis 14 kg
Ovipar
Männchen/Weibchen
Häufig

Weltweit in subtropischen Meeren

BAUE UND BRÜTEN

Brunnenbauer graben mit ihren kräftigen Mäulern große Baue in den Sand, die sie mit Muschelstücken und Kies befestigen. Dort sitzen sie und halten Ausschau nach Beute, um im richtigen Moment herauszuschnellen, ihr Opfer zu packen und wieder im Bau zu verschwinden. Den Eingang decken sie oft mit großen Muschelstücken ab.

Brütendes Männchen
Nach der Befruchtung nimmt das Männchen die vom Weibchen zurückgelassenen Eier und brütet sie etwa sieben Tage im Maul aus.

AUF EINEN BLICK

Kobia Dier Fisch ist der einzige Vertreter der Familie Rachycentridae und mit Schiffshaltern sowie Bastardmakrelen verwandt. Er lebt sowohl in Küstennähe als auch im offenen Meer und versammelt sich oft in kleinen Gruppen um Bojen oder andere im Meer treibende Gegenstände. Manchmal bildet die Art auch Schwärme.

- Bis 2 m
- Bis 68 kg
- Ovipar
- Männchen/Weibchen
- Häufig

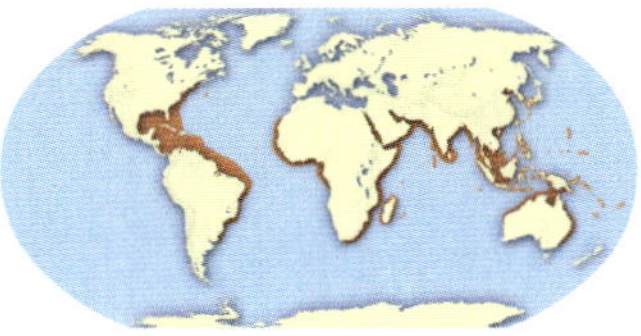

Weltweit in tropischen u. subtropischen Meeren

Große Goldmakrele Die Art wächst sehr schnell heran und hat eine geringe Lebenserwartung. Nur wenige Exemplare werden älter als vier Jahre. Goldmakrelen leben in Schwärmen, jagen aber oft paarweise oder in kleinen Gruppen nach Fischen und Tintenfischen.

- Bis 2,1 m
- Bis 40 kg
- Ovipar
- Männchen/Weibchen
- Häufig

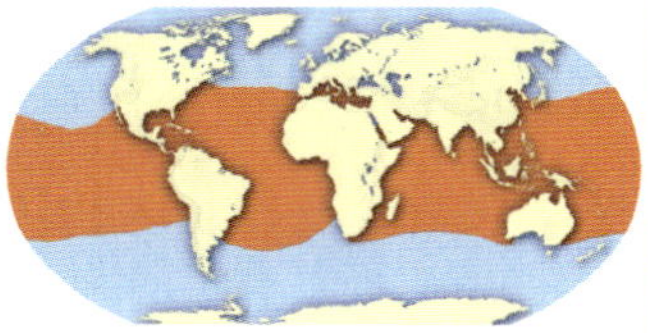

Weltweit in tropischen u. subtropischen Meeren

Lotsenfische Sie schwimmen mit Haien und anderen großen Meeresbewohnern und leben von deren Nahrungsabfällen und Parasiten. Früher glaubten die Seeleute, dass die Fische ihre Wirte zu Nahrungsplätzen lotsen – daher der Name.

- Bis 70 cm
- Bis 6,8 kg
- Ovipar
- Männchen/Weibchen
- Häufig

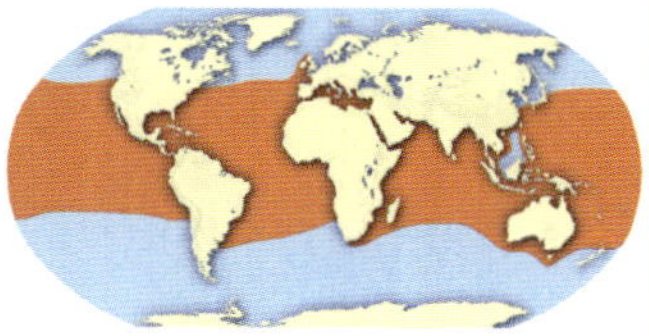

Weltweit in tropischen Meeren

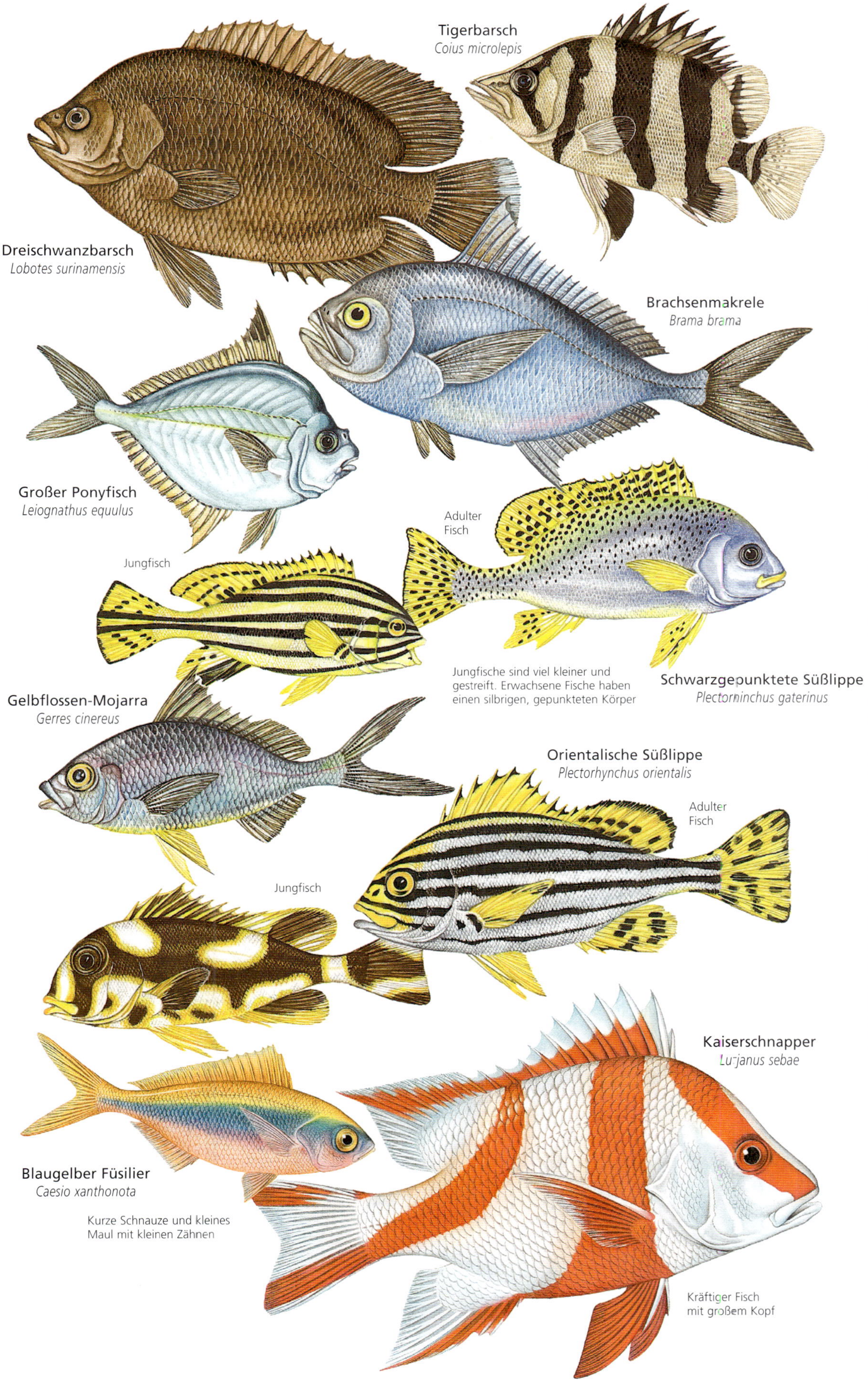

AUF EINEN BLICK

Dreischwanzbarsch Der Fisch kommt in den Unterläufen großer Flüsse, aber auch in Buchten und im offenen Meer vor. Dort sieht man ihn oft auf der Seite liegend, in der Nähe von im Meer treibenden Objekten. Er sieht dabei wie ein im Wasser treibendes Blatt aus.

- Bis 1,1 m
- Bis 19,2 kg
- Ovipar
- Männchen/Weibchen
- Häufig

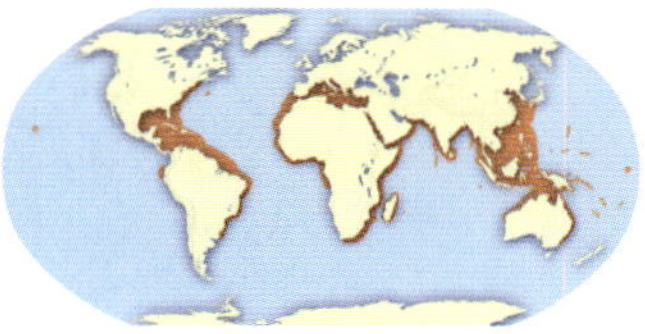

Weltweit in tropischen u. subtropischen Meeren

Orientalische Süßlippe Mit ihren weichen, gummiartigen Lippen können Süßlippen Wirbellose aus dem Sand ziehen. Sie fressen so stürmisch, dass der feine Sand durch die Kiemen in einer Wolke nach hinten wegstiebt. Als Vertreter der Grunzer-Familie (Haemulidae) kann die Art Töne erzeugen, indem sie die Schlundzähne aufeinander reibt.

- Bis 51 cm
- Bis 1,8 kg
- Ovipar
- Männchen/Weibchen
- Häufig

Indo-Pazifik

Blaugelber Füsilier Bei dieser Art zieht sich ein gelber Streifen über das obere Körperdrittel. Man findet die Fische in Küstengewässern rund um Korallenriffe, aber auch in tiefen Lagunen, wo sie sich von Zooplankton ernähren.

- Bis 40 cm
- Bis 680 g
- Ovipar
- Männchen/Weibchen
- Häufig

Indischer Ozean

Kaiserschnapper Die Jungfische leben in seichten tropischen Gewässern, oft in Gemeinschaft mit Seeigeln. Große erwachsene Exemplare, die in größeren Tiefen zu finden sind, werden manchmal mit Fischvergiftungen in Verbindung gebracht. Die roten Streifen verblassen mit zunehmendem Alter.

- Bis 1 m
- Bis 16 kg
- Ovipar
- Männchen/Weibchen
- Häufig

Indo-Pazifik und Rotes Meer

AUF EINEN BLICK

Zweibindenbrasse Zwei auffällige schwarze Bänder geben dem Fisch seinen Namen: eines hinter dem Kopf, eines über dem Schwanzstiel und den hinteren Enden von Rücken- und Afterflosse. Man findet ihn selten an Stellen, die tiefer als 50 m sind. Er ernährt sich von Würmern, Weich- und Krebstieren.

- Bis 45 cm
- Bis 1,3 kg
- Ovipar
- Unbekannt
- Häufig

Ostatlantik und Mittelmeer

Zahnbrasse Einige Exemplare der gewöhnlich in beiden Geschlechtern vorkommenden Meerbrasse sind Hermaphroditen. Zahnbrassen leben über felsigem Untergrund und ernähren sich von Fischen, Kopffüßern und anderen Weichtieren.

- Bis 1,2 m
- Bis 12 kg
- Ovipar
- Männchen/Weibchen
- Häufig

Ostatlantik, Mittelmeer und Schwarzes Meer

Gelbstrieme Die schlanke Art mit den relativ großen Augen und dem eher kleinen Maul lebt in Schwärmen von 100 oder mehr Tieren. Gelbstriemen leben in Küstennähe in Tiefen bis zu 150 m über Sand, Fels oder Seegras. Nachts steigen sie an die Oberfläche. Die kommerziell ausgebeuteten Fische werden zu Fischmehl oder Öl verarbeitet und beim Thunfischfang als Köder verwendet.

- Bis 38 cm
- Bis 680 g
- Ovipar
- Hermaphrodit
- Häufig

Ostatlantik, Mittelmeer und Schwarzes Meer

Schafskopf Der gestreifte Fisch kommt häufig in Buchten und an Flussmündungen vor, wo er sich ausschließlich von Weich- und Krebstieren ernährt. Erwachsene Fische wandern zum Ablaichen ins Meer und kehren danach ins seichte Wasser zurück. Auch dieser Fisch ist ein Vertreter der Meerbrassen-Familie (Sparidae), von denen viele ein hermaphroditisches Dasein führen.

- Bis 92 cm
- Bis 9 kg
- Ovipar
- Unbekannt
- Häufig

Westatlantik

AUF EINEN BLICK

Kalifornischer Umberfisch Im Gegensatz zu den anderen Vertretern seiner Familie gibt der Kalifornische Umberfisch keine krächzenden Töne von sich, denn er besitzt keine Schwimmblase. Er lebt in Buchten und im seichten Wasser offener Strände und tritt für gewöhnlich in kleinen Gruppen auf. Die ausgewachsenen Fische fressen Würmer und Krebstiere.

Östlicher Pazifik

- Bis 71 cm
- Bis 3,9 kg
- Ovipar
- Männchen/Weibchen
- Häufig

Gemeiner Sonnenbarsch Die Art kommt in mit Pflanzen bewachsenen Teichen, Seen und langsam fließenden kleinen Flüssen vor. Das Männchen baut ein Nest im seichten Wasser und kreist mit dem Weibchen über dem Nest, wobei sie in Intervallen bis zu 1000 Eier ablegen und befruchten. Danach bewacht das Männchen die Eier und etwa elf Tage lang die Larven.

Nordamerika

- Bis 40 cm
- Bis 630 g
- Ovipar
- Männchen/Weibchen
- Häufig

Blauer Sonnenbarsch Den Fisch findet man in Teichen, Seen und Flüssen. Er hat ein schwarzes oder dunkelblaues „Ohr", ein verlängerter Kiemendeckel (Opercularlappen). Kleinere Männchen befruchten manchmal die Eier im Nest eines größeren, wenn dieses ganz auf das Weibchen konzentriert ist, oder ahmen ein Weibchen nach und gesellen sich zu dem Paar über dem Nest.

Nordamerika

- Bis 40 cm
- Bis 2,2 kg
- Ovipar
- Männchen/Weibchen
- Häufig

Fadenflosser Als Vertreter der *Polynemidae* hat der Fisch zweigeteilte Brustflossen. Der untere Teil besteht aus verlängerten freien Strahlen. Die Art kommt häufig im seichten Wasser entlang der Strände, rund um Inseln und im Bereich von Flussmündungen vor.

Westlicher Atlantik

- Bis 32 cm
- Bis 340 g
- Ovipar
- Unbekannt
- Häufig

AUF EINEN BLICK

Gestreifte Meerbarbe Dieser Fisch durchsucht mit den für seine Familie (Mullidae) charakteristischen langen Kinnbarteln auf dem Meeresboden nach kleinen Wirbellosen, aber Meerbarben sind generell dafür bekannt, dass sie Allesfresser sind. Die Gestreiften Meerbarben legen ihre Eier von Mai bis Juli im offenen Meer ab, wo dann auch die Larven leben.

- Bis 40 cm
- Bis 1 kg
- Ovipar
- Männchen/Weibchen
- Häufig

Östlicher Nordatlantik und Mittelmeer

Roter Umberfisch Die Art findet man über sandigem oder schlammigem Grund in Küstengewässern, wo sie im Bereich der Brandungszone häufig vorkommt. Rote Umberfische ernähren sich von Fischen, Krebs- und Weichtieren. Die für den Angelsport bedeutenden Fische haben einen oder mehrere auffällige schwarze Punkte vor dem Schwanzansatz.

- Bis 1,5 m
- Bis 45 kg
- Ovipar
- Männchen/Weibchen
- Häufig

Nordwestlicher Atlantik und Golf von Mexiko

Gefleckter Umberfisch Die Art frisst in erster Linie Krebstiere sowie Fische und lebt an Flussmündungen und in seichten Küstengewässern über Sand und Seegras. Sie zählt zur Familie Sciaenidae, die auch Trommler genannt werden, weil sie mit speziellen Muskeln in der Schwimmblase trommelnde Töne erzeugen können. Die Weibchen sind bei dieser Art größer als die Männchen.

- Bis 1 m
- Bis 7,9 kg
- Ovipar
- Männchen/Weibchen
- Häufig

Nordwestlicher Atlantik und Golf von Mexiko

Ritterfisch Die stark verlängerte Rückenflosse verleiht der im westlichen Atlantik und in der Karibik heimischen Art das für Trommler- und Umberfische (Sciaenidae) typische Aussehen. Ritterfische sind nachtaktiv und verstecken sich bei Tag in Höhlen.

- Bis 25 cm
- Bis 285 g
- Ovipar
- Männchen/Weibchen
- Häufig

Westlicher Atlantik und Karibik

AUF EINEN BLICK

Langmaul-Pinzettfisch Der Falterfisch wird meist in Paaren auf Riffen angetroffen, wo er sich von kleinen Wirbellosen ernährt. Er sieht ähnlich aus wie die weit verbreitete Art *Forcipiger flavissimus*, aber seine Schnauze ist um ein Drittel bis um die Hälfte länger.

- Bis 22 cm
- Bis 200 g
- Ovipar
- Männchen/Weibchen
- Bedingt häufig

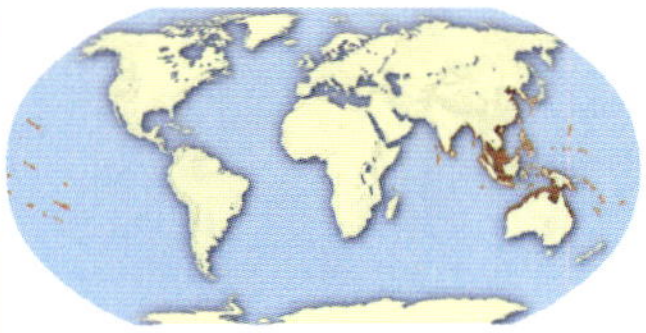

Indo-Pazifik

Silberflossenblatt Charakteristisch für die Art ist der breite zusammengepresste Körperbau. Silberflossenblätter dringen auch ins Süßwasser vor und leben an Flussmündungen oder in Mangrovensümpfen, wo sie sich von Plankton ernähren.

- Bis 25 cm
- Bis 400 g
- Ovipar
- Unbekannt
- Häufig

Indo-Pazifik

GUT GEZIELT

Schützenfische schießen mit Wasserstrahlen aus ihrem Maul Insekten und andere Beute von überhängenden Ästen. Ein Zusammenpressen der Mundhöhle drückt Wasser durch eine Röhre, die aus der Zunge und dem speziell gefurchten Gaumen gebildet wird. Der Schützenfisch *Toxotes jaculatrix* schießt bis 1,5 m weit. Er zielt auch auf Insektenschwärme über dem Wasser.

ENGE VERBINDUNGEN

Lebensgemeinschaften zwischen nicht verwandten Organismen nennt man Mutualismen. Sie reichen bei Fischen von den lockeren Bindungen in zum Schutz vor Räubern gebildeten, aus mehreren Arten bestehenden Schwärmen bis zu engen Beziehungen, die ein Leben lang andauern. Am bekanntesten sind die Putzaktivitäten, bei denen eine Art eine andere von Parasiten und beschädigten Schuppen befreit. In einigen Fällen werden sogar das Maul und die empfindlichen Kiemen gereinigt. Einige Arten, wie zum Beispiel der Blaukopf-Lippfisch *Thalassoma bifasciatum*, sind nur als Jungtiere Putzerfische, andere ihr ganzes Leben hindurch. Aber es gibt nicht nur Mutualismen zwischen verschiedenen Fischen. Einige Arten lassen sich regelmäßig von Garnelen säubern oder suchen Schutz zwischen Anemonen. Eingeweidefische leben im Enddarm von Seegurken oder im Inneren von großen Seescheiden.

Gratisfahrt Der Mantarochen trägt zwei Schiffshalter. Die Fische heften sich mit einer am Kopf befindlichen Saugscheibe an größere Wirte und können diesen Griff blitzschnell lösen, um nach vorne zu sausen und Nahrungsreste ihres Wirtes aufzusammeln (ganz rechts).

Zahnpflege Ein junger Putzerfisch berührt einen Juwelen-Zackenbarsch, damit dieser ihn in sein Maul lässt, um die Zähne zu säubern. Putzerfische sind für die Gesundheit der Fischgemeinschaften an den Korallenriffen äußerst wichtig (unten).

Kiemenreinigung Der Mappa-Kugelfisch erlaubt einem Putzerfisch seine Kiemen zu säubern. Einige Arten nutzen das Putzverhalten und ahmen Putzerfische nach, um Fleischstücke aus ahnungslosen Kunden herauszureißen (oben rechts).

Hausgenossen Hier teilen sich eine Grundel und eine Garnele eine Höhle. Die Grundel sitzt am Eingang, warnt die Garnele bei Gefahr und flüchtet nach dieser in die Höhle. Die Grundel erscheint gewöhnlich vor der Garnele wieder am Eingang (rechts).

Abwechslungsreiche Kundschaft Putzerfische säubern nicht nur Fische. Auch andere Tiere können „Putzstationen" erkennen und von diesen profitieren wie diese Schildkröte, die von Goldring-Doktorfischen gereinigt wird (unten rechts).

AUF EINEN BLICK

Doppel-Rückenflosser Die Art lebt allein, in Paaren oder in Schwärmen. Jungfische kommen an Flussmündungen, Adulte an Flussmündungen und Riffen vor. Der Rückenstachel enthält ein Gift, das sehr schmerzhaft sein kann.

- Bis 50 cm
- Bis 1,5 kg
- Ovipar
- Unbekannt
- Häufig

Indo–Pazifik

Imperator-Kaiserfisch Wie bei vielen Kaiserfischen sind die Jungfische anders gefärbt als die ausgewachsenen Tiere. Jungfische haben unvollständige weiße und blaue Ringe auf blauschwarzem Hintergrund, die zu gelben Streifen auf hellblauem Hintergrund werden.

- Bis 40 cm
- Bis 1,4 kg
- Ovipa
- Männchen/Weibchen
- Häufig

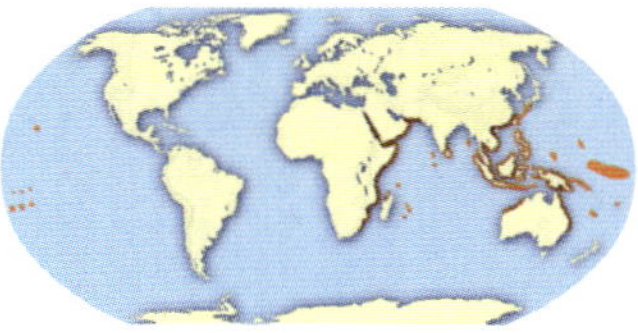

Indo-Pazifik und Rotes Meer

Traumkaiserfisch Die prächtigen Kaiserfische sind im Jung- wie im Erwachsenenstadium dunkelblau bis schwarz gefärbt und haben senkrechte hellblaue Streifen.

- Bis 28 cm
- Bis 500 g
- Ovipar
- Hermaphrodit
- Bedingt häufig

Indo-Pazifik

Pfauenaugen-Kaiserfisch Die Art lebt in korallenreichen Lagunen sowie an Riffen. Sie frisst Seescheiden und Schwämme. Jungfische haben am Ende der Rückenflosse einen „Augenpunkt“.

- Bis 27 cm
- Bis 450 g
- Ovipar
- Hermaphrodit
- Bedingt häufig

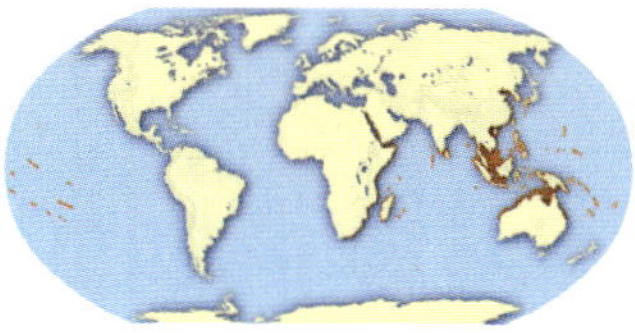

Indo-Pazifik

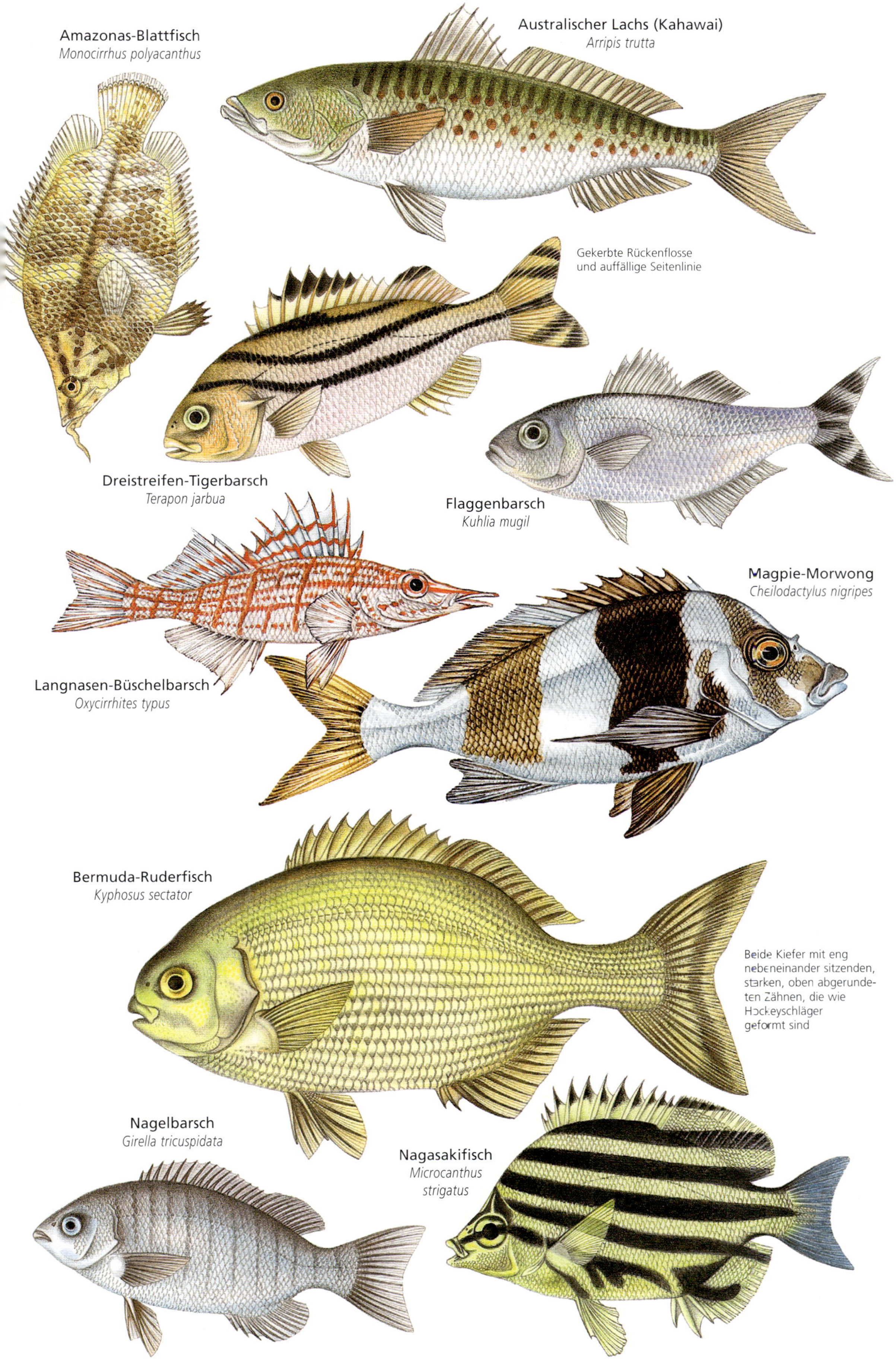

AUF EINEN BLICK

Amazonas-Blattfisch Der Fisch verhält sich wie ein im Wasser treibendes Blatt und sieht auch so aus. Braun gefärbt, mit einer zweigähnlichen Kinnbartel sowie durchsichtigen Flossen ausgestattet, lauert er auf ahnungslose Beutetiere.

- Bis 7,5 cm
- Bis 30 g
- Ovipar
- Männchen/Weibchen
- Häufig

Nördliches Südamerika

Langnasen-Büschelbarsch Die Art kommt an steilen äußeren Riffhängen vor, die starken Strömungen ausgesetzt sind, wo sie in Tiefen von unter 20 m in großen Gorgonien- oder Steinkorallen leben. Langnasen-Büschelbarsche haben eine äußerst lange Schnauze und fressen kleine Krebstiere.

- Bis 13 cm
- Bis 70 g
- Ovipar
- Hermaphrodit
- Bedingt häufig

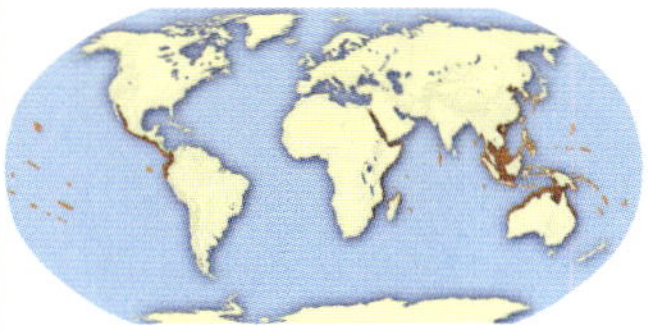

Indo-Pazifik

Magpie-Morwong Erwachsene Tiere können ihre Farbe rasch verändern, indem sie den zweiten Streifen verlieren. Die Art lebt in Gruppen auf felsigen Riffen und frisst Weichtiere sowie Algen. Über den Lippen befinden sich hörnerartige Auswüchse.

- Bis 41 cm
- Bis 950 g
- Ovipar
- Männchen/Weibchen
- Häufig

Indo–Pazifik

Nagelbarsch Die in Schwärmen lebenden Pflanzenfresser ernähren sich in erster Linie von Seegras und Algen. Adulte Fische sind an Flussmündungen, in Mangrovensümpfen und auf Felsriffen in Küstennähe zu finden. Die kleinen Jungfische halten sich meist in größeren Gezeitentümpeln auf.

- Bis 71 cm
- Bis 4 kg
- Ovipar
- Unbekannt
- Häufig

Westlicher Pazifik

FARBEN UND MUSTER

Kaiserfische leben in der Umgebung tropischer Fels- und Korallenriffe und sind im indo-pazifischen Raum sowie im westlichen Atlantik weit verbreitet. Tagsüber sind sie aktiv, in der Nacht suchen sie in Höhlen und Felsspalten Schutz. Die meisten Kaiserfische haben scheibenförmige Körper, kleine Mäuler, kammartige Zähne und schillernde Farben. Früher zählte man sie zu den Falterfischen und sie wurden als Verteter der Familie Chaetodontidae angesehen, aber aufgrund der Dornen auf beiden Wangen werden sie jetzt in die Familie Pomacanthidae eingereiht. Ihre typischen Merkmale, zum Beispiel die Färbung, verändern sich beim Übergang vom Jungtier- ins Erwachsenenstadium. Wenn das dominante Männchen eines Lebensraumes stirbt, macht oft ein Weibchen eine Geschlechtsumwandlung durch und übernimmt dessen Rolle. Wegen ihrer bunten Farben, ihrer Langlebigkeit und Widerstandsfähigkeit gegen Krankleiten sind Kaiserfische beliebte Zierfische.

Körperform Kaiserfische haben große, abgeplattete Körper. Weil sie so dünn sind, können sie in die schmalen Ritzen zwischen Korallen schlüpfen und dort nach Beutetieren suchen. Beim Schwimmen rudern sie mit den Brustflossen. Die langen Rücken-, After- und Schwanzflossen ermöglichen ihnen flinke Wendemanöver.

Aufwachsen Die Farben und Muster von Jungfischen und adulten Tieren einer Art sind oft sehr unterschiedlich. Rechts ist der erwachsene Franzosen-Kaiserfisch (*Pomacanthus paru*) abgebildet. Die Jungfische sind schwarz mit fünf senkrechten, goldgelben Streifen.

AUF EINEN BLICK

Pfauenaugen-Buntbarsch Dieser Buntbarsch frisst kleine Fische, Kamberkrebse, Würmer und Insektenlarven. Männchen und Weibchen errichten ein kreisförmiges Nest im seichten Wasser.

- Bis 46 cm
- Bis 1,6 kg
- Ovipar
- Männchen/Weibchen
- Häufig

Südamerika

Skalar Die Eier werden auf Blättern abgelegt und bewacht. Die Eltern fächeln ihnen drei Tage lang Luft zu, bis die Jungtiere schlüpfen. Sie werden zum Schutz im Schwarm geführt.

- Bis 7,5 cm
- Bis 225 g
- Ovipar
- Männchen/Weibchen
- Häufig

Nordöstliches Südamerika

Blauer Diskus Die zur Laichsaison territorialen Pärchen reinigen die Brutplätze, kümmern sich gemeinsam um Eier und Larven und sondern weißen Schleim ab, von denen sich die Larven in den ersten Tagen ernähren.

- Bis 14 cm
- Bis 225 g
- Ovipar
- Männchen/Weibchen
- Häufig

Südamerika

KINDERSTUBE IM MAUL

Alle Buntbarsche (Cichlidae) zeigen Formen von Brutpflege: Am besten umsorgt ist der Nachwuchs beim Maulbrüten. Meist nimmt das Weibchen die Eier unmittelbar nach dem Legen ins Maul, drückt sich dann an die Genitalöffnung des Männchens und lässt Sperma ins Maul fließen. Dort bleiben die Eier und die Brut oft mehr als 3 Wochen. Gegen Ende dieser Zeit schwimmen die Jungen gelegentlich zur Nahrungssuche heraus.

Buckelkopf-Buntbarsch
Steatocranus casuarius

Burtons Buntbarsch
Haplochromis burtoni

Victoriasee-Obliquidens
Haplochromis obliquidens

Kleiner Buntbarsch, der seinen Laich in Höhlen ablegt und die Eier bewacht

Schachbrett-Schlankcichlide
Julidochromis marlieri

Brabant-Buntbarsch
Tropheus moorii

Kobaltorangebarsch
Melanochromis johannii

Purpurprachtbarsch
Pelvicachromis pulcher

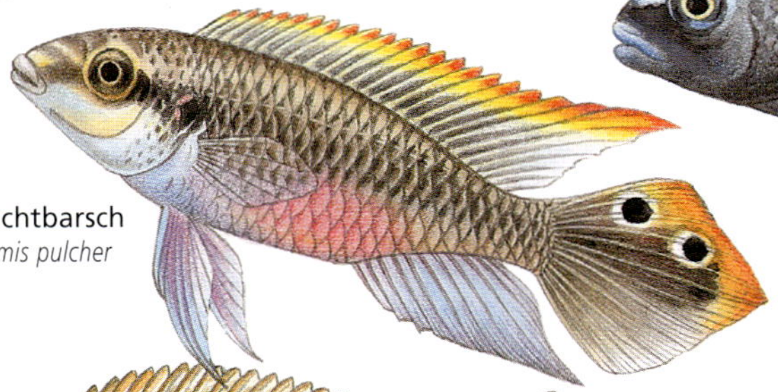

Juwelen-Buntbarsch
Hemichromis lifalili

Während der Brutzeiten werden die Farben heller und der rote Rand des Schwanzes sticht hervor

Indischer Buntbarsch
Etroplus maculatus

AUF EINEN BLICK

Buckelkopf-Buntbarsch Der Buntbarsch hat eine auffällige Beule auf der Stirn. Er kommt im Pool Malebo und im Unterlauf des Kongos vor, wo er am Grund sitzt, denn seine Schwimmblase ist so schwach ausgebildet, dass er sich nicht vom Boden heben und schwimmen kann. Beide Eltern bewachen die Brut. Eier und Larven sind birnenförmig.

- Bis 10 cm
- Bis 120 g
- Ovipar
- Männchen/Weibchen
- Regional häufig

Westafrika

Purpurprachtbarsch Die Art kommt an der Mündung des Nigers im südlichen Nigeria und an der Küste von Kamerun im Süß- wie im Brackwasser vor. Sie ernährt sich von Insekten, Würmern sowie Krebstieren und legt den Laich in Höhlen ab. Das Weibchen bleibt in der Nähe der Eier und wird vom Männchen bewacht.

- Bis 10 cm
- Bis 90 g
- Ovipar
- Männchen/Weibchen
- Regional häufig

Westafrika

Indischer Buntbarsch Als Bewohner von Lagunen und kleinen Bächen findet man den Indischen Buntbarsch an den Rändern zwischen Wurzeln und Gräsern. Er legt seinen Laich im seichten Wasser in kleine Vertiefungen, die von beiden Eltern gegraben werden. Die Eltern bewachen abwechselnd die Eier und suchen nach Futter. Die frisch geschlüpften Jungen werden beinahe bis zur Geschlechtsreife bewacht.

- Bis 8 cm
- Bis 100 g
- Ovipar
- Männchen/Weibchen
- Häufig

Südasien

Juwelen-Buntbarsch Die Art kommt nur in Stillwassern des Kongobeckens vor. Das Männchen ist deutlich heller gefärbt als das Weibchen. Zur Laichsaison säubern die einzelnen Pärchen eine Nistfläche, auf der die Eier abgelegt werden. Das Männchen bewacht daraufhin die Eier und die ungefähr 300 Larven.

- Bis 8 cm
- Bis 100 g
- Ovipar
- Männchen/Weibchen
- Häufig

Westafrika

AUF EINEN BLICK

Clownfisch Die bekannte Art ist in ruhigen, seichten Lagunen zu finden, das Männchen bewacht die Eier. Clownfische leben in enger Verbindung mit Anemonen. Ein bestimmter Stoff in ihrer Haut schützt sie vor deren giftigen Nesselkapseln. Die beinahe identische Art *A. percula* kommt in Neuguinea und Queensland (Australien) vor.

- Bis 11 cm
- Bis 120 g
- Ovipar
- Hermaphrodit
- Häufig

Indo–Pazifik

Dreifleck-Preußenfisch Die auf Korallen- und Felsriffen vorkommenden Jungfische leben oft in Gemeinschaft mit Seeigeln, großen Seeanemonen oder kleinen Korallen. Die Männchen vollführen bei der Paarungswerbung „Signalsprünge", die Laichablage erfolgt zwei- bis dreimal pro Monat.

- Bis 11 cm
- Bis 120 g
- Ovipar
- Männchen/Weibchen
- Häufig

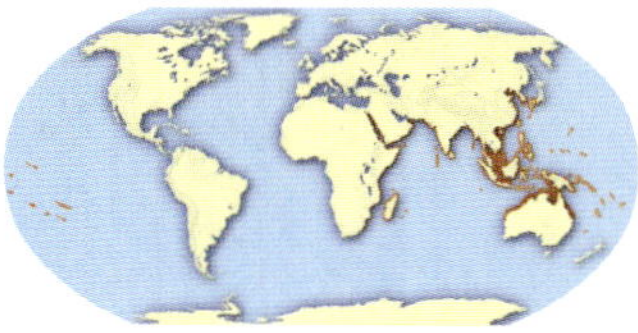

Indo-Pazifik

Mönchsfisch Die Art lebt in kleinen Schwärmen in mittleren Wasserschichten über Riffen oder Seegras. Paarung und Nestbau erfolgen meist auf felsigem Untergrund. Das Männchen kümmert sich um die Eier, die mit einem Schleier aus Haftfäden versehen sind.

- Bis 25 cm
- Bis 340 g
- Ovipar
- Unbekannt
- Häufig

Östlicher Atlantik und Mittelmeer

Gestreifter Brandungsbarsch Bei dieser Art kommt es zu einer inneren Befruchtung. Das Weibchen bringt nur einige relativ große Junge zur Welt. Gestreifte Brandungsbarsche fressen Würmer, kleine Weich- und Krebstiere.

- Bis 38 cm
- Bis 1 kg
- Vivipar
- Männchen/Weibchen
- Häufig

Nordöstlicher Pazifik

Vorteile für beide Die giftigen Tentakeln der Seeanemonen schützen Clownfische vor Räubern, während sich die Anemonen von den Futterresten der Fische ernähren.

AUF EINEN BLICK

Kalifornischer Schafskopf Diesen Fisch, der über 50 Jahre alt werden kann, findet man über felsigem Grund, wo Seetang wächst. Die Bestandszahlen sind wegen Überfischung und Zerstörung der Lebensräume stark gesunken und große Männchen sind mittlerweile äußerst selten. Bei einer Länge von etwa 30 cm machen die Weibchen eine Geschlechtsumwandlung durch und werden zu Männchen.

- Bis 91 cm
- Bis 16 kg
- Ovipar
- Hermaphrodit
- Bedingt häufig

Östlicher Pazifik

Blaustreifen-Putzerfisch Auf den tropischen Riffen des Indo-Pazifik errichten Pärchen oder kleine Gruppen in der Nähe von Höhleneingängen und unter Felsüberhängen Putzerstationen, in denen sie ihre Kundschaft, die aus größeren Fischen besteht, von Parasiten befreien.

- Bis 11,5 cm
- Bis 85 g
- Ovipar
- Hermaphrodit
- Häufig

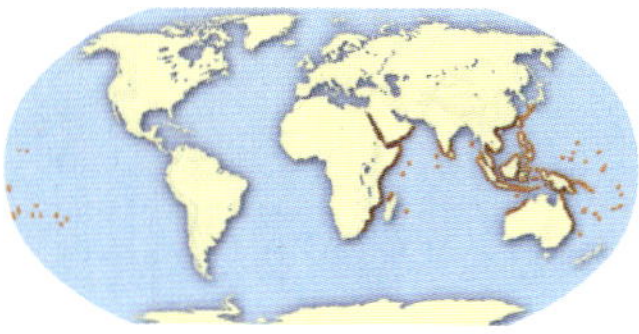

Indo-Pazifik und Rotes Meer

Harlekin-Lippfisch Die territoriale, einzelgängerische Art bewohnt die dem Meer zugewandten Seiten der Riffe, wo sie sich von Weich- und Krebstieren ernährt. Auffällig sind die vorstehenden blauen Reißzähne.

- Bis 30 cm
- Bis 680 g
- Ovipar
- Unbekannt
- Häufig

Westlicher Pazifik

Vogel-Lippfisch Der Fisch lebt in Lagunen und auf mit Korallen besetzten Riffen, wo er mit seiner Schnauze in Spalten nach Krebs- und Weichtieren sowie kleinen Fischen sucht.

- Bis 38 cm
- Bis 370 g
- Ovipar
- Unbekannt
- Häufig

Mittlerer Indo-Pazifik

Mondsicheljunker
Thalassoma lunare

Keine Schuppen auf dem Kopf sowie am Ansatz von Rücken- und Afterflosse

Meerjunker
Coris julis

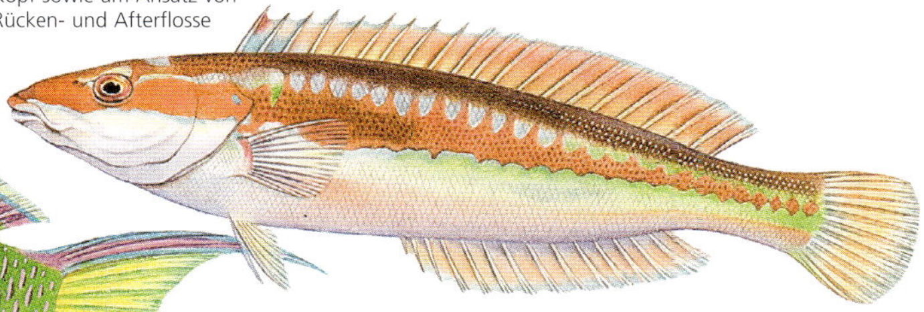

Eber-Lippfische sind die einzigen Brassen mit verlängerten Rückenstrahlen

Eber-Lippfisch
Lachnolaimus maximus

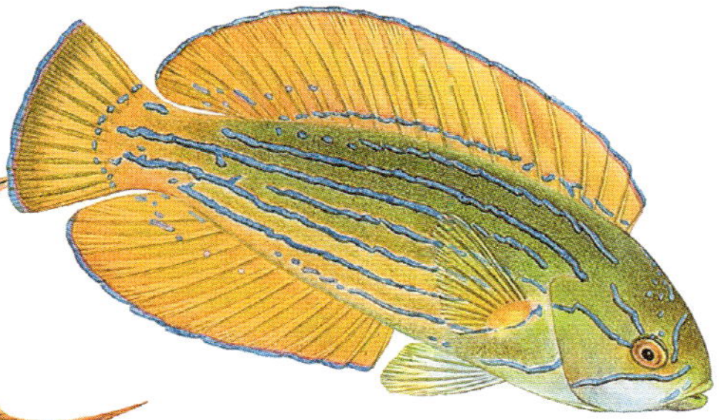

Rotmeer-Zwerglippfisch
Paracheilinus octotaenia

Gefleckter Lippfisch
Labrus bergylta

Geschlechtsreife Männchen haben zwei senkrechte, farbige Bänder hinter den Brustflossen

Meerpfau
Thalassoma pavo

Mehrere lange, weiche Fäden auf der Rückenflosse, die nicht mit den inneren Strahlen verbunden sind

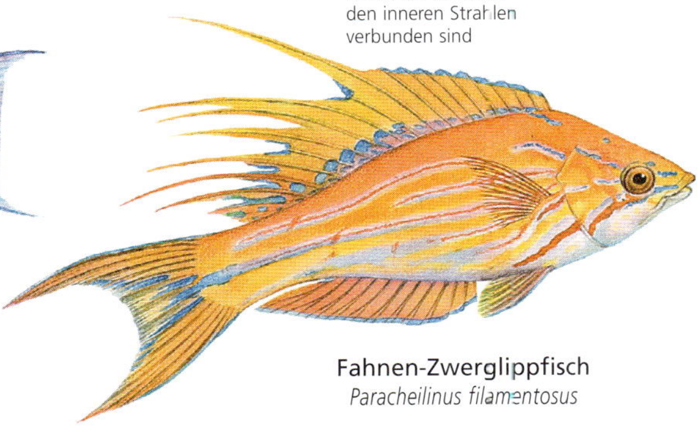

Fahnen-Zwerglippfisch
Paracheilinus filamentosus

Kuckucks-Lippfisch
Labrus mixtus

Weibchen sind orangefarben. Männchen sind bunter und haben auf dem Kopf einen weißen Fleck.

AUF EINEN BLICK

Mondsicheljunker Die Art ernährt sich von Wirbellosen und kleinen Fischen. Sie kommt in Lagunen und in den oberen Bereichen von dem Meer zugewandten Riffen vor. Die Schwanzflosse der Jungfische variiert zwischen eingekerbt und sichelförmig mit fädenartigen Lappen, der bei größeren Männchen gelb gefärbt ist.

- Bis 25 cm
- Bis 400 g
- Ovipar
- Hermaphrodit
- Häufig

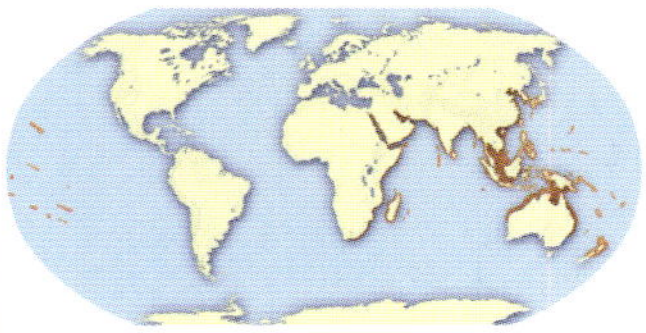

Indo-Pazifik

Eber-Lippfisch Die Art besitzt ein vorstreckbares Maul, die ersten drei Strahlen der Rückenflosse sind fadenartig verlängert. Man findet sie in der Nähe von Korallenriffen, aber auch über offenem Meeresgrund mit Gorgonien-Korallen. Eber-Lippfische fressen Weichtiere, Seeigel und Krabben.

- Bis 91 cm
- Bis 10 kg
- Ovipar
- Hermaphrodit
- Gefährdet

Westlicher Atlantik

Rotmeer-Zwerglippfisch Die größte Art aus der Gattung *Paracheilinus* lebt in Gruppen über korallenbewachsenen Riffen und frisst Zooplankton. Die mit acht blauen Linien versehenen Männchen halten einen Harem. Die Weibchen haben nur vier bis fünf Streifen.

- Bis 9 cm
- Bis 90 g
- Ovipar
- Unbekannt
- Häufig

Rotes Meer

Kuckucks-Lippfisch Die Brasse lebt als Einzelgänger, aber Jungfische findet man auch paarweise. Das Männchen baut ein Nest aus Algen, verscheucht seine Rivalen und lockt ein Weibchen. Die Paarung erfolgt nach einem Ritual.

- Bis 40 cm
- Bis 1 kg
- Ovipar
- Hermaphrodit
- Regional häufig

Östlicher Atlantik und Mittelmeer

AUF EINEN BLICK

Büffelkopf-Papageifisch Der größte und vorsichtigste Vertreter der Papageifische schläft nachts in Höhlen und ernährt sich von Algen und lebenden Korallen. Ausgewachsene Tiere haben einen großen Höcker auf der Stirn und sind dunkelgrün bis blaugrün gefärbt, aber die Vorderseite des Kopfes ist oft rosafarben.

- Bis 1,3 m
- Bis 46 kg
- Ovipar
- Unbekannt
- Häufig

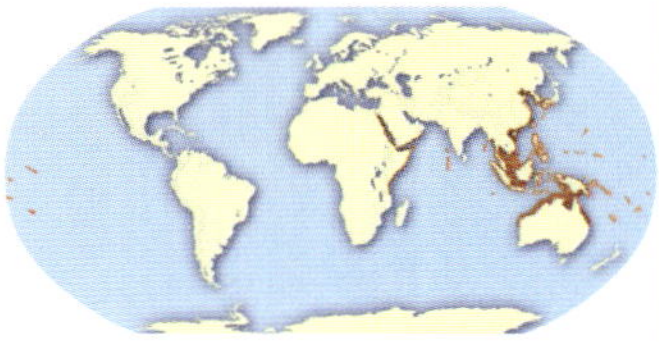

Indo-Pazifik

Grüner Papageifisch Die häufige farbenprächtige Art erzeugt mit ihren starken Kiefern und ständig nachwachsenden Zähnen durch Bioerosion eine signifikante Menge an Sediment. Adulte Tiere leben auf Korallenriffen, die Jungfische halten sich dagegen über bewachsenem Grund auf.

- Bis 64 cm
- Bis 1,6 kg
- Ovipar
- Hermaphrodit
- Häufig

Westlicher Atlantik

Blauer Papageifisch Große Exemplare haben eine auffallend stumpfe Schnauze sowie verlängerte Schwanzlappen. Sie sind himmelblau gefärbt, am Kopf etwas dunkler und ernähren sich am Grund von Pflanzen und kleinen Wirbellosen.

- Bis 1,2 m
- Bis 35 g
- Ovipar
- Hermaphrodit
- Häufig

Westlicher Atlantik

Königspapageifisch Nachts schläft dieser Fisch in einer Schleimhülle. Man findet Königspapageifische oft in Gruppen mit einem größeren Männchen, das von mehreren kleineren ausgewachsenen Tieren begleitet wird.

- Bis 61 cm
- Bis 1,5 kg
- Ovipar
- Hermaphrodit
- Häufig

Westlicher Atlantik

Petermännchen
Trachinus draco

Liegt im Sand vergraben; die Stacheln der vorderen Rückenflosse und der Kiemen enthalten Gift

Japanischer Sandfisch
Arctoscopus japonicus

Gestreifter Seewolf
Anarhichas lupus

Sterngucker
Dactyloscopus tridigitatus

Felshüpfer
Labrisomus nuchipinnis

Butterfisch
Pholis gunnellus

Dicke, fleischige Lippen und kegelförmige Zähne

Aalmutter
Zoarces viviparus

Himmelsgucker
Uranoscopus scaber

Kleiner Sandaal
Ammodytes tobianus

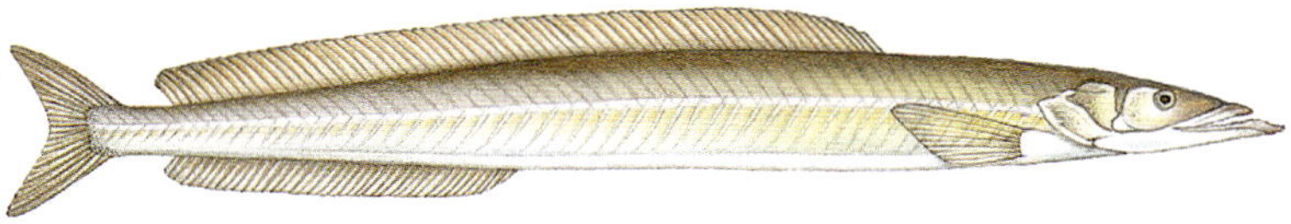

Überwintert 20–25 cm tief im Schlammn vergraben

AUF EINEN BLICK

Gestreifter Seewolf Der Fisch lebt als Einzelgänger über felsigem, sandigem oder schlammigem Grund und ernährt sich von Seeigeln, Krebstieren und hartschaligen Weichtieren. Die Eier werden im Eileiter des Weibchens befruchtet und als kugelförmige Masse am Meeresgrund abgelegt, wo sie vom Männchen bewacht werden.

- Bis 1,5 m
- Bis 24 kg
- Ovipar
- Männchen/Weibchen
- Häufig

Nördlicher Atlantik

Aalmutter Der häufigste Vertreter seiner Familie (Zoarcidae) lebt zwischen Algen in Gezeitentümpeln und unter Steinen in felsigen Küstgengewässern. Er kann Luft atmen. Bei dieser ovoviviparen Art entwickeln sich die Eier im Weibchen und nach drei bis vier Wochen schlüpfen 30 bis 400 Junge, die sich vom Gewebe der Eierstöcke ernähren, ehe sie den Körper der Mutter verlassen.

- Bis 52 cm
- Bis 510 g
- Ovovivipar
- Männchen/Weibchen
- Häufig

Nordöstlicher Atlantik

Himmelsgucker Der gut getarnte Bodenbewohner besitzt einen wurmähnlichen Fortsatz an der Unterlippe, den er bewegt, um Beute anzulocken. Als Anpassung an sein Leben, das er fast ganz im Sand verbringt, sind Maul, Nasenlöcher und Augen hoch angesetzt. Ein Giftstachel hinter dem Kiemendeckel und elektrische Organe hinter den Augen dienen zur Verteidigung.

- Bis 40 cm
- Bis 940 g
- Ovipar
- Männchen/Weibchen
- Regional häufig

Östl. Atlantik; Mittelmeer und Schwarzes Meer

Kleiner Sandaal Als Beutetier zahlreicher Fische und Seevögel liegt der Kleine Sandaal entweder in feinkörnigem Sand vergraben oder sucht Schutz in großen Schwärmen. Er ist in Küstengewässern im Bereich der Gezeitenzonen sowie an Flussmündungen zu finden.

- Bis 20 cm
- Bis 40 g
- Ovipar
- Männchen/Weibchen
- Häufig

Nordöstlicher Atlantik

AUF EINEN BLICK

Felsenspringer Bei der in felsigen Küstenbereichen und auf Riffen verbreiteten Art hüpfen die adulten Fische bei Gefahr von einem Gezeitentümpel in einen anderen. Sie können Luft atmen, wenn sie sich unter Steinen oder Seegras verstecken und auf den Felsen nach Futter suchen.

- Bis 16 cm
- Bis 95 g
- Ovipar
- Männchen/Weibchen
- Häufig

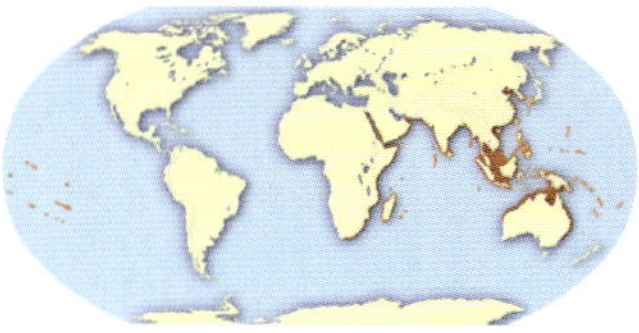

Indo-Pazifik

Strand-Schildbauch Die Art besitzt auf dem Bauch eine teils von den Brustflossen gebildete Saugscheibe, mit der sie sich an die Unterseite von Felsen und Seetang klammert. Der Strand-Schildbauch hat einen flachen, schuppenlosen Körper mit einer langen Schnauze. Die Eier werden in Trauben an der Unterseite von Felsblöcken abgelegt und von einem Elternteil bewacht.

- Bis 6,5 cm
- Bis 30 g
- Ovipar
- Männchen/Weibchen
- Häufig

Östlicher Atlantik und Mittelmeer

Blaustreifen-Säbelzahnschleimfisch Der Fisch ahmt den Blaustreifen-Putzerfisch *Labroides dimidiatus* nach, der von großen Fischen zur Entfernung von Parasiten aufgesucht wird. Er greift die Fische bei den Putzerstationen an und erbeutet dabei Schleim, Haut und Schuppen. Er kann sich auch in Fischschwärmen verstecken, seine Farbe sowie das Streifenmuster verändern und vorbeischwimmende Fische anbeißen. Er lebt in korallenbesetzten Lagunen und auf Riffen.

- Bis 12 cm
- Bis 70 g
- Ovipar
- Männchen/Weibchen
- Häufig

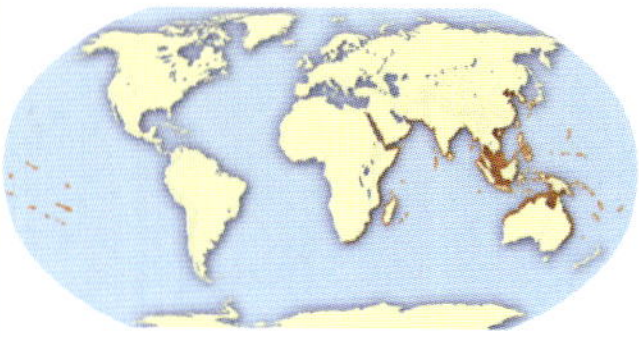

Indo-Pazifik

Ernährt sich von fadenartigen Grünalgen, kleinen Krebstieren, Polychaeten und Insekten

AUF EINEN BLICK

Gestreifter Leierfisch Das Männchen hat eine lange vordere Rückenflosse und ist spektakulär gefärbt, vor allem zur Laichsaison, wenn es sein Balzritual vorführt. Die männlichen Leierfische verteidigen ihr Revier gegen Rivalen.

- Bis 30 cm
- Bis 180 g
- Ovipar
- Männchen/Weibchen
- Häufig

Östlicher Atlantik und Mittelmeer

Mandarinfisch Die farbenprächtige Art lebt in seichten, geschützten Lagunen und auf Riffen in Strandnähe bis zu einer Tiefe von 18 m. Leierfisch-Arten sind schuppenlos und haben einen kräftigen, vorstreckbaren Oberkiefer. Der Mandarinfisch ist im Aquariumhandel sehr beliebt.

- Bis 6 cm
- Bis 35 g
- Ovipar
- Männchen/Weibchen
- Häufig

Westlicher Pazifik

Riesengrundel Der Fisch lebt über Seegras oder Felsen innerhalb der Gezeitenzone, wo das Wasser wegen der Süßwasserzuflüsse oft brackig ist. Die Art ist die größte Grundel in den europäischen Meeren.

- Bis 27 cm
- Bis 262 g
- Ovipar
- Männchen/Weibchen
- Häufig

Östlicher Atlantik und Mittelmeer

AMPHIBISCHE FISCHE

Schlammspringer springen mit Hilfe der muskulösen Schwanz- und Brustflossen bei Ebbe über den Schlamm und klettern dank der Bauchflossen, einer Art „Saugnapf", sogar auf Bäume. Es gibt mehr als 30 Arten von Schlammspringern, die vor allem in schlammigen Mangrovenwäldern in Südostasien und Afrika leben. Sie atmen durch die stark durchblutete Haut.

Landliebe *Die Männchen einiger Schlammspringer-Arten zeigen ihre Männlichkeit und markieren im Schlamm ein Revier.*

AUF EINEN BLICK

Rundkopf-Fledermausfisch Der Allesfresser ernährt sich von Algen, Wirbellosen und kleinen Fischen. Die adulten Tiere leben über dem sandigen Grund tiefer Lagunen oder an dem Meer zugewandten Riffen, die Jungfische in Mangrovensümpfen und Lagunen.

- Bis 50 cm
- Bis 3,3 kg
- Ovipar
- Männchen/Weibchen
- Häufig

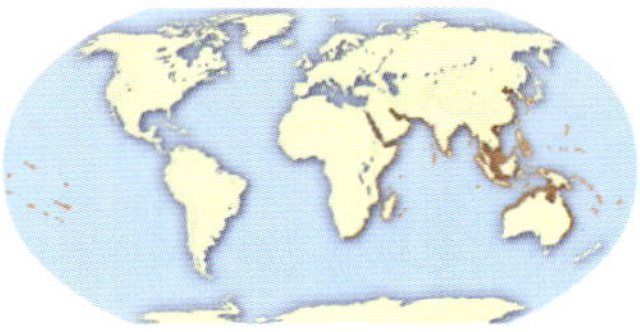

Indo-Pazifik

Halfterfisch Mit seiner röhrenförmigen Schnauze und dem kleinen Maul, das lange, borstenähnliche Zähne enthält, frisst der Halfterfisch kleine Schalentiere. Man findet ihn in Lagunen und auf dem Meer zugewandten Seiten von Riffen.

- Bis 23 cm
- Bis 400 g
- Ovipar
- Männchen/Weibchen
- Häufig

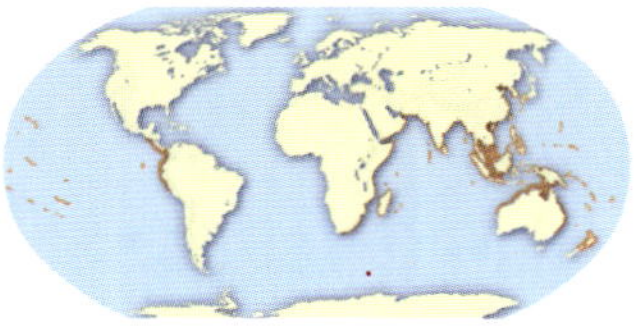

Indo-Pazifik

Fuchsgesicht Jungfische und subadulte Tiere findet man manchmal in großen Schwärmen, ausgewachsene Exemplare leben allein oder in Paaren, die ein Leben lang zusammen bleiben.

- Bis 24 cm
- Bis 220 g
- Ovipar
- Männchen/Weibchen
- Häufig

Westlicher Pazifik

Grüner Argusfisch Obwohl der Fisch auch Würmer, Krebstiere, Insekten und Pflanzen frisst, weist sein Name *Scatophagus* auf seine Angewohnheit hin, Kot zu fressen.

- Bis 38 cm
- Bis 1,2 kg
- Ovipar
- Männchen/Weibchen
- Häufig

Indo-Pazifik

Rundkopf-Fledermausfisch
Platax orbicularis

Adulte Fische haben kleine, knöcherne Fortsätze vor den Augen, die bei den Männchen generell größer sind

Halfterfisch
Zanclus cornutus

Tüpfel-Kaninchenfisch
Siganus stellatus

Fuchsgesicht
Siganus vulpinus

Die größeren Strahlen der Rücken- und Afterflossen enthalten möglicherweise Gift

Labyrinth-Kaninchenfisch
Siganus vermiculatus

Der vordere Teil der Rückenflosse ist schmal, die Schwanzflosse fächerförmig. Kopf und Maul sind klein

Grüner Argusfisch
Scatophagus argus

Dianafisch
Luvarus imperialis

Stromlinienförmiger Körper ohne Rücken- oder Afterflossenstacheln; keine Bauchflossen

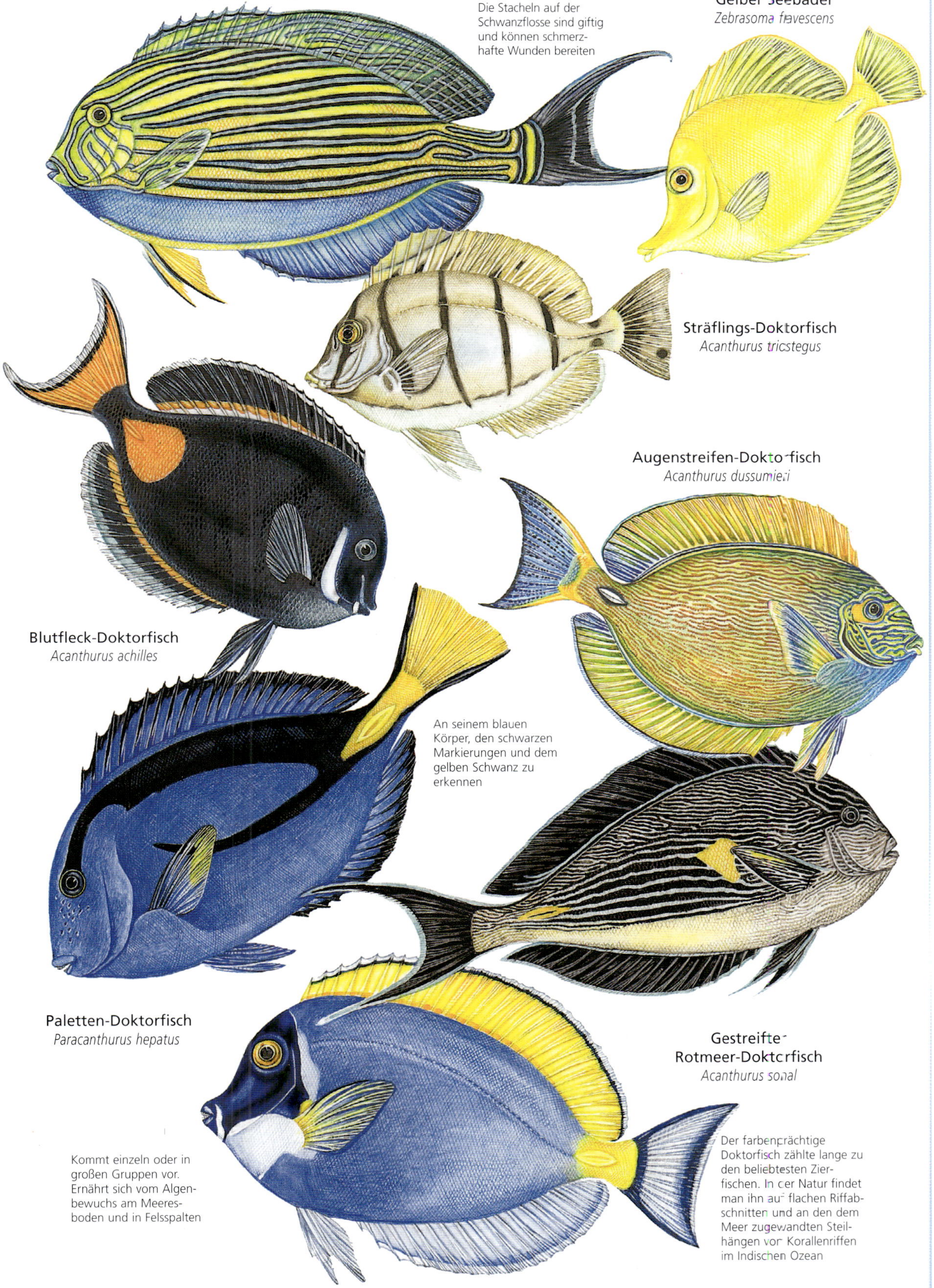

Blaustreifen-Doktorfisch
Acanthurus lineatus

Die Stacheln auf der Schwanzflosse sind giftig und können schmerzhafte Wunden bereiten

Gelber Seebader
Zebrasoma flavescens

Sträflings-Doktorfisch
Acanthurus triostegus

Augenstreifen-Doktorfisch
Acanthurus dussumieri

Blutfleck-Doktorfisch
Acanthurus achilles

An seinem blauen Körper, den schwarzen Markierungen und dem gelben Schwanz zu erkennen

Paletten-Doktorfisch
Paracanthurus hepatus

Gestreifter Rotmeer-Doktorfisch
Acanthurus sohal

Der farbenprächtige Doktorfisch zählte lange zu den beliebtesten Zierfischen. In der Natur findet man ihn auf flachen Riffabschnitten und an den dem Meer zugewandten Steilhängen vor Korallenriffen im Indischen Ozean

Kommt einzeln oder in großen Gruppen vor. Ernährt sich vom Algenbewuchs am Meeresboden und in Felsspalten

Weißkehl-Doktorfisch
Acanthurus leucosternon

AUF EINEN BLICK

Blaustreifen-Doktorfisch Bei der aggressiven Art verteidigen die Männchen ein Revier und kontrollieren einen Harem aus mehreren Weibchen. Der Doktorfisch lebt auf der dem Meer zugewandten Seite der Riffe im turbulenten, sauerstoffreichen Wasser der Brandungszonen in bis zu 3 m Tiefe.

- Bis 38 cm
- Bis 800 g
- Ovipar
- Männchen/Weibchen
- Häufig

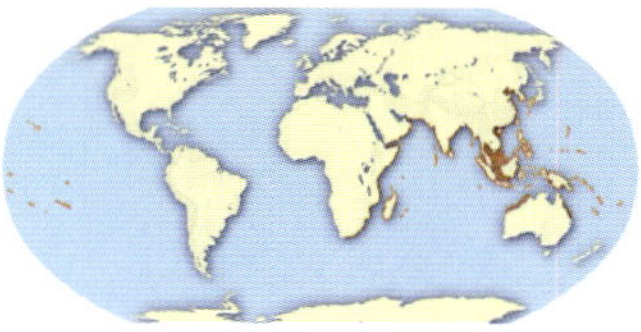

Indo-Pazifik

Gelber Seebader Einzeln oder in kleinen Gruppen kratzt der Gelbe Seebader mit seiner röhrenförmigen Schnauze Algen von harten Oberflächen. Die Laichablage erfolgt in Paaren oder in Gruppen, wobei die territorialen Männchen um vorbeischwimmende Weibchen werben.

- Bis 20 cm
- Bis 255 g
- Ovipar
- Männchen/Weibchen
- Häufig

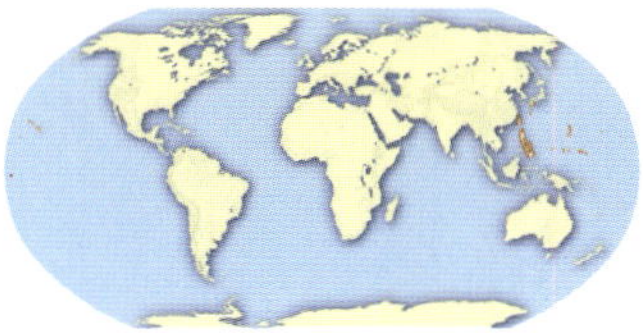

Westlicher Zentralpazifik

Blutfleck-Doktorfisch Der auffällige, territoriale Fisch ernährt sich von winzigen Algen. Die skalpellähnlichen Klingen am Schwanzansatz sind veränderte Stacheln, die möglicherweise giftig sind. Der große orangefarbene Fleck an den Flanken fehlt bei Jungfischen.

- Bis 24 cm
- Bis 340 g
- Ovipar
- Männchen /Weibchen
- Häufig

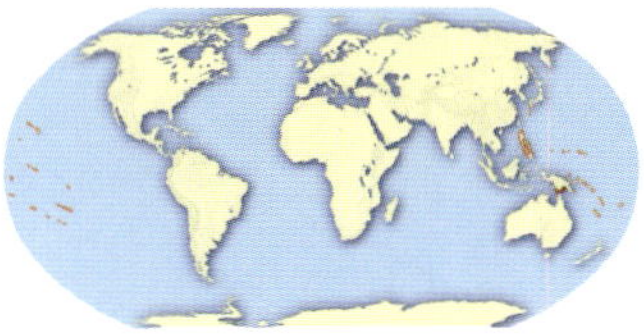

Westlicher Zentralpazifik

AUF EINEN BLICK

Schlangenmakrele Larven und Jungfische dieser Art leben an der Wasseroberfläche. Adulte Fische steigen nachts aus den Tiefen auf, um kleinere Fische, Tintenfische und Krebstiere zu jagen.

- Bis 1 m
- Bis 4,5 kg
- Ovipar
- Männchen/Weibchen
- Häufig

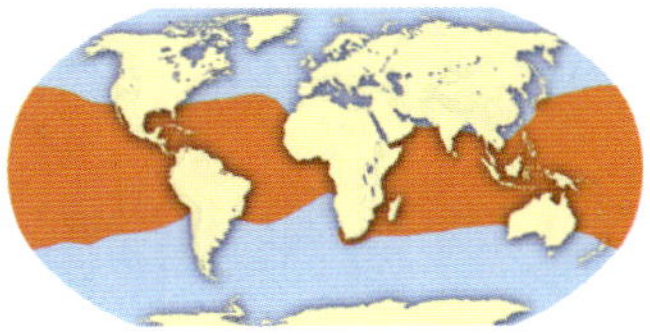

Weltweit in tropischen u. gemäßigten Meeren

Degenfisch Die Art wird für Sashimi verwendet und kommerziell gefischt. Bei Tag findet man die Jungfische in Schwärmen in Tiefen von etwa 100 m. Nachts steigen sie an die Oberfläche, um Zooplankton und kleine Fische zu fressen. Geschlechtsreife Exemplare jagen tagsüber in den oberen Schichten nach größeren Beutetieren.

- Bis 2,5 m
- Bis 5 kg
- Ovipar
- Männchen/Weibchen
- Häufig

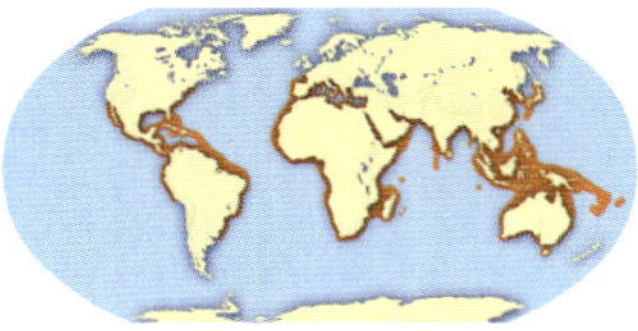

Weltweit in tropischen u. gemäßigten Meeren

Großer Barrakuda Obwohl dieser Fisch schon Menschen angegriffen hat, sind die meisten Todesfälle auf Ciguatera-Vergiftungen nach dem Verzehr eines Barrakudas zurückzuführen. Adulte Tiere leben als Einzelgänger in Küstengebieten wie im offenen Meer, Jungfische in Gruppen in Mangrovensümpfen und geschützten seichten Stellen.

- Bis 2 m
- Bis 50 kg
- Ovipar
- Männchen/Weibchen
- Häufig

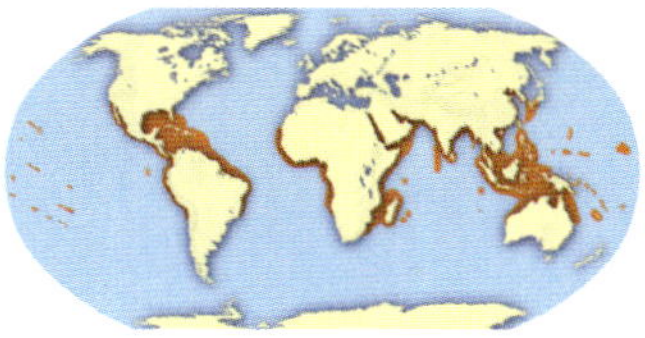

Weltweit in tropischen u. gemäßigten Meeren

AUF EINEN BLICK

Weißer Thun Einer der schnellsten Schwimmer des Meeres; der rasche Stoffwechsel und der hohe Sauerstoffbedarf eines so aktiven Lebensstiles sind womöglich für die senkrechte Verteilung der Art verantwortlich, die für den Angelsport und den kommerziellen Fischfang von Bedeutung ist.

- Bis 1,4 m
- Bis 60 kg
- Ovipar
- Männchen/Weibchen
- Daten ungenügend

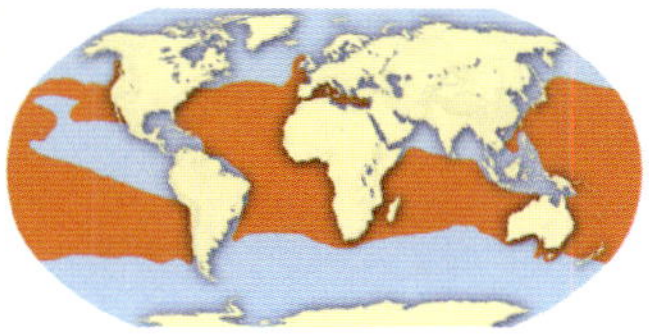

Weltweit in tropischen u. gemäßigten Meeren

Echter Bonito Der Thunfisch laicht mehrmals im Jahr in äquatorialen Gewässern ab. Mit zunehmender Entfernung vom Äquator verkürzt sich die Laichsaison. Die ausgewachsenen Fische leben bevorzugt bei Wassertemperaturen von 15 °C. Die Verbreitung der Larven ist dagegen auf Gewässer mit einer durchschnittlichen Temperatur von 25 °C beschränkt.

- Bis 1,1 m
- Bis 34,5 kg
- Ovipar
- Männchen/Weibchen
- Häufig

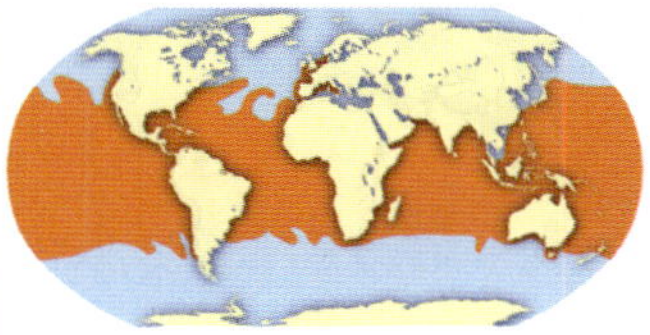

Weltweit in tropischen u. gemäßigten Meeren außer im Schwarzen Meer

Atlantische Makrele Die schnelle schwimmende Makrele jagt Krebstiere und kleine Fische wie Sprotten, Heringe und Sandaale. Sie überwintert in den Tiefen des offenen Meeres und zieht im Frühling in die Küstengebiete, sobald die Wassertemperaturen dort über 11 °C steigen. Die Art ist ein kommerziell wichtiger Speisefisch, aber durch immer effizientere Fangmethoden und Überfischung haben sich die Bestände stark verringert.

- Bis 60 cm
- Bis 3,4 kg
- Ovipar
- Männchen/Weibchen
- Häufig

Nordatlantik

AUF EINEN BLICK

Schwertfisch Adulte Schwertfische besitzen weder Schuppen noch Zähne oder eine Seitenlinie. Sie fressen Fische – von der Oberfläche bis in Tiefen von 650 m –, die sie mit ihrem Schwert aufspießen. Die Art bildet allein die Familie Xiphiidae.

- Bis 4,9 m
- Bis 650 kg
- Ovipar
- Männchen/Weibchen
- Keine Angabe

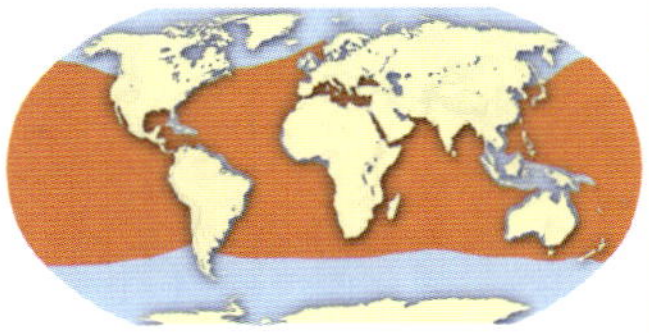

Weltweit in tropischen u. gemäßigten Meeren

Pazifischer Segelfisch Beim wohl schnellsten aller Fische maß man Geschwindigkeiten bis zu 110 km/h. Mit dem dolchähnlichen Schnabel betäubt und verstümmelt er Beute, die er mit seinen zahnlosen Kiefern aufnimmt.

- Bis 3,5 m
- Bis 100 kg
- Ovipar
- Männchen/Weibchen
- Häufig

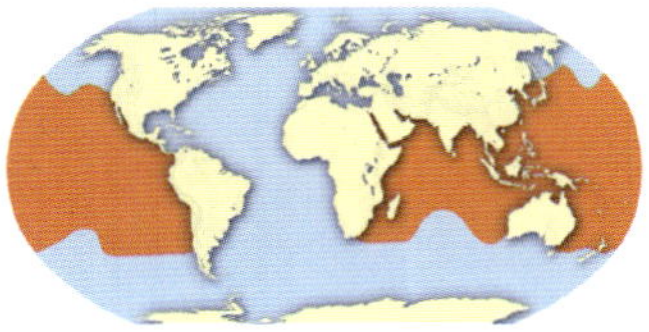

Tropischer und gemäßigter Indopazifik

SCHUTZSTATUS

Rückgang Der Blaue Marlin ist bei Sportfischern so begehrt wie kaum ein anderer Fisch. Doch das ist nicht die größte Bedrohung: Zahlreiche Tiere fangen sich versehentlich in den Schleppnetzen, die kommerziell für Thun- und Schwertfisch ausgelegt werden. Da der Blaue Marlin an der Spitze einer Nahrungskette steht, gibt es ihn nicht in großer Zahl, die Populationen reagieren auf Überfischung empfindlich.

Eine zehn Jahre dauernde Untersuchung deutscher und kanadischer Wissenschaftler, die 2003 im internationalen Wissenschaftsmagazin *Nature* veröffentlicht wurde, ergab, dass der Bestand des Blauen Marlin wie der anderer großer Seefische in der zweiten Hälfte des 20. Jahrhunderts drastisch abgenommen hat.

Schwarzflossen-Thun
Thunnus atlanticus

Das kreisförmige Schuppenband hinter dem Kopf ist dünn und unauffällig

Roter Thun
Thunnus thynnus

Zweite Rückenflosse höher als die erste; Brustflossen sind kurz

Silberne Pampel
Pampus argenteus

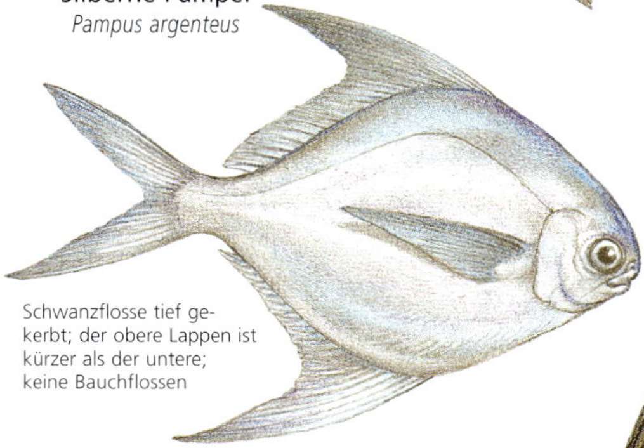

Schwanzflosse tief gekerbt; der obere Lappen ist kürzer als der untere; keine Bauchflossen

Quallenfisch
Nomeus gronovii

Lebt in Gemeinschaft mit der Portugiesischen Galeere (eine Quallenart: *Physalia physalis*)

Schwertfisch
Xiphias gladius

Der Schnabel ist im Querschnitt oval. Adulte Exemplare haben keine Schuppen und Zähne

Der Oberkiefer geht in einen langen, schmalen Schnabel über

Blauer Marlin
Makaira nigricans

Vordere Rückenflosse gleicht einem Segel oder Fächer

Pazifischer Segelfisch
Istiophorus platypterus

Springender Riese Der schnelle, stromlinienförmige Marlin rast mit seinem Schnabel durch einen Thunfischschwarm, um danach zurückzukehren und die verwundeten Opfer aufzusammeln. Die Weibchen sind generell weitaus größer als die Männchen.

AUF EINEN BLICK

Siamesischer Kampffisch Die Männchen schaffen Nester für die Eier, indem sie Blasen an Blättern anbringen. Diese Nester bewachen sie dann intensiv. Zum Kampf der Männchen, für den die Art bekannt ist, gehören Drohgebärden und das Knabbern an Flossen.

- Bis 6,6 cm
- Bis 30 g
- Ovipar
- Männchen/Weibchen
- Häufig

Mekongbecken (Asien)

Paradiesfisch Der natürliche Lebensraum des Paradiesfisches ist stehendes oder langsam fließendes Süßwasser über dunkler Erde. Seine Anpassungsfähigkeit an unterschiedliche Bedingungen und seine Blasennester machten ihn zu einem beliebten Zierfisch, aber er muss paarweise und wegen seiner Agrressivität in eigenen Becken gehalten werden. Deshalb wurde er von friedlicheren Arten abgelöst.

- Bis 7 cm
- Bis 110 g
- Ovipar
- Männchen/Weibchen
- Häufig

Südostasien

Küssender Gurami Um bei niedrigem Sauerstoffgehalt überleben zu können, atmen diese Fische zeitweilig Luft. Sie können mit einem blattähnlichen Auswuchs auf dem ersten Kiemenbogen Sauerstoff aus der in der Kiemenkammer eingeschlossenen Luft absorbieren. Der Name dieser Fische weist auf die großen, vorstehenden Lippen hin, die offensichtlich zum „Küssen" von Artgenossen dienen. Ironischerweise ist das „Küssen" bei dieser Art eine Drohgebärde.

- Bis 30 cm
- Bis 425 g
- Ovipar
- Männchen/Weibchen
- Häufig

Südostasien

Kletterfisch Mit einem zusätzlichen Atmungsorgan, das mit den Kiemen verbunden ist, kann die Art gut in sauerstoffarmer Umgebung leben. Trocknen Teiche aus, „läuft" der Kletterfisch auf seinen Flossen und sucht nach Wasser. Er klettert sogar auf niedrige Bäume.

- Bis 25 cm
- Bis 455 g
- Ovipar
- Männchen/Weibchen
- Häufig

Südostasien

Scholle
Pleuronectes platessa

Seezunge
Solea solea

Ovaler Körper und abgerundeter Kopf. Das obere Auge ist weniger als seinen eigenen Durchmesser vom Rücken entfernt

Steinbutt
Psetta maxima

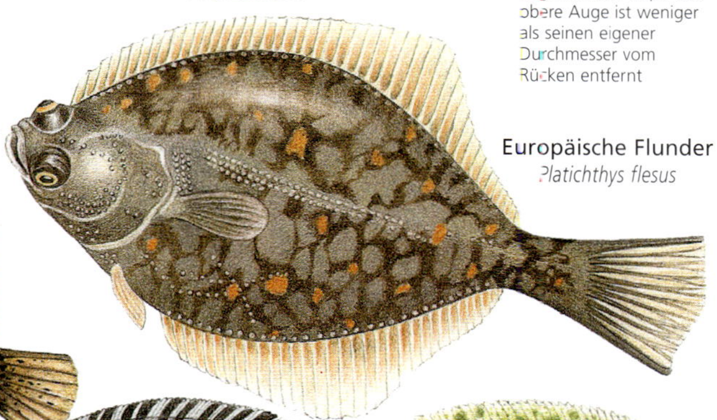

Europäische Flunder
Platichthys flesus

Zebra-Seezunge
Zebrias zebra

Glattbutt
Scophthalmus rhombus

Sommerflunder
Paralichthys dentatus

Sternflunder
Platichthys stellatus

Dunkler Kopf mit weißer Marmorierung unter dem Unterkiefer

Afrikanischer Schlangenkopf
Parachanna obscura

Großer, auffälliger, schlangenähnlicher Kopf. Der Körper ist sehr lang, die Rücken- und Afterflosse sind mit weichen Strahlen versehen

Nördlicher Schlangenkopf
Channa argus

AUF EINEN BLICK

Europäische Flunder Obwohl die Art zwischen Februar und Juni im Meer ablaicht, halten sich die Jungfische an den Flussmündungen auf. Aber auch ausgewachsene Flundern können bei niedrigem Salzgehalt überleben und weit ins Süßwasser vordringen.

- Bis 51 cm
- Bis 3 kg
- Ovipar
- Männchen/Weibchen
- Häufig

Nordöstl. Atlantik, Mittelmeer, Schwarzes Meer

Glattbutt Wie alle Plattfische vertraut auch diese Meeresart vorwiegend auf Tarnung, um sich vor Feinden oder Beute zu verstecken. Der Fisch kann die Farbe seines Körpers ändern, um sich an die Umgebung anzupassen.

- Bis 75 cm
- Bis 7,3 kg
- Ovipar
- Männchen/Weibchen
- Häufig

Nordöstl. Atlantik, Mittelmeer, Schwarzes Meer

Sternflunder Ausgewachsene Tiere sind in nordpazifischen Küstengewässern zu finden. Im Sommer halten sie sich in Küstennähe auf, im Winter wandern sie ins tiefe Wasser. Jungfische leben an Flussmündungen, wo der sich ständig ändernde Salzgehalt potenzielle Räuber fernhält. Die Art lebt über sandigem Grund und frisst Wirbellose.

- Bis 91 cm
- Bis 9 kg
- Ovipar
- Männchen/Weibchen
- Häufig

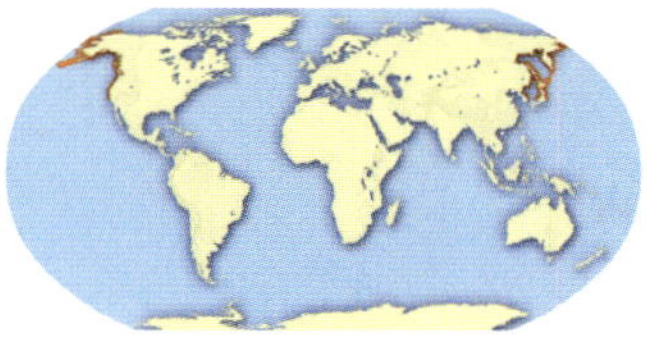

Nordpazifik

Nördlicher Schlangenkopf Der Körper dieser Fische ist daran angepasst, dichten Pflanzenbewuchs zu durchdringen. Der Nördliche Schlangenkopf kann lange Zeit außerhalb des Wassers überleben, weil er in seiner Kiemenkammer Sauerstoff aus der Luft absorbieren kann.

- Bis 85 cm
- Bis 6 kg
- Ovipar
- Männchen/Weibchen
- Häufig

Südostasien

WANDERNDE KÖRPERTEILE

Die radikalste Abweichung von der „normalen" Körperform eines Fisches zeigt sich bei den Flundern, die einen abgeflachten Körper haben und Augen, die auf dieselbe Körperseite gewandert sind. Diese seltsame Anordnung erfolgt im Zug der larvalen Entwicklung. Flunderlarven sehen nach dem Schlüpfen ähnlich aus wie die meisten Fischlarven, aber nach zwei bis drei Monaten machen sie eine Verwandlung durch. Sie nehmen die Form adulter Tiere an, wobei eine Körperseite zur oberen wird, auf der sich Augen und Farbpigmente befinden. Die blinde Unterseite ist blass und farblos. Die meisten Arten werden nach ihrer Oberseite klassifiziert: Gruppen, deren Augen rechts liegen, bilden die Familie Pleuronectidae und diejenigen, deren Augen links ansetzen, die Familie Bothidae. Bei den primitiven Plattfischen (Familie Psettodidae) gibt es etwa gleich viele rechts- und linksäugige Arten.

Chamäleon des Meeres Mit Informationen ihrer Augen, die feine Details der Schatten und Maserung des Meeresgrundes auflösen können, sind Flundern wie der Pfauenbutt (*Bothus lunatus*) in der Lage, Größe und Form der pigmentierten Hautzellen zu regeln, um mit der Umgebung zu verschmelzen, wenn sie sich im Sand eingraben (oben links).

Wanderungungsverlauf Wissenschaftler können feststellen, auf welcher Seite ein Auge zu wandern begonnen hat, indem sie den Verlauf der Sehnerven zwischen Auge und Gehirn untersuchen. Bei linksäugigen Formen sind die Sehnerven ungewöhnlich verdreht. Bei rechtsäugigen Arten kreuzt der Nerv des wandernden linken Auges den Sehnerv des rechten Auges.

Verdrehte Kiefer Sobald die Augen gewandert sind, wachsen sie über die Körperfläche hinaus, während der Fisch getarnt am Meeresgrund liegt. Das Wandern der Augen wird von einer Drehung der Kiefer nach oben begleitet (unten).

WANDERNDE AUGEN

Bei der Metamorphose beginnt ein Auge langsam auf die andere Seite zu wandern und beendet die Reise nahe am zweiten Auge. Die zurückgelegte Distanz variiert zwischen 5 mm bei einigen Amerikanischen Seezungen und 120 mm bei der linksäugigen Flundergattung *Chasconopsetta*. Bei einigen Arten folgt die Wanderung einer Furche zwischen den Augen. Sobald sich das Auge in der Nähe des Bestimmungsortes befindet, dehnt sich die Rückenflosse nach vorne aus und nimmt den Platz ein, den sie beim adulten Fisch besetzt. Bei anderen Flundern entwickelt sich die Rückenflosse dort, wo sie sich beim adulten Fisch befindet, und das Auge muss durch einen Schlitz zwischen Flossenansatz und Schädel wandern.

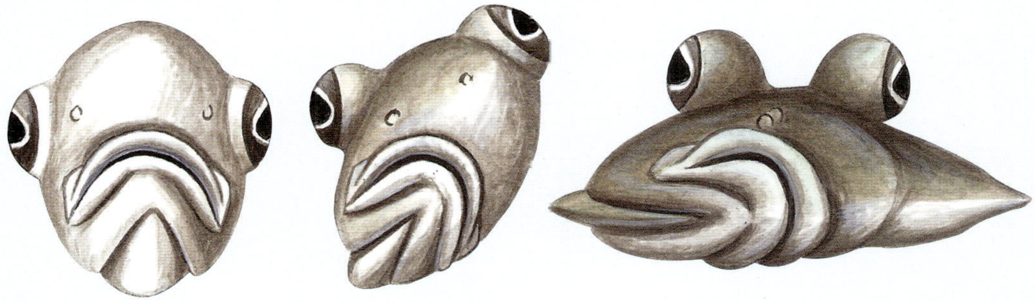

Larve mit normaler Augenstellung

Linkes Auge wandert nach oben

Beim adulten Tier liegen beide Augen rechts

AUF EINEN BLICK

Weißpunkt-Feilenfisch Die nicht sehr häufigen Fische schwimmen meist in Paaren weit über dem Grund, oft mit ungewöhnlich verdrehter Körperhaltung. Die Männchen unterscheiden sich von den Weibchen durch dunklere orangefarbene Augen und Schwänze. Vor der Geschlechtsreife haben beide kleine weiße Flecken auf Kopf und Körper.

- Bis 38 cm
- Bis 900 g
- Ovipar
- Männchen/Weibchen
- Bedingt häufig

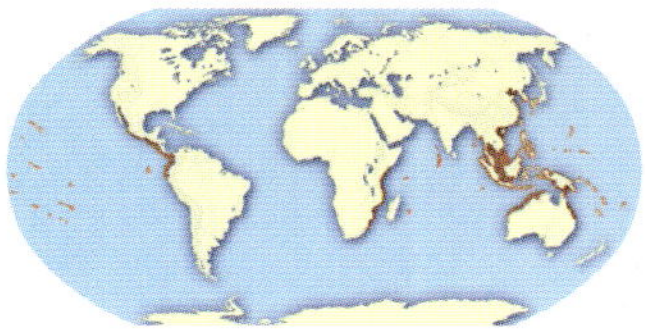

Indo-Pazifik

Schnabeldrückerfisch Wo es diesen Fisch der tropischen Korallenriffe gibt, ist die Umwelt noch gesund. Er lebt fast nur von Korallentieren und ist eine der ersten Arten, die verschwindet, wenn Riffe Umweltschäden erleiden.

- Bis 12 cm
- Bis 85 g
- Ovipar
- Männchen/Weibchen
- Häufig

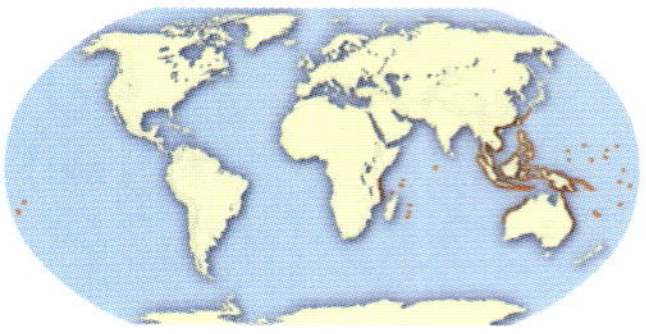

Indo-Pazifik

Leopard-Drückerfisch In der Natur findet man diesen Fisch über Korallen, Geröll oder Sand auf der dem Meer zugewandten Seite von Korallenriffen. Er frisst Krabben, Weichtiere und Seeigel. Die Weibchen verteidigen ihre Eier, sie sind mit starken Kiefern und scharfen Zähnen bewaffnet.

- Bis 50 cm
- Bis 2,5 kg
- Ovipar
- Männchen/Weibchen
- Bedingt häufig

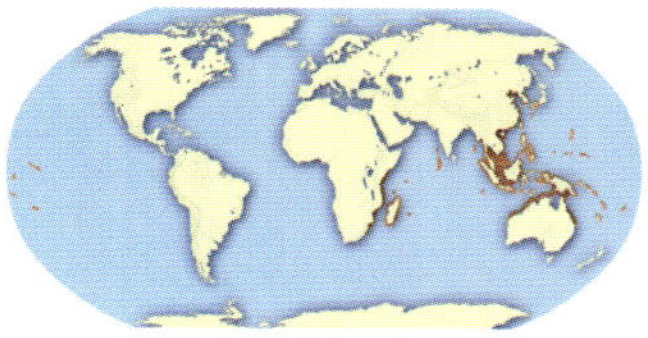

Indo-Pazifik

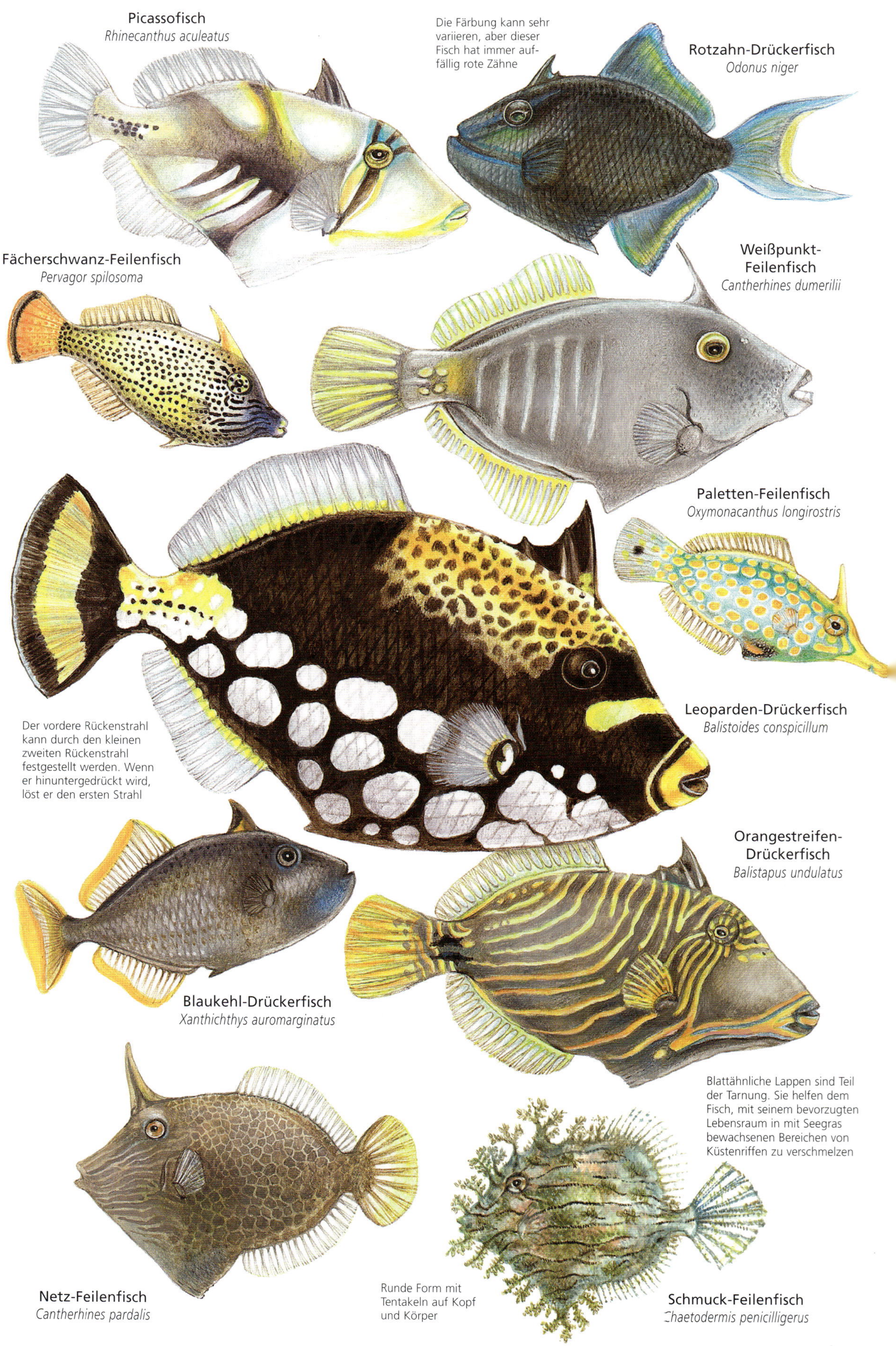

Pyramiden-Kofferfisch
Tetrasomus gibbosus

Zwei winzige Stacheln über jedem Auge und eine Reihe gezackter, nach hinten gerichteter Rillen an den unteren Flanken

Bauchsack-Kugelfisch
Triodon macropterus

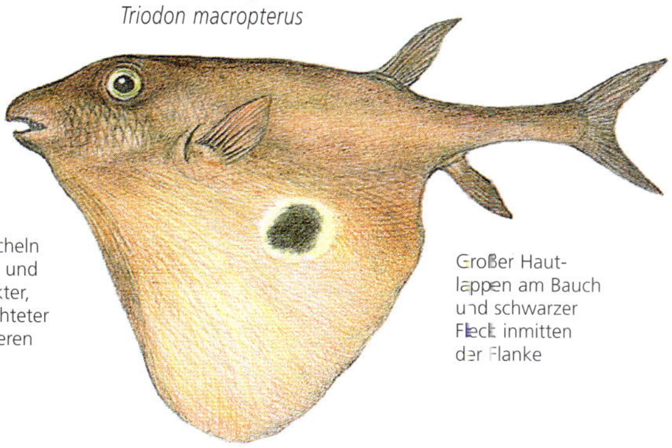

Großer Hautlappen am Bauch und schwarzer Fleck inmitten der Flanke

Langhorn-Kofferfisch/ Kuhfisch
Lactoria cornuta

Augenfleck-Spitzkopf-Kugelfisch
Canthigaster solandri

Gefleckter Kofferfisch
Lactophrys bicaudalis

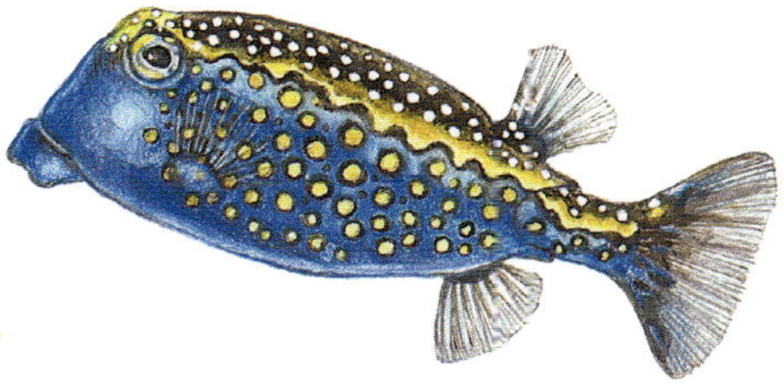

Weißpunkt-Kofferfisch
Ostracion meleagris

Dornrücken-Kuhfisch
Lactoria fornasini

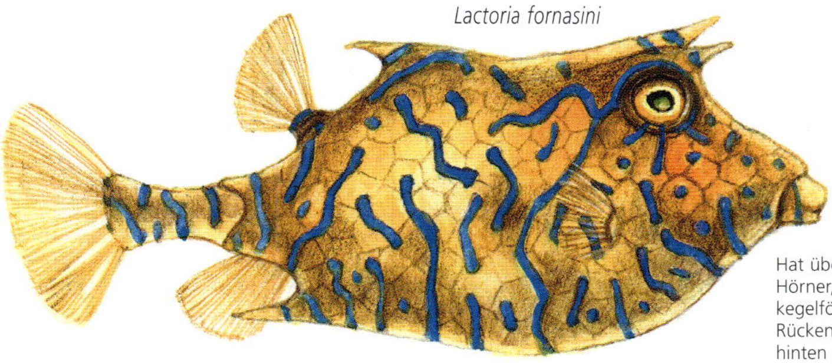

Hat über den Augen zwei Hörner, einen großen, kegelförmigen Dorn am Rücken und zwei nach hinten gerichtete Stacheln

Mimik-Feilenfisch
Paraluteres prionurus

Der Mimik-Feilenfisch ähnelt dem giftigen Sattel-Spitzkopf-Kugelfisch

Sattel-Spitzkof-Kugelfisch
Canthigaster valentini

AUF EINEN BLICK

Augenfleck-Spitzkopf-Kugelfisch Die Art lebt auf flachen Riffen innerhalb der Gezeitenzone und in Lagunen. Adulte Tiere sind zwischen Korallen und unter Felsvorsprüngen zu finden, die Jungfische in großer Zahl auf flachen Riffabschnitten.

- Bis 11,5 cm
- Bis 170 g
- Ovipar
- Unbekannt
- Häufig

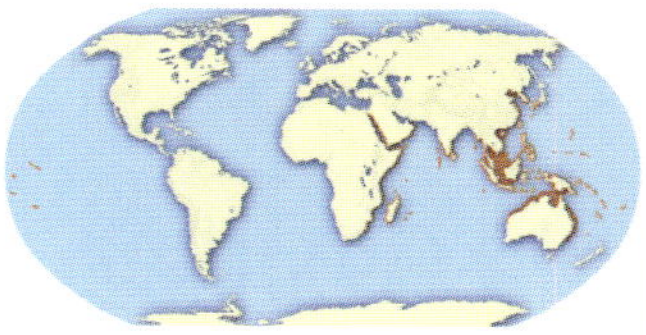

Indo-Pazifik

Weißpunkt-Kofferfisch Ein Panzer aus Knochenplatten bedeckt Kopf und Körper des Fisches, weshalb er beim Schwimmen nur die Flossen einsetzen kann. Bei Gefahr stößt er Ostracitoxin aus, das für andere Fische hoch giftig ist und auch für ihn selbst.

- Bis 25 cm
- Bis 370 g
- Ovipar
- Hermaphrodit
- Häufig

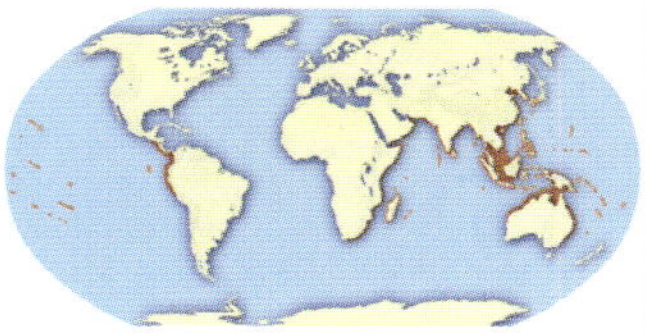

Indo-Pazifik

Dornrücken-Kuhfisch Wie der Kofferfisch ist er von einem schützenden Panzer umgeben. Er besitzt eine einzigartige Form der Fortbewegung: Lediglich eine Ruderbewegung der Rücken- und Afterflosse treibt ihn voran, ohne dass der Körper eine Bewegung ausführt. So ist der Fisch zwar nicht schnell, kann aber reglos durchs Wasser gleiten.

- Bis 23 cm
- Bis 460 g
- Ovipar
- Männchen/Weibchen
- Häufig

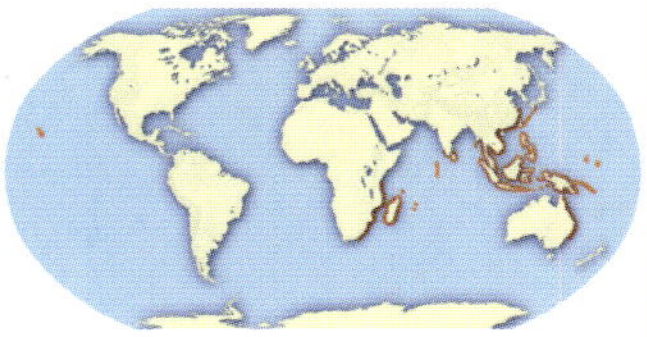

Indo-Pazifik: Ostafrika bis Hawaii

SCHÜTZENDER PANZER

Kofferfische haben eine Körperbedeckung aus großen, verdickten Schuppenplatten. Die Platten sind teilweise oder ganz miteinander verbunden und bilden so eine äußerst starke, feste Struktur wie bei den ausgestorbenen gepanzerten Fische des Paläozoikums (vor über 245 Millionen Jahren). Die harte Schale macht ausgewachsene Kofferfische relativ immun gegenüber Angriffen anderer Fische, mit Ausnahme der größten. Manche sind mit hornartigen Auswüchsen geschmückt, um Räuber abzuschrecken. Werden sie bedroht, gefangen oder berührt, stoßen sie die toxische Substanz Ostracitoxin aus, die sich im Wasser verteilt und so giftig ist, dass sie in Aquarien andere Fische tötet – in manchen Fällen auch den Kofferfisch selbst.

Extremer Spezialist Der Bienenwaben-Kofferfisch (*Acanthostracion polygonius*) hat im Verlauf der Evolution die typische Stromlinienform verloren. Der Panzer verhindert jegliche Körperbewegung, doch mit kontrollierten Flossenbewegungen kann er im Wasser „schweben"(rechts).

Grazile Bewegungen Kofferfische und ihre Verwandten haben als Folge der Unbeweglichkeit ihrer Körper eine einzigartige Schwimmmethode entwickelt. Sie werden von schnellen Wellenbewegungen der weichen Rücken- und Afterflossen angetrieben. Rasche Beschleunigungen werden mit der kräftigen Schwanzflosse erzeugt. Mit den paarweise angeordneten Brustflossen, die dabei ständig vibrieren, kann der Kofferfisch seine Bewegungen genau kontrollieren.

AUF EINEN BLICK

Shosaifugu Der Shosaifugu (Fugu) lebt in Küstennähe in halb vom Land eingeschlossenen, seichten Stellen und an Flussmündungen. Sein getrocknetes Fleisch wurde jahrhundertelang in der traditionellen Chinesischen Medizin verwendet, frisch zubereitet zählt es zu den teuersten japanischen Spezialitäten. Leber, Eierstöcke und Darm enthalten große Mengen an Tetrodotoxin, das zu den stärksten natürlichen Giften zählt. Manche Raubfische können ihn aber unbeschadet fressen.

- Bis 30 cm
- Bis 680 g
- Ovipar
- Unbekannt
- Häufig

Nordwestlicher Pazifik

Schwarzflecken-Kugelfisch Der Fisch ernährt sich von lebenden Korallen und beißt die Spitzen von Korallenästen ab. Doch er sucht auch im Sand nach Krebs- und Weichtieren und frisst Algen von den Felsriffen. Wie alle Kugelfische befindet sich in seinem Körper das giftige Tetrodotoxin.

- Bis 33 cm
- Bis 710 g
- Ovipar
- Unbekannt
- Häufig

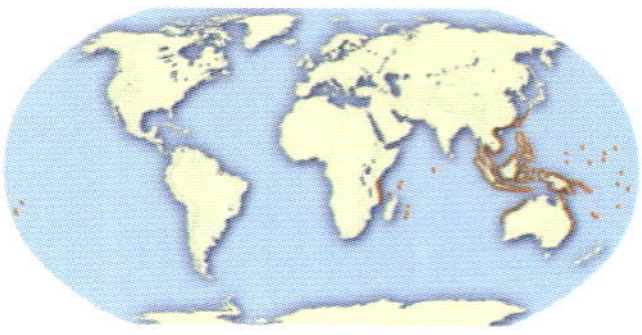

Indo-Pazifik

Riesenkugelfisch Als Riese unter den Kugelfischen kann er über einen Meter lang werden. Seine Haut ist dehnbar und schuppenlos, aber mit harten Dornen besetzt. Bei Gefahr füllt er einen kugelförmigen Sack, der sich neben dem Magen befindet, mit Meerwasser und wird zu einer beinahe runden Stachelkugel.

- Bis 1,2 m
- Bis 10 kg
- Ovipar
- Unbekannt
- Häufig

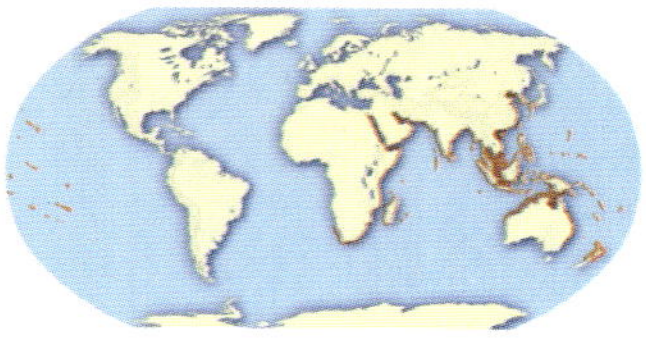

Indo-Pazifik und südöstlicher Atlantik

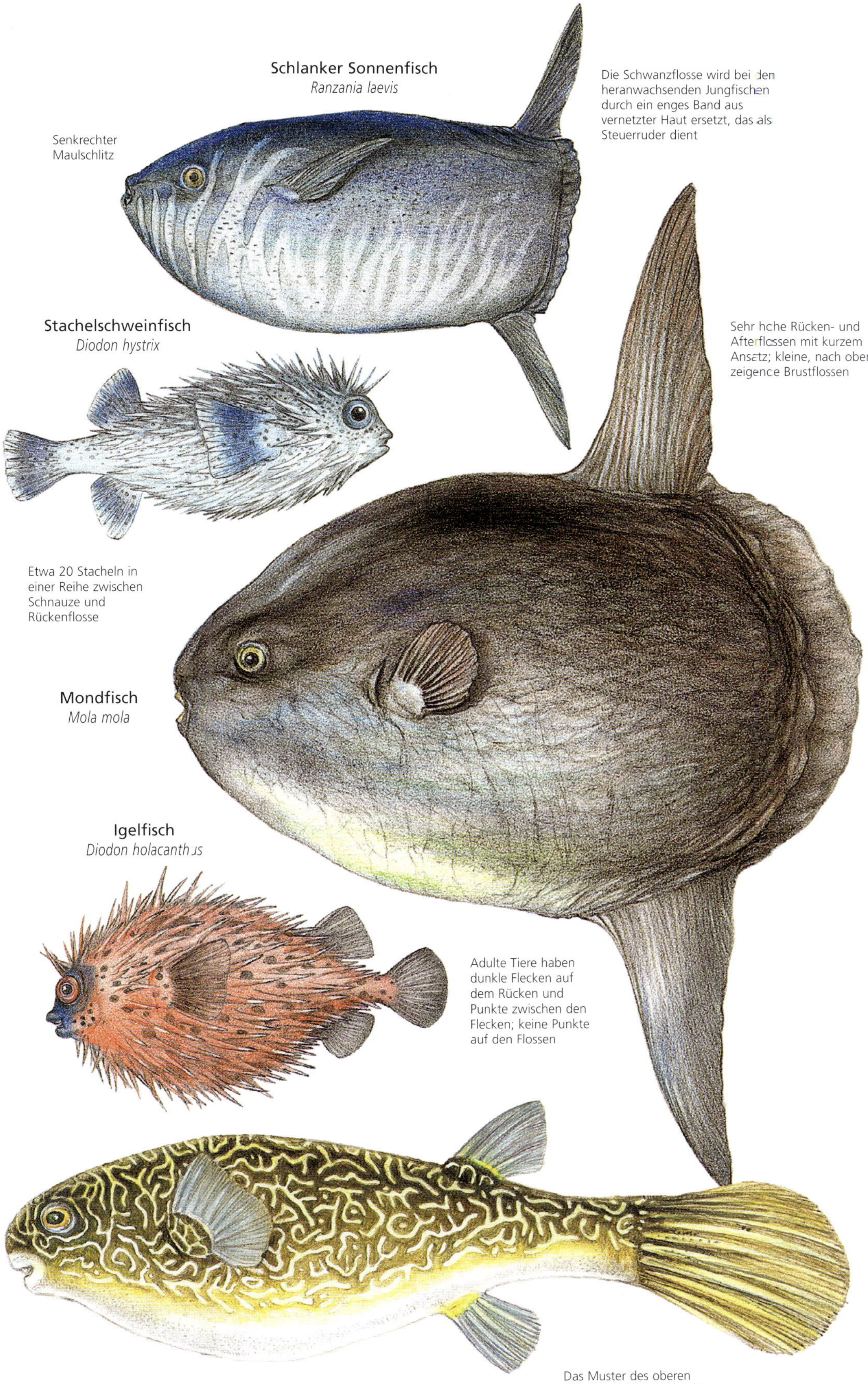

Schlanker Sonnenfisch
Ranzania laevis

Senkrechter Maulschlitz

Die Schwanzflosse wird bei den heranwachsenden Jungfischen durch ein enges Band aus vernetzter Haut ersetzt, das als Steuerruder dient

Stachelschweinfisch
Diodon hystrix

Etwa 20 Stacheln in einer Reihe zwischen Schnauze und Rückenflosse

Mondfisch
Mola mola

Sehr hohe Rücken- und Afterflossen mit kurzem Ansatz; kleine, nach oben zeigende Brustflossen

Igelfisch
Diodon holacanthus

Adulte Tiere haben dunkle Flecken auf dem Rücken und Punkte zwischen den Flecken; keine Punkte auf den Flossen

Goldringel-Kugelfisch
Tetraodon mbu

Das Muster des oberen Körperbereiches reicht bis zum Ansatz der Rücken- und Brustflossen

AUF EINEN BLICK

Mondfisch Der scheibenförmige Körper der Art wirkt am hinteren Ende stark verkürzt, weil er keine Schwanzflosse trägt. Die Vorwärtsbewegung kommt durch Rudern mit Rücken- und Afterflosse zustande, die beide weit hinten am Körper liegen.

- Bis 3,3 m
- Bis 1500 kg
- Ovipar
- Männchen/Weibchen
- Häufig

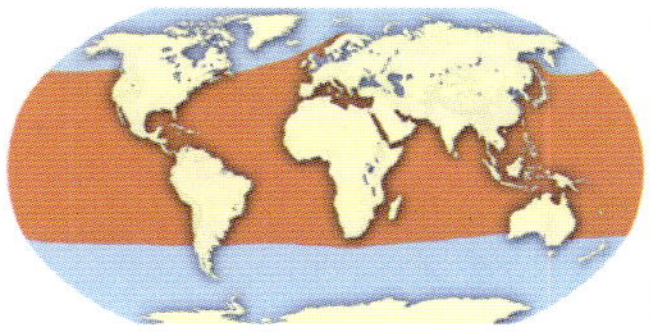

Weltweit in warmen und gemäßigten Meeren

Goldringel-Kugelfisch Bei Gefahr pumpen Kugelfische Luft oder Wasser in einen dehnbaren Sack im Magen, um deutlich größer und eindrucksvoller zu erscheinen. Dadurch treten auch Strahlen und Schuppen hervor, so dass die Tiere schwerer zu verschlucken sind.

- Bis 67 cm
- Bis 6,8 kg
- Ovipar
- Männchen/Weibchen
- Häufig

Zentralafrika

KUGELFISCH-GIFT

Einige Kugelfische sind stark giftig, vor allem die Arten des Indischen und Pazifischen Ozeans. Tetrodotoxin, das im ganzen Körper vorkommt, sich aber in Leber, Eierstöcken und Darm konzentriert, ist ein hoch wirksames Nervengift, stärker als Blausäure. Wenn ein potenzieller Feind den Fischen Angst macht, geben sie das Gift ins umgebende Wasser ab.

Russisches Roulette *Das giftfreie Fleisch einiger Kugelfisch-Arten ist in Japan und Korea hoch geschätzt, obwohl einige Organe der Tiere das tödliche Tetrodotoxin enthalten und sorgfältig entfernt werden müssen.*

GLOSSAR

Aasfresser Ein Fisch, der sich von den Überresten toter Tiere ernährt.

Abgerundet Schwanzflosse, deren hinterer Rand konvex ist.

Achsel Der spitzwinkelige Bereich zwischen Flosse und Körper; wird gewöhnlich als Bezeichnung für den Winkel zwischen Brustflosse und Körperunterseite verwendet.

Afterflosse (Analis) Analflosse; unpaarige Flosse an der Unterseite des Fischabdomens.

Algen Die einfachste Form pflanzlichen Lebens.

Anadrom Im Meer lebend, aber zum Laichen ins Süßwasser zurückkehrend, wie zum Beispiel der Lachs.

Annulus (Pl. Annuli) Ringförmige Struktur auf einer Fischschuppe, die einem Wachstumsring ähnelt und zur Altersbestimmung herangezogen wird.

Anpassung Eine Veränderung in Verhalten oder Körperbau eines Fisches, die es ihm ermöglicht, unter veränderten Bedingungen zu überleben und sich fortzupflanzen.

Art Eine Gruppe von Fischen mit sehr ähnlichen Merkmalen, die sich unter natürlichen Bedingungen untereinander paaren und fortpflanzungsfähige Nachkommen hervorbringen kann.

Barteln Dünne, fleischige Auswüchse an den Lippen oder in der Nähe des Mauls, die mit sensorischen und chemischen Rezeptoren ausgestattet sind; werden z. B. von bodenbewohnenden Fischen dazu benutzt, im Schlamm oder Sand nach Nahrung zu suchen.

Bauchflossen (Ventralis) Paarweise angeordnete Flossen, die an der Körperunterseite von Fischen ansetzen.

Biodiversität Biologische Vielfalt; dazu zählen die Vielfalt an Arten und Lebensräumen sowie die genetische Vielfalt (z. B. Unterarten innerhalb einer Art, genetische Unterschiede innerhalb einer Population etc.).

Biolumineszenz Lichterzeugung von lebenden Organismen, chemische Energie wird in Licht umgewandelt.

Brustflossen (Pectralis) An den Flanken eines Fisches ansetzendes Flossenpaar, das zur Kontrolle der Schwimmbewegungen eingesetzt wird. Gewöhnlich befinden sich die Brustflossen direkt hinter den Kiemen.

Caudal Auf den Schwanz bezogen bzw. sich am Schwanz befindend.

Ciguatera Vergiftungserscheinungen, die durch Ciguatoxin im Fleisch von frischem Fisch ausgelöst werden. Der Giftstoff wird ursprünglich von Dinoflagellaten (Algen) produziert.

Ctenoidschuppen Kammschuppen bei Knochenfischen, die am hinteren Rand winzige, zahnähnliche Auswüchse aufweisen.

Cycloidschuppen Rundschuppen bei Knochenfischen, die glattrandig sind.

Demersal Auf oder über dem Grund von Gewässern lebend.

Dentikeln Zahnähnliche Auswüchse wie die Schuppen von Knorpelfischen.

Dimorph Zweigestaltig; wenn sich Männchen und Weibchen einer Art in Aussehen und/oder Größe unterscheiden, spricht man von Geschlechtsdimorphismus.

Divergente Evolution Divergenz; wenn zwei oder mehrere verwandte Arten aufgrund von Umweltanpassungen immer unähnlicher werden.

Elektrorezeptoren Spezialisierte Organe bei einigen Fischen, wie z. B. bei Haien, die elektrische Felder wahrnehmen können, die von den Körpern anderer Tiere ausgehen; dienen auch der Navigation, indem sie Störungen im elektrischen Feld der Umgebung anzeigen, wie sie z. B. von einem Riff verursacht werden.

Embryo Ein ungeborenes Lebewesen im frühesten Entwicklungsstadium; kann im Körper der Mutter heranwachsen oder in einem Ei außerhalb des Körpers.

Epipelagisch Die Oberflächenschicht des offenen Meeres bezeichnend.

Evolution Die Entwicklung der Lebewesen im Verlauf der Erdgeschichte, die auf der Basis von Mutation und Selektion zur Bildung neuer Arten und zu höheren Organisationsformen geführt hat. Veränderungen im Genom, der Gesamtheit der genetischen Information eines Individuums, können durch zufällige Mutationen oder durch Genaustausch (z. B. Rekombination von Genen bei sexueller Fortpflanzung) stattfinden. Sie sind die Basis für den Prozess der Selektion (Auslese), der besser angepassten Individuen einen höheren Fortpflanzungserfolg beschert.

Fettflosse (Adipose) Kleine, fleischige Flosse ohne Strahlen, die sich hinter der Rückenflosse von vielen Lachsen, Salmlern und anderen Welsen befindet.

Flossen Durch Knorpelgewebe oder Knochen gestützte Hautfalten bei Fischen, die zur Fortbewegung und Kommunikation eingesetzt werden; dienen bei einigen Arten auch zur Befruchtung.

Flossenpaare Kollektive Bezeichnung für die beiden Bauch- bzw. Brustflossen.

Flossenstrahlen Stützende, knöcherne Bestandteile von Flossen wie Dornen, Stacheln oder weiche Strahlen.

Gegabelt Eingekerbt; wird zur Beschreibung von Schwanzflossen verwendet, die in zwei gleich große Lappen geteilt sind.

Gonaden Fortpflanzungsorgane.

Habitat Der natürliche Lebensraum eines Tieres. Viele verschiedene Tierarten leben in derselben Umgebung, z. B. im Regenwald, aber jede Art besetzt ein anderes Habitat innerhalb dieser Umgebung. So leben z.B. einige Tiere in der Tiefsee, andere in der Umgebung von Korallenriffen.

Hybrid Nachkommen von Eltern zweier verschiedener Arten.

Illicium Verlängerter Strahl der Rückenflosse bei Armflossern, an dessen Spitze sich ein Gebilde befindet, das zum Anlocken von Beutetieren eingesetzt wird.

Katadrom Im Süßwasser lebend, aber zum Laichen ins Meer zurückkehrend, wie es bei Aalen der Fall ist.

Kiemen Atmungsorgane, die Sauerstoff aus dem Wasser aufnehmen und CO_2 abgeben.

Kiemenbogen Knöcherne oder knorpelige Bögen in der Kehle von Fischen, an denen die Kiemenblättchen und Kiemenfäden ansetzen. Knochenfische haben für gewöhnlich vier Kiemenbögen.

Klasper Der innere Rand der Bauchflossen von Haien, Rochen und Chimären, der zur Spermaübertragung verwendet wird.

Kloake Innere Kammer bei Fischen, in die sich Inhalte von Geschlechts- und Verdauungsorganen entleeren, bevor diese ausgeschieden werden.

Knochenfische Fische mit einem Knochenskelett. Ein anderes Merkmal sind die Kiemendeckel. Die Haut vieler Knochenfische ist mit Schuppen bedeckt.

Knorpelfische Fische mit einem Knorpelskelett, wie zum Beispiel Seedrachen, Haie und Rochen.

Konspezifisch Zur selben Art gehörend.

Konvergente Evolution Konvergenz; Situation, bei der nicht verwandte Gruppen unter ähnlichen Umweltbedingungen ähnliche Strukturen entwickeln.

Kopffüßer Weichtiergruppe, die aus Tintenfischen, Kraken sowie Kuttelfischen besteht.

Korallenriffe Gebilde aus den Skeletten von Korallentieren (Polypen), die in warmen Meeren zu finden sind.

Krebstiere Wirbellose Tiere mit harten, kalkigen Schalen (Exoskelett), wie zum Beispiel Hummer, Krabben, Garnelen und Ruderfußkrebse.

Krill Kleine, garnelenähnliche Krebstiere, die in großer Anzahl in arktischen und antarktischen Gewässern zu finden sind.

Lebend gebärend Voll entwickelte Junge zur Welt bringend.

Lebensraum siehe **Habitat**

Lorenzinische Ampullen Mit einer gallertartigen Masse gefüllte Kanäle auf dem Kopf von Haien, mit denen sie schwache elektrische Felder aufspüren können.

Lumineszenz Die Fähigkeit, Licht zu reflektieren oder auszusenden. Einige Tiefseefische verfügen durch die Mit Hilfe sogenannter Leuchtbakterien über ihre eigene Lichtquelle.

lunat Sichelförmig; der Begriff wird zur Beschreibung von tief eingeschnittenen schmallappigen Schwanzflossen verwendet.

Mesopelagisch Bezogen auf die mittleren Tiefen zwischen ungefähr 200 m und 1000 m.

Migration Zielgerichtete Wanderung von einem Lebensraum in einen anderen. Viele Fischarten wandern weite Strecken, um Nahrung zu finden oder sich zu paaren und ihren Laich abzulegen. Manche Tiefsee-Fische wandern nachts zum Fressen in die oberen Wasserschichten.

Morphe Eine Farb- oder andere körperliche Variante einer Art innerhalb einer lokalen Population oder Art.

Nacken Der Teil des Rückens zwischen hinterem Schädelrand und der Rückenflosse, aber auch der Schädelbereich über und hinter den Augen.

Nickhaut Eine bewegliche Membran

des Auges, die dem Schutz des Auges dient, es vor mechanischen Verletzungen bewahrt und vor allem bei Haien zu finden ist.

Nachtaktiv Nachtaktive Fische verfügen über spezielle Anpassungen wie große, empfindliche Augen, um sich in der Dunkelheit zurechtzufinden. Nachtaktive Fische ruhen gewöhnlich bei Tag.

Ocellus Augenfleck mit einem farbigen Ring, der einen Fleck in einer anderen Farbe umschließt.

Ökosystem System aus der Gesamtheit aller Lebewesen, sämtlicher Umweltfaktoren und wechselseitigen Beziehungen in diesem System, z. B. im Ökosystem Korallenriff.

Omnivore Allesfresser: Tiere, die sowohl pflanzliche als auch tierische Nahrung zu sich nehmen. Die Zähne und das Verdauungssystem von Allesfressern sind an beinahe jede Art von Nahrung angepasst.

Operculum Knöcherner Kiemendeckel, der aus vier Knochen besteht: Operculum, Präoperculum, Interoperculum und Suboperculum.

Operculum Der größte Knochen des Kiemendeckels.

Osmoregulation Die Regulierung der Konzentration der Körperflüssigkeiten bei im Wasser lebenden Tieren.

Ovipar Eier legend; im Körper der Mutter erfolgt keine oder nur eine geringe Entwicklung der Nachkommen, die Embryos reifen im Innern der gelegten Eier.

Ovovivipar Fortpflanzung durch die Geburt lebender Jungtiere, die sich in den befruchteten Eiern im Körper der Mutter voll entwickelt haben. Die Jungen schlüpfen direkt bei der Eiablage oder kurz darauf.

Papille Kleiner, fleischiger Auswuchs.

Parallele Evolution Wenn verwandte Gruppen, die isoliert leben, aufgrund ähnlicher Umweltbedingungen ähnliche Formen und Strukturen entwickeln.

Parasitismus Wenn ein Tier oder eine Pflanze auf einem anderen Lebewesen lebt und/oder sich von diesem ernährt; führt manchmal zur Schädigung oder zum Tod des sogenannten Wirtes.

Pelagisch Im offenen Ozean, jedoch nicht auf dem Meeresboden lebend.

Pheromon Ein chemischer Botenstoff, der von einem Fisch als Signal ausgestoßen wird und das Verhalten seiner Artgenossen beeinträchtigt. Viele Fische benutzen Pheromone, um Partner anzulocken oder Gefahren anzuzeigen.

Photophoren Leuchtorgane einiger Tiefsee-Fischarten.

Phytoplankton Winzige, einzellige Algen, die an oder nahe der Meeresoberfläche treiben.

Placoide Schuppen Dornförmige Schuppen auf der Haut von Haien und Rochen und auf den Klaspern von Holocephali (Chimären oder Seekatzen); werden auch Dentikeln, Hautdentikeln oder Odontoide genannt.

Plankton Pflanzliche (Phytoplankton) oder tierische (Zooplankton) Organismen, die im offenen Meer treiben. Plankton bildet ein wichtiges Glied in der Nahrungskette.

Plattenkiemer (Elasmobranchii) Unterklasse der Knorpelfische, zu der Haie und Rochen zählen.

Polyp Die fest sitzende Generationsform von Hohltieren, z. B. Korallen.

Protandrisch Vormännlich; bei konsekutivem Hermaphroditismus (wie bei einigen Fischen der Fall) lebt ein Individuum zuerst als Männchen und wird danach zu einem Weibchen.

Proterogyn Vorweiblich; bei konsekutivem Hermaphroditismus (wie bei einigen Fischen der Fall) lebt ein Individuum zuerst als Weibchen und wird danach zu einem Männchen.

Raubfisch Ein Fisch, der sich überwiegend oder ausschließlich von Fischen und anderen Wassertieren ernährt.

Räumliches Sehen Wenn beide Augen nach vorne weisen, hat das Tier zwei einander überlappende Sehfelder und kann dadurch räumliche Tiefe abschätzen.

Reißzahn Vorstehender, schlanker Zahn mit scharfen Kanten.

Rückenflosse (Dorsalis) Die große Flosse auf dem Rücken von Fischen und im Wasser lebenden Säugetieren, die dem Tier dabei helfen, bei der Fortbewegung das Gleichgewicht zu halten. Einige Fischarten haben zwei oder drei Rückenflossen.

Rudimentär Ein einfacher, nicht oder kaum entwickelter Teil eines Fisches wie ein Organ oder eine Flosse. Rudimentäre Körperteile einiger heutiger Fische sind Reste von funktionellen Teilen ihrer Vorfahren, die mittlerweile keinen bestimmten Zweck mehr erfüllen.

Schädellappen Nach vorne gerichtete Auswüchse an beiden Seiten des Mauls von Mantas und Teufelsrochen.

Schlundzähne Gegenüberstehende Zahnreihen im Schlund; von Abkömmlingen der Kiemenbögen gebildet.

Schuppen Kleine plattenförmige Gebilde, die den Körper vieler Fische bedecken.

Schwimmblase Ein gasgefülltes, sackähnliches Organ in der Leibeshöhle vieler Knochenfische, zur Auftriebsregulation, Atmung, Schallerzeugung, Schallrezeption etc.

Scuta Schildschuppen und -platten bei Stören und manchen Heringsartigen.

Sediment Ablagerungen.

Seitenlinienorgan Ein sensorisches Kanalsystem entlang der Flanken eines Fisches, das hinter den Augen beginnt und bis zum Schwanz reicht. Fische nehmen damit Druckveränderungen im Wasser wahr, die von sich bewegenden Objekten ausgelöst werden.

Sozial In Gruppen lebend; soziale Fische leben entweder in Paaren zusammen mit ihren Jungen oder in Schwärmen mit oft mehreren tausend Individuen.

Spermatophore Ein Spermienpaket, das bei der Paarung vom Männchen zum Weibchen übertragen wird.

Spiraculum Öffnung, durch die das Atemwasser eindringt, wenn die Fische am Boden ruhen oder das Maul gerade zum Fressen benutzt wird. Bei Knorpelfischen befinden sich die Spiracula hinter den Augen.

Squalene Substanz im Lebertran von Haien, die veredelt und als hochwertiges Maschinenöl in der High-Tech-Industrie verwendet wird, aber auch als Nahrungsergänzungsstoff und in der Kosmetik Verwendung findet.

Stachel Knöcherner Fortsatz, der aus einem einzigen Teil besteht und gewöhnlich scharf zugespitzt ist. Flossenstacheln sind nicht verzweigt.

Stromlinienform Lange, glatte Körperform, die den Strömungswiderstand im Wasser verringert.

Stachelhäuter Im Meer lebende Wirbellose mit Fünfersymmetrie und einem Wassergefäßsystem, wie zum Beispiel Seesterne, Seeigel und Seegurken.

Symbiose Ein Zusammenleben von verschiedenen Arten, das für beide Seiten Vorteile bringt. Tiere bilden symbiotische Beziehungen mit Pflanzen, Mikroorganismen und anderen Tieren.

Sympatrisch Vorkommen von zwei oder mehreren Arten im selben Gebiet.

Taxonomie Das wissenschaftliche System zur Einteilung von Lebewesen in verschiedene Gruppen und Untergruppen aufgrund ihrer natürlichen Verwandtschaft.

Territorium Revier; ein begrenztes Gebiet, das von einem Fisch bewohnt und gegen artgleiche Eindringlinge verteidigt wird. In dem Gebiet sind meist alle lebensnotwendigen Ressourcen wie Nahrung und Nistplätze vorhanden.

Tiefseemessung Messung der Meerestiefen und Grundrisse der Meeresbecken.

Tragzeit Die Dauer der Trächtigkeit eines lebend gebärenden weiblichen Fisches.

Unpaarige Flossen Die Flossen, die auf der sagittalen Körperebene sitzen, also Rücken-, After und Schwanzflossen.

Weichstrahl Ein unterteilter Flossenstrahl, der aus zwei eng verbundenen Teilen besteht, beinahe immer biegsam und oft auch verzweigt ist.

Wirbelsäule Die Reihe von Wirbeln, die vom Kopf bis zum Schwanz entlang des gesamten Rückens eines Wirbeltieres verläuft und in die das Rückenmark eingebettet ist.

Wirbeltiere Tiere mit einer Wirbelsäule. Alle Wirbeltiere haben ein inneres Skelett (Endoskelett) aus Knorpel oder Knochen. Fische, Reptilien, Vögel, Amphibien und Säugetiere sind Wirbeltiere.

Vivipar Fortpflanzung, bei der sich Junge im Mutterleib entwickeln und lebend zur Welt kommen. Diesen Vorgang nennt man auch plazentale Viviparie. Einige Fische, wie zum Beispiel Haie, sind vivipar.

Wirbellose Tiere, die keine Wirbelsäule besitzen, wie zum Beispiel Seeigel, Seesterne oder Würmer.

Zooplankton Winzige tierische Organismen, die zusammen mit dem Phytoplankton das Plankton bilden, das an oder nahe der Meeresoberfläche treibt. Zooplankton dient Walen, Fischen und Meeresvögeln als Nahrung.

Zwitter Fische, die sowohl männliche als auch weibliche Geschlechtsorgane besitzen und sich somit selbst befruchten können (simultaner Hermaphroditismus), oder aber auch Fische, die das Geschlecht im Laufe ihres Lebens verändern (sequenzieller Hermaphroditismus).

REGISTER

Kursiv gedruckte Seitenzahlen weisen auf Illustrationen, Fotos oder Informationskästchen hin. Einzelne Arten sind mit deutschem Namen sowie mit der wissenschaftlichen Bezeichnung aufgeführt. Die Seitenangaben bei wissenschaftlichen Bezeichnungen beziehen sich oft nur auf eine Erwähnung des deutschen Namens im Text.

A

Aalartige 20, 49, 100-104
  Amerikanische Aale 41, 104
  Augenfleckstachelaal 100, *154*
  Europäischer Flussaal 41, *101*, 104, *104*
  Feuerstachelaal 154, *154*
  Gürtelstachelaal *154*
  Meeraal 100, 102, *102*
  Muränen 100, 101, *101*, 102, *103*, 107, *107*, 160
  Muränenaal 102, *103*
  Ohrfleck-Röhrenaal *102*
  Pelikanaal 102, *102*
  Sackmaulähnliche 100
  Tiefsee-Aale 50, *51*
  Zitteraale 108, 125, *125*
Aalgärten 103, *103*
Aalrutte (Quappe) 140, *140*
Ablennes hians 146
Abramis brama *109*
Acanthocybium solandri *187*
Acanthodien 16
Acanthopterygii 20, 142-99
Acanthostracion polygonius 196, *197*
Acanthurus
  A. achilles 185, *185*
  A. dussumieri *185*
  A. leucosternon *185*
  A. lineatus 185, *185*
  A. sohal 14, *14-15*, *185*
  A. triostegus *185*
Acipenser
  A. oxyrinchus *95*
  A. ruthenus 95, *95*
  A. stellatus 95, *95*
  A. sturio *95*
  A. transmontanus 95, *95*
Acipenseriformes 58
Actinopterygii 18, 20, 90, 94-104, 108-36, 142-99
Adlerrochen 87, *87*
Aeoliscus strigatus 150, *150*
Aetobatus narinari 69, *69*, 87, *87*, *88*, *89*
Ährenfische 142
  Bachährenfisch 143, *143*
Afrikanischer Buntbarsch 32, 33
Afrikanischer Hechtsalmler 119, *119*
Afrikanischer Lungenfisch 92, *92*
Afrikanischer Schlangenkopf *191*
Afrikanischer Tauwels 121, *121*
Agnathen 16, 20, 66-67
Agonus cataphractus *157*
Aidablennius sphynx *182*
akustisches Seitenlinienorgan 22
Alabama-Alse 106
Alaska-Seelachs 138
Albula nemoptera *100*
Alectis cilaris *162*
Alepocephalidae *127*
Alepocephalus tenebrosus *127*
Algendrachenkopf *155*
Alopias vulpinus *78*
Alosa
  A. alabamae 106
  A. alosa *106*
  A. sapidissima 106, *106*
Alsen (Maifische) 105-106, *105-106*
  Alabama-Alse 106
  Alse *106*
  Amerikanische Alse 106, *106*
Amazonas-Blattfisch 171, *171*
Amblyopsis spelaea 138, *138*
Ameiurus
  A. catus *121*
  A. melas *121*
  A. nebulosus 121, *121*
Amerikanische Alse 106, *106*
Amerikanische Kleine Maräne 133, *133*
Amerikanischer Aal 41, 104
Amerikanischer Döbel 110, *110*
Amerikanischer Schlammfisch 20, 96
Amerikanischer Seeteufel *141*
Amia calva 96, *96*
Amiets Prachtkärpfling 147, *147*
Ammenhai *71*
Ammodytes tobianus 181, *181*
Amphibien 18
Amphiprion ocellaris 176, *176*, *177*
Amur-Bitterling 110, *110*
Anabas testudineus 190, *190*
Anableps anableps 148, *148*
Anadromie 52
Anarhichas lupus 181, *181*
Anemonen 42, 168, 176, *177*
Anemonenfische 176, *176*, *177*
Anglerfische 20, 26, *26*, 55, *55*, 91, *91*, 138, 140, 141, *141*
  Tiefsee 50, *51*, 52, *52*
Angolawels 30, *123*
Anguilla
  A. anguilla *101*, 104, *104*
  A. rostrata 104
Anomalopidae *149*
Anoplopoma fimbria 157, *157*
Anostomus anostomus 118, *118*
Antarktis 48, 49, *49*
  Fische 31, 48
Antarktisdorsche 48, *48*
Antennarius avalonis *141*
Anthias anthias 39, *39*
Antigonia rubescens *150*
Antimora rostrata *140*
Aphanius
  A. fasciatus *148*
  A. iberus *148*
Aphia minuta *183*
Aphredoderus sayanus *138*
Apistogramma agassizii *174*
Aplocheilichthys spilauchen *147*
Aplocheilus lineatus *147*
Apogon semilineatus *161*
Apogonidae 45
Apteronotus albifrons 125, *125*
Arapaima gigas 31, 98, *98*
Archosargus probatocephalus 164, *164*
Arctoscopus japonicus *181*
Aristichthys nobilis *109*
Arothron
  A. meleagris *198*
  A. nigropunctatus 198, *198*
  A. stellatus 198, *198*
Arripis trutta *171*
Arthrodires 17
Aspidontus taeniatus *182*
Asterolepsis ornata 18, *18*
Astronotus ocellatus 174, *174*
Astyanax jordani 32, *32*
Atherinia
  A. boyeri *143*
  A. presbyter 143, *143*
Atlantische Makrele 187, *187*
Atlantischer Hering 106, *106*
Atlantischer Inger 67, *67*
Atlantischer Lachs 41, 128, *128*
Atlantischer Menhaden *106*
Atlantischer Schlammmfisch 109, *109*
Atlantischer Schlammspringer 183, *183*
Atlantischer Seeteufel 141, *141*
Atlantischer Stachelrochen 86, *86*
Atmung 80
Atractosteus spatula 96, *96*
Augenfleckstachelaal 100, *154*
Augenstreifen-Doktorfisch *185*
Aulacocephalus temminckii 159, *159*
Aulopiformes 135
Aulopyge huegelii *110*
Aulostomus chinensis *151*
Australische Kärpflingsgrundel *183*
Australischer Fetzenfisch 29, 151, *151*
Australischer Lachs *171*
Australischer Lungenfisch 92, 93, *93*
Australisches Neunauge 67, *67*
Austrolebias bellottii *147*
Aussterben 63 *siehe auch* bedrohte Arten
Auxis rochei *187*
Ayu *127*
Azur-Riffbarsch *176*

B

Bachforelle 128, *128*
Bachneunauge *67*
Bacoo-Barsch 32, *32*
Bäche und Flüsse 31, *31*
Bagre marinus *124*
Bagrus ubangensis 121, *121*
Balantiocheilos melanopterus 111, *111*
Balistapus undulatus *194*
Balistoides conspicillum 194, *194*
Barbonymus schwanenfeldii *112*
Barbourisia rufa 149, *149*
Barben 112, *112*
Barbengründling *110*
Barbensalmler *117*
Barbus erubescens 109
Bärblinge 110, *110*
Barracudas 25, *25*
  Europäischer Barrakuda *186*
  Großer Barrakuda 186, *186*
  Pazifischer Barrakuda *186*
Barsche 45, *138*, *158*
  Barramundi 158, *158*
  Blaubarsch 161, *161*
  Europäischer Wolfsbarsch 158, *158*
  Flussbarsch 29, *29*, 161, *161*
  Gelbbarsch *158*
  Großaugenbarsch 161, *161*
  Macquaries Barsch *159*
  Nilbarsch 59, *60*
  Piratenbarsch *138*
  Sandtorpedobarsch *161*
  Streifenbarsch 158, *158*
  Tigerbarsch *163*
  Tüpfelgrunzbarsch 32, *32*
Barteln 22, 108, 114, *114*
Bartumber *166*
Bastardmakrele *162*
Bauchsack-Kugelfisch *195*
Bedotia geayi *143*
bedrohte Arten 58-63
Beilfische 50, *51*, 119, *119*, *134*
Belone belone 146, *146*
Benthalbella dentata *135*
Bermuda-Ruderfisch *171*
Berycidae *149*
Betta splendens 190, *190*
Biolumineszenz 56, *56*
Blattfische *54*, 55, 171, *171*
Blauaugen *143*
Blaubarsch 161, *161*
Blauer Diskus 174, *174*
Blauer Kärpfling 59, *59*
Blauer Katzenwels 121, *121*
Blauer Kongosalmler *119*
Blauer Marlin 188, *188*, *189*
Blauer Papageifisch 180, *180*
Blauer Seehecht *140*
Blauer Sonnenbarsch 165, *165*
Blaupunktrochen 69, *69*, 87, *87*
Blauhai 46, *74*, 75, *75*
Blaukehl-Drückerfisch *194*
Blaumäulchen 155, *155*
Blaupunkt-Falterfisch *167*
Blaurückenlachs 130-131, *130-131*
Blaustreifen-Doktorfisch 185, *185*
Blaustreifen-Putzerfisch 178, *178*, 182
Blaustreifen-Säbelzahnschleimfisch 182, *182*
Blitzlichtfische 56, 57, *57*, *149*
Blutfleck-Doktorfisch 185, *185*
Bodengucker *162*
Bolbometopon muricatum, 180, *180*
Bombay-Enten 135
Bonito 50, *50*
  Atlantischer Bonito *187*
Boops boops 164, *164*
Bora Bora 42, *43*
Bothidae 192
Bothus lunatus *192*, 193
Botia lohachata 116, *116*
Boulengerella maculata *118*
Brabant-Buntbarsch *175*
Brachionichthys
  B. hirsutus 138
  B. politus 138
Brachymystax lenok *132*
Brachsenmakrele *163*
Branchiostoma lanceolatum *67*
Brandbrasse *164*
Brandungsbarsche 176, *176*
Brasil-Perlmutterfisch *174*
Brassen *109*
  Brandbrasse *164*
  Zweibindenbrasse 164, *164*
Brauner Umberfisch *166*
Brevoortia tyannus *106*
Brienomyrus longianalis *99*
Brotula multibarbata *138*
Brycinus longipinnis *120*
Buckellachs 129, *129*
Büffelkopf-Papageifisch 180, *180*
Bullenhai 74, *74*
Buntbarsche (Cichlidae) 26, 28, 58-59, *59*, 142, *174*
  Afrikanische 32, 33
  Brabant-Buntbarsch *175*
  Buckelkopf-Buntbarsch 175, *175*
  Buntschwanz-Zwergbuntbarsch *174*
  Burtons-Buntbarsch *174*
  Büschelbarsch 171, *171*
  Grüner Augenfleck-Kammbarsch *174*
  Nicaragua-Buntbarsch *88*, *174*
  Quetzal-Buntbarsch *174*
  Texas-Buntbarsch *174*
  Victoria-Obliquidens *175*
Butterfisch *181*

C

Caelorinchus fasciatus *140*
Caesio
  C. teres 90, *90*
  C. xanthonota 163, *163*
Calamus bajonado *164*
Callionymidae 26
Callionymus lyra 183, *183*
Calloplesiops altivelis *160*
Campylomormyrus elephas *99*
Candiru 125, *125*
Cantherhines

C. dumerilii 194, *194*
C. pardalis *194*
Canthigaster
C. coronata *198*
C. jactator *198*
C. solandri 195, *195*
C. valentini *195*
Caranx hippos *162*
Carapus acus *138*
Carassius auratus 108, *109*
Carcharhinus
C. leucas 74, *74*
C. perezi *46*, 47
Carcharias taurus *58*, 59, 78, *78*
Carcharodon carcharias *78*
Carnegiella strigata 119, *119*
Carpiodes cyprinus *113*
Catoprion mento 120, *120*
Catostomus commersonii *113*
Centropomus undecimalis 158, *158*
Centropyge
C. loricula *170*
C. multifasciata *170*
Cephalaspidiformes 17
Cephalopholis miniata 25, *25*, *159*
Cetomimus craneae *149*
Cetorhinus maximus 78, *78*
Chaenocephalus aceratus 48, *48*
Chaetodermis penicilligerus *194*
Chaetodon
C. auriga *167*
C. ephippium *167*
C. ornatissimus *167*
C. plebeius *167*
C. semilarvatus 26, *27*, *167*
Chaetodontidae 172
Channa argus 191, *191*
Chanos chanos 109, *109*
Characiformes 19
Chascanopsetta 193
Chasmodes bosquianus 14, *14*
Chauliodus macouni *134*
Cheilodactylus nigripes 171, *171*
Cheirolepis 18, *18*
Chelidonichthys
C. cuculus *154*
C. gurnardus 154, *154*
Chelmon rostratus *167*
Chile-Hechtling *128*
Chilodus punctatus *118*
Chimaera monstrosa *71*
Chimären 20, 22, 57, 68, 70
Chinesischer Trompetenfisch *151*
Chirocentrus dorab *105*
Chitala chitala 99, *99*
Chlamydoselachus anguineus *79*
Choerodon fasciatus 178, *178*
Chondrichthyes 20, 68-89
Chondrostei 20, 94-95, 96
Chromis
C. atripectoralis 37, *37*
C. chromis 176, *176*
C. iomelas *176*
Chromobotia macracanthus 116, *116*
Chrysichthys auratus *121*
Chrysiptera hemicyanea *176*
Cichliden *siehe* Buntbarsche
Clarias angolensis *123*
Climatius 17, *17*
Clownfische 142, 176, *176*, *177*
Clupea harengus 106, *106*
Clupeomorpha 20, 105-6
Coius microlepsis *162*
Colisa lalia *190*
Cololabis saira *146*
Conger conger 102, *102*
Copella arnoldi 118, *118*
Coregonus
C. artedi 133, *133*
C. autumnalis *133*
C. lavaretus 133, *133*
C. nasus *133*
Coris
C. aygula *178*
C. gaimard *178*
C. julis *179*
Corydoras metae *125*
Corynopoma riisei 120, *120*
Coryphaena hippurus 162, *162*
Cottocomephorus grewingkii 157, *157*
Cromileptes altivelis *160*
Ctenolucius hujeta 19, *19*, 118, *118*
Ctenopharyngodon idella 109, *109*
Cyclopterus lumpus 157, *157*
Cyclothone microdon 134, *134*
Cynoscion nebulosus 166, *166*
Cyphocharax spilurus *117*
Cyprinidae 58
Cyprinodon variegatus *147*
Cyprinus carpio *109*, *122*, 123
Cypselurinae 144
Cypselurus 144, *144-145*

D

Dactylopterus volitans 154, *154*
Dactyloscopidae *181*
Dactyloscopus tridigitatus *181*
Dallia pectoralis *127*
Dascyllus
D. melanurus *176*
D. trimaculatus 176, *176*
Dasyatis
D. americana 55, *55*
D. pastinaca 86, *86*
D. sabina 86, *86*
D. thetidis 84, *84*
Degenfisch 186, *186*
Delfine 50, *51*
Dentex dentex 164, *164*
Diadem-Soldatenfisch 149, *149*
diadrome Arten 52
Dianafisch *184*
Dicentrarchus labrax 158, *158*
Diodon
D. holacanthus *199*
D. hystix *199*
Diplodus vulgaris 164, *164*
Dipturus batis 86, *86*
Distichodus
D. lusosso 117, *117*
D. noboli *117*
D. sexfasciatus 117, *117*
Doggenhai *71*
Doktorfische 168, *185*
Achilles-Doktorfisch 185, *185*
Augenstreifen-Doktorfisch *185*
Blaustreifen-Doktorfisch 185, *185*
Gelber Seebader 185, *185*
Paletten-Doktorfisch *185*
Rotmeer-Doktorfisch 14, *14-15*, *185*
Sträflings-Doktorfisch *185*
Weißkehl-Doktorfisch *185*
Doppelfleck-Glaswels *123*
Doppel-Rückenflosser 170, *170*
Dorosoma cepedianum *105*
Dorsche 20, 138, *138*
Japanischer Tiefseedorsch *140*
Kabeljau 141, *141*
Murray-Dorsch 159, *159*
Doryrhamphus dactyliophorus *151*
Drachenfische 20, 48
Boa-Drachenfisch 134, *134*
Dreipunkt-Gurami *190*
Dreischwanzbarsch 163, *163*
Dreistachliger Stichling *150*
Dreistreifen-Tigerbarsch *171*
Drückerfische 142, 194, *194*
Blaukehl-Drückerfisch *194*
Eigentlicher Picassofisch *194*
Leoparden-Drückerfisch 194, *194*
Orangestreifen-Drückerfisch *194*
Rotzahn-Drückerfisch *194*
Schwarzer Drückerfisch 46, *46*
Dunkleosteus 17, *17*

E

Eberfische *150*
Eber-Lippfisch 179, *179*
Echeneis naucrates *162*
Echinorhinus brucus *79*
Echte Strahlenflosser 20, 142-185
Echter Bonito 187, *187*
Echter Mirakelbarsch *160*
Ecsenius bicolor *182*
Edelsteinkärpfling *147*
Eidechsenfische 20, 135, *135*
Eigentlicher Picassofisch *194*
eingeführte Arten 59
Eis 49, *49*
Eisfische 48
Antarktische Eisfische 48, *48*
Elacatinus multifasciatus *183*
Elasmobranchii 20, 68
Electrophorus electricus 125, *125*
Elefantenfische 68, 98, *98*, 99
elektrische Organe und Rezeptoren 84
Elektrischer Wels 124, *124*
Elopomorpha 20, 100-104
Embiotoca lateralis 176, *176*
Enchelycore pardalis *101*
Engraulis ringens *105*
Enneacampus ansorgii *151*
Enoplosus armatus 170, *170*
Entelurus aequoreus *151*
Epalzeorhynchus
E. bicolor 111, *111*
E. frenatum *111*
E. kalopterus *111*
Epinephelus
E. itajara 159, *159*
E. marginatus 59, *59*
Equetus lanceolatus 166, *166*
Erpetoichthys calabaricus 94, *94*
Esociformes 126
Esox
E. lucius 90, *90*, 127, *127*
E. masquinongy *127*
E. niger *127*
Etheostoma caeruleum *161*
Etmopterus spinax 29, *29*
Etroplus maculatus 175, *175*
Etrumeus teres *105*
Eucrossorhinus dasypogon 24, *24*
Eudontomyzon hellenicus 66
Europäische Esche 126, 132, *132*
Europäische Flunder 191, *191*
Europäische Sprotte *106*
Europäischer Barrakuda *186*
Europäischer Flussaal 41, *101*, 104, *104*
Europäischer Hausen 95, *95*
Europäischer Hornhecht 20, 96, *96*, 146, *146*
Europäischer Hundsfisch 126, 127, *127*
Europäischer Wolfsbarsch 158, *158*
Eurypegasus papilio *150*
Eurypharynx pelecanoides 102, *102*
Euteleostei 20, 137-141
Evolution 90
Anpassung an Umweltbedingungen 58, 142
Exocoetus 144, *144-145*

F

Fächerfische 142
Pazifischer Segelfisch 188, *188*
Fächerschwanz-Feilenfisch *194*
Fadenflossen-Regenbogenfisch 143, *143*
Fadenflosser 165, *165*
Fadenmakrelen *162*
Fahnen-Kirschflecksalmler *120*
Fahnen-Zwerglippfisch *179*
Fähnchengaukler *167*
Falscher Clownjunker *178*
Falscher Putzerfisch *182*
Falterfische 26, 45, 98, 142
Blaupunkt-Falterfisch *167*
Maskenfalterfisch 26, *27*, *167*
Orangestreifen-Falterfisch *167*
Schletterlingsfisch 30, *98*
Färbung *54-55*, 55
Feilenfische
Fächerschwanz-Feilenfisch *194*
Mimik-Feilenfisch *195*
Netz-Feilenfisch *194*
Paletten-Feilenfisch 194, *194*
Felshüpfer *181*
Feuerfische 91, *91*, 155, *155*, *156*, 157
Feuerschwanz 111, *111*
Feuerstachelaal 154, *154*
Filtrierer 82, 89
Fischfang 62
Überfischung 59
Fistularia petimba 151, *151*
Flacher Hornhecht *146*
Flaggenbarsch *171*
Flammen-Zwergkaiserfisch *170*
Fliegende Fische 30, 142, 144, *144-145*, 146, *146*
Floridakärpfling *149*
Flösselaal 94, *94*
Flügelflosser (Säbelkärpfling) 148, *148*
Flughahn 154, *154*
Flundern 191, *191*
Europäische Flunder 191, *191*
Sommerflunder *191*
Sternflunder 191, *191*
Flussbarsch 29, *29*, 161, *161*
Flusskarpfensauger *113*
Flussmündungen 41, *41*
Flussneunauge *67*
Fodiator acutus 146, *146*
Forcipiger longirostris 167, *167*
Forellen 31, *129*
Apache-Forelle *128*
Bachforelle 128, *128*
Bachsaibling *132*
Cutthroat-Forelle *128*
Forellenfarmen 126, *126*
Fortpflanzung 26
Lachsforelle 128, *128*
Regenbogenforelle 126, 129, *129*
Seesaibling 132, *132*
Forellenbarsch *165*
Fortpflanzung 26-29, 56
Haie und Rochen 69, 74
Kieferlose Fische 66
Seepferdchen 152-153, *152-153*
Fossilien 16, *16*, 19, *19*
Fransen-Teppichhai 24, *24*, 76, *76*
Franzosendorsch *141*
Franzosen-Kaiserfisch 172, *172*
Frauenfische 100
Fregattmakrele *187*
Froschdorsch *141*
Froschfische 57
Fuchsgesicht 184, *184*
Füsiliere 90, *90*, 163, *163*
Fundulopanchax
F. amieti 147, *147*
F. gardneri *147*

G

Gabelbart 98, *98*
Gabelschwanz-Blauauge 143, *143*
Gadus morhua 141, *141*
Galaxias masculatus *128*
Galaxiidae 126, 132, *132*
Galeocerdo cuvier *74*, 83, *83*
Galeorhinus galeus *74*
Galeus melastromus *74*
Gambusia 59
G. affinis 148, *148*
Gardners Prachtkärpfling *147*
Garnelen *103*, 168, *168*
Gasteropelecus sternicla *119*
Gasterosteus aculeatus *150*
Gastromyzon *116*
Gefleckte Meerbarbe *166*
Gefleckte Seeratte *71*
Gefleckter Adlerrochen 69, *69*, *88*
Gefleckter Hechtsalmler *118*
Gefleckter Umberfisch 166, *166*
Gefleckter Zitterrochen *85*
Gehörsinn 22, 70, 72, 105, 108
Geigenrochen 85, *85*
Geisterhaie 68
Geisterpfeifenfisch 151, *151*
Gelbbarsch *158*

Gelber Seebader 185, *185*
Gelbflossige-Baikalgroppe 157, *157*
Gelbflossen-Mojarra *163*
Gelbflossen-Zackenbarsch *160*
Gelbschwanz-Perllippfisch *178*
Gelbstrieme 164, *164*
Gemäßigte Zonen 39
Gemeiner Meerengel 79, *79*
Gemeiner Sonnenbarsch 165, *165*
Gemeiner Wimpelfisch *167*
Gempylus serpens 186, *186*
Genicanthus melanospilos 107, *107*
Geotria australis 67, *67*
Gerres cinereus *163*
Geruchsinn 22, 70, 72, 73
Gestreifte Meerbarbe 166, *166*
Gestreifter Brandungsbarsch 176, *176*
Gestreifter Papageifisch *180*
Gestreifter Seewolf 181, *181*
Geweihschleimfisch *182*
Gewöhnliche Meerbrasse *164*
Gewöhnlicher Glanzschuss *110*
Gewöhnlicher Snook 158, *158*
Gezeichneter Barbensalmler *117*, 117
Gezeiten 37
Gifte 57 *siehe auch* Toxine
  Giftstacheln 57
Gigantura indica *135*
Giganturidae *135*
Ginglymostoma cirratum *71*
Girella tricuspidata 171, *171*
Glasgrundel *183*
Glaswels 123, *123*
Glattbutt 191, *191*
globale Ermärmung 59
Glossolepis incisus 143, *143*
Gnathostomata 16, 20, 90-91
Goldringel-Kugelfisch 199, *199*
Gotteslachse 20, 137, *137*
Grundeln 45, 46, 47, *47*, 142, 168, *168*
  Glasgrundel *183*
  Grünstreifen-Grundel *183*
  Riesengrundel 183, *183*
  Schwarze Grundel *183*
Grüner Augenfleck-Kammbarsch *174*
Gobius
  G. cobitis 183, *183*
  G. niger *183*
Goldfische 22, *22*, 108, *109*
Goldlachs *127*
Gold-Riesenbarbe 110, *110*
Gomphosus varius 178, *178*
Gurami 190, *190*
  Blauer Fadenfisch *190*
  Honiggurami *190*
  Küssender Gurami 190, *190*
  Mosaikfadenfisch *190*
  Riesengurami *190*
  Zwerg-Gurami *190*
Gramma loreto *160*
Grammistes sexlineatus *160*
Grauer Riffhai 78
Great-Barrier-Riff 42, *42*
Grönlandhai *79*
Großaugenbarsch 161, *161*
Große Gabelmakrele *162*
Große Goldmakrele 162, *162*
Große Maräne 133, *133*
Große Seenadel *151*
Große Schlangennadel *151*
Große Schwebrenke 133, *133*
Großer Barrakuda 186, *186*
Großer Nilhecht 99, *99*
Großer Ponyfisch *163*
Großer Scheibenbauch *158*
Großmäuliger Büffelsauger *113*
Großschuppiger Nilhecht *99*
Grünaugen 135
Grüner Argusfisch 184, *184*
Grünstreifen-Grundel *183*
Guatemalakärpfling *147*
Guppy 26, 29, 142, 148, *148*
Gürtelstachelaal *154*
Gymnallabes typus *123*
Gymnarchus niloticus 99, *99*
Gymnocephalus schraetser *161*
Gymnomuraena zebra *101*
Gymnothorax *101*, 160
  G. favagineus 101, *101*
  G. funebris 101, *101*
Gymnura japonica *87*
Gyrinocheilus aymonieri 116, *116*

H

Haibarbe 111, *111*
Haie 16, 20, 22, 29, 49, 57, 68-70, 76, 80-83
  Ammenhai *71*
  Blauhai 46, *74*, 75, *75*
  Bullenhai 74, *74*
  Doggenhai *71*
  Dornhai 79, *79*
  Fossilien 19, *19*
  Fransen-Teppichhai 24, *24*, 76, *76*
  Fuchshai 71, 72, *72*, 77, *77*, *78*
  Geisterhai 68
  Gemeiner Meerengel 79, *79*
  Glatter Hammerhai *74*
  Grauer Riffhai 78
  Grönlandhai *79*
  Hammerhai 74, *74*
  Hundshai *74*
  Karibischer Riffhai *46*, 47, 68, *68*
  Katzenhaie *74*, 77, *77*
  Krausenhai *79*
  Langnasen-Sägehai *79*
  Mako 46, 75, *75*, *78*
  Makrelenhaie 76-77, *76-77*
  Menschenhaie 50, *51*, 77, *77*
  Nagelhai *79*
  Pazifischer Schlafhai 77, *77*
  Riesenhai 78, *78*, 82, *83*
  Sandtiger *58*, 59, 78, *78*
  Schaufelnasen-Hammerhai 76, *76*
  Schwarzer Dornhai 29, *29*
  Schwänze 71, *71*
  Sechskiemer *79*
  Seidenhai 77, *77*
  Teppichhai 76-77, *76-77*
  Tigerhai 71, *73*, *74*, 83, *83*
  Walhai 68, *68*, 71, *71*, *76-7*, *77*
  Wanderungen 75
  Weißer Hai 46, 76, *76*, *78*, 80, *80-83*
  Zebrahai 52, *52*, *71*
  Zwerghai 77, *77*
Haifischflossensuppe 62
Haken-Scheibensalmler 120, *120*
Halbschnäbler 146, *146*
Halfterfisch 184, *184*
Halieutaea stellata *141*
Halosaurier 100
Hammerhai 74, *74*
Handel 62
Haplochromis
  H. burtoni *175*
  H. obliquidens *175*
Harlekin-Lippfisch 178, *178*
Hausen *siehe* Störe
Hawaiianischer Flügelrossfisch *150*
Hawaii-Spitzkopf-Kugelfisch *198*
Hecht 127, *127*
Hechtsalmler 118, *118*
Helicolenus dactylopterus 155, *155*
Helostoma temminckii 190, *190*
Hemichromis lifalili *175*
Hemicyclaspis 17, *17*
Hemigrammus
  H. bleheri *120*
  H. pulcher *120*
Hemiodus
  H. sterni *117*
  H. unimaculatus *117*
Heniochus acuminatus *167*
Hepsetus odoe 119, *119*
Herichthys cyanoguttatus *174*
Heringe 52, *53*, 105-6, *105-6*
  Atlantischer Hering 106, *106*
Heringshai 71, *78*
Hermaphroditen *siehe* Zwitter
Heteroconger hassi *102*
Heterodontus portusjacksoni *71*
Heteropneustes fossilis 124, *124*
Hexagrammos stelleri *157*
Hexanchus griseus *79*
Hexenwels *125*
Himmelsgucker 181, *181*
Hiodon tergisus *98*
Hippocampus guttulatus 151, *151*
Histrio histrio 141
Höhlensalmler 32, *32*, 138, *138*
Holocephali 20, 68, 70
Homaloptera orthogoniata *113*
Honig-Gurami *190*
Hoplias malabaricus 117, *117*
Huchen 132, *132*
Hucho hucho *132*
Hundshai *74*
Huso huso 95, *95*
Hydrocynus goliath *119*, 119
Hydrolagus colliei *71*
Hypentelium nigricans *113*
Hyperprosopon argenteum *176*
Hyphessobrycon erythrostigma *120*
Hypophthalmichthys molitrix *109*
Hyporhamphus unifasciatus 146, *146*
Hypseleotris compressa *183*

I

Icosteus aenigmaticus *182*
Ictalurus
  I. furcatus 121, *121*
  I. punctatus 121, *121*
Ictiobus cyprinellus *113*
Idiacanthus 134
Igelfisch *199*
Ilisha elongata *106*
Imperator-Kaiserfisch 170, *170*
Indischer Buntbarsch 175, *175*
Indischer Streifenwels 121, *121*
Inger 14, 16, 20, 66
  Atlantischer 67, *67*
Ipnops murrayi *135*
Iriatherina werneri 143, *143*
Istiblennius edentulus 182, *182*
Istiophorus platypterus 188, *188*
Isurus oxyrinchus *78*

J

Japanischer Fahnenbarsch *160*
Japanischer Reiskärpfling 146, *146*
Japanischer Sandfisch *181*
Japanischer Schmetterlingsrochen *87*
Japanischer Tannenzapfenfisch 56, *56*, *149*
Japanischer Tiefseedorsch *140*
Jordanella floridae *149*
Judenbarsch 159, *159*
Juwelen-Buntbarsch 175, *175*
Juwelen-Fahnenbarsch *44*, 45, 159, *159*
Juwelen-Zackenbarsch *159*

K

Kaiserfische 142, 170, *170*, 172, *172-3*
  Franzosen-Kaiserfisch 172, *172*
  Imperator-Kaiserfisch 170, *170*
  Pfauenaugen-Kaiserfisch 21, *21*, 170, *170*
  Traumkaiserfisch 170, *170*
  Zebra-Lyrakaiserfisch 107, *107*
  Zebra-Zwergkaiserfisch *170*
  Zweifarben-Zwergkaiserfisch *170*
Kaisersalmler *119*
Kaiserschnapper 163, *163*
Kalifornischer Adlerrochen 89, *89*
Kalifornischer Schafskopf 178, *178*
Kalifornischer Umberfisch 165, *165*
Kamerun-Ohrenfisch *109*
Kaninchenfische *71*
  Labyrinth-Kaninchenfisch *184*
Kardinalfische 25, 45, *45*, 56, *161*
Karibischer Riffhai *46*, 47, 68, *68*
Karfunkelsalmler *120*
Karpfen 31, 58, 108-9, *109*, *122*, 123
  Graskarpfen 109, *109*
Kärpflinge 147, *147*
Katsuwonus pelamis 187, *187*
Katzenhaie *74*, 77, *77*
Kaviar 62, 94, *94*, 157
Keilfleckbarbe *111*
Kerzenfisch *128*
Kettenhecht *127*
Kieferfische 16, 20, 161
Kieferlose Fische 16, 20, 66-67
Kiemen 80, *80*
Kiemensackwelse 124, *124*
Kleinäugiger Rochen *86*
Kleiner Flugfisch 146, *146*
Kleiner Korallenwels 124, *124*
Kleiner Sandaal 181, *181*
Kleine Süßwassernadel *151*
Kletterfisch 190, *190*
Knochenfische 18, 20, 90-91, *91*
Knochenzünglerartige 20, 62, 98-99
Knorpelfische 14, 20
Knurrhähne 154, *154*
  Flughahn 154, *154*
  Grauer Knurrhahn *154*
  Roter Knurrhahn 154, *154*
Kobaltorangebarsch *175*
Kobia 162, *162*
Kofferfische *195*, 196, *196-197*
  Bienenwaben-Kofferfisch 196, *197*
  Dornrücken-Kuhfisch 195, *195*
  Langhorn-Kofferfisch *195*
Kohlenfisch 157, *157*
kommerzieller Fischfang 62, 63
Kommunikation 22
Kongo-Raubkugelfisch *198*
Königs-Feenbarsch *160*
Königsmakrele *187*
Königspapageifisch 180, *180*
Kopfsteher 118, *118*
Korallenpolypen 42
Korallenriffe 42, *42-45*, 45
  Fische 35, *35*, 37, 42
Kupferstreifen-Pinzettfisch *167*
Krausenhai *79*
Kronen-Kugelfisch *198*
Kryptopterus bicirrhus 123, *123*
Kuckucks-Lippfisch 179, *179*
Kuckucksrochen *85*
Kugelfische 57, 168, *168*, *195*
  Augenfleck-Spitzkopf-Kugelfisch 195, *195*
  Bauchsack-Kugelfisch *195*
  Goldringel-Kugelfisch 199, *199*
  Hawaii-Spitzkopf-Kugelfisch *198*
  Kongo-Raubkugelfisch *198*
  Kronen-Kugelfisch *198*
  Palembang-Kugelfisch *198*
  Perlhuhn-Kugelfisch *198*
  Riesenkugelfisch 198, *198*
  Sattel-Spitzkof-Kugelfisch *195*
  Schwarzflecken-Kugelfisch 198, *198*
Kuhkopffisch *186*
Kuhkopfrochen *89*
Kuhlia mugli *171*
Küssender Gurami 190, *190*
Kyphosus sectator *171*

L

Labeo
  L. forskalii *109*
  L. rohita *109*
Labidesthes sicculus 143, *143*
Labrisomus nuchipinnis *181*
Labroides dimidiatus 178, *178*, 182
Labrus
  L. bergylta *179*
  L. mixtus 179, *179*

Lachnolaimus maximus 179, *179*
Lachse 20, 91, 126-133
- Atlantischer Lachs 41, 128, *128*
- Australischer Lachs *171*
- Blaurückenlachs *129*, 130-131, *130-131*
- Buckellachs 129, *129*
- Keta-Lachs *129*
- Kisutch-Lachs *129*
- Königslachs 129, *129*
- Lebenszyklus 130-131, *130-131*
- Masu-Lachs *129*
- Pazifische Lachse 126

Lachsforelle 128, *128*
Lactophrys bicaudalis *195*
Lactoria
- *L. cornuta* *195*
- *L. fornasini* 195, *195*

Laichen 26, 66, 91
Lamna nasus *78*
Lampetra
- *L. fluviatilis* *67*
- *L. planeri* *67*
- *L. tridentata* 67, *67*

Lamprichthys tanganicanus *148*
Lampridiformes 137
Lampridiomorpha 20, 137
Lampris guttatus 137, *137*
Langflossensalmler *120*
Langmaul-Pinzettfisch 167, *167*
Langnasen-Nashornfisch *186*
Langnasen-Sägehai *79*
Langnasen-Büschelbarsch 171, *171*
Langrüssel-Elefantenfisch *99*
Lanzenfische 135
Lanzettfischchen 16, *67*
Larven 52, *52*
Laternenangler *141*
Laternenfische 20, 50, *51*, 56, 136, *136*
Lates calcarifer 158, *158*
Latimeria chalumnae 93, *93*
Laxierfisch *165*
Lebensräume 30-31
- Bäche und Flüsse 31, *31*
- begrenzte Lebensräume 58
- Flussmündungen 41, *41*
- gemäßigte Zonen 39
- heiße Quellen und Höhlen 32, *32*
- Korallenriffe 42, *42-45*, 45
- Mangrovensümpfe 40, *40*
- Meere 34-38, *34*, 46-7, *46-7*
- Polarregionen 39, 48
- seichte Stellen 46-47, *46-47*
- Teiche und Seen 33, *33*
- tropische Zonen 38, *38*
- Veränderungen 60
- Zerstörung 59-60

Leierfische 26, 183, *183*
- Gestreifter Leierfisch 183, *183*
- LSD-Leierfisch *183*

Leiognathus equulus *163*
Leiopotherapon unicolor 32, *32*
Lengdorsch *157*
Lenok *132*
Leoparden-Drückerfisch 194, *194*
Leopardenlungenfisch 93, *93*
Lepadogaster lepadogaster 182, *182*
Lepidosiren paradoxa *92*, 93
Lepisosteus
- *L. oculatus* 96, *97*
- *L. osseus* 96, *96*
- *L. platostomus* *96*

Lepomis
- *L. gibbosus* 165, *165*
- *L. macrochirus* 165, *165*

Leporinus
- *L. arcus* *118*
- *L. desmotes* *118*

Leuchtaugenfische *147*, *148*
Leuchtorgane 56 *siehe auch* Biolumineszenz
Leucoraja
- *L. naevus* *85*
- *L. circularis* *86*

Lethenteron zanandreai 66
Lichia amia *162*
Linné, Carl von 21
Linophryne arborifera 141, *141*
Liparis liparis *158*
Lippfische 45, *103*, 142, *142*, 168
- Eber-Lippfisch 179, *179*
- Fahnen-Zwerglippfisch *179*
- Gefleckter Lippfisch *179*
- Gelbschwanz-Perllippfisch *178*
- Harlekin-Lippfisch 178, *178*
- Kuckucks-Lippfisch 179, *179*
- Rotmeer-Zwerglippfisch 179, *179*
- Spiegelfleck-Lippfisch *178*
- Vogel-Lippfisch 178, *178*

Lobotes surinamensis 163, *163*
Lophius
- *L. americanus* *141*
- *L. piscatorius* *141*

Lophotus capellei *137*
Lota lota *140*
Lotsenfische 162, *162*
Lucania goodei *148*
Lumb *140*
Lumineszenz 56, *56*
Lungenfische 20, 30, 92-93
- Australischer Lungenfisch 92, 93, *93*
- Leopardenlungenfisch 93, *93*
- Südamerikanischer Lungenfisch *93*
- Westafrikanischer Lungenfisch 92, *92*

Lutjanus sebae 163, *163*
Luvaridae *184*
Luvaris imperialis *184*
Luxilus cornutus *110*

M

Maccullochella peeli 159, *159*
Macquaria novemaculeata *159*
Macquaries Barsch *159*
Macrognathus
- *M. aculeatus* *154*
- *M. circumcinctus* *154*

Macropinna microstoma *127*
Macropodus opercularis 190, *190*
Macrorhamphosus scolopax *150*
Macrourus berglax *140*
Makaira nigricans *188*
Makrelen 46, *186*, *187*
- Atlantische Makrele 187, *187*
- Bastardmakrele *162*
- Fadenmakrele *162*
- Fregattmakrele *187*
- Große Gabelmakrele *162*
- Große Goldmakrele 162, *162*
- Königsmakrele *187*
- Mittelmeermakrele *187*
- Schlangenmakrele 186, *186*
- Schwarzfleck-Gabelmakrele *162*
- Stachelmakrele *162*

Makrelenhaie 76-77, *76-77*
Malacanthus plumieri *161*
Malapterurus electricus 124, *124*
Malarmat *154*
Malawi-Buntbarsch *175*
Malerwels (Schwielenwels) *125*
Mandarinfische 26, *26*, 183, *183*
Mangroven 40, *40*
Manta-Rochen 89, *89*, 168, *169*
Maränen 126, 133, *133*
Marcusenius macrolepidotus *99*
Marianengraben 48
Markieren 75, *75*
Marlin 46, 50, *51*, 142
- Blauer Marlin 188, *188*, *189*

Maskenfalterfisch 26, *27*, *167*
Mastacembelus erythrotaenia 154, *154*
Mausschmerle *116*
Meeraal 100, 102, *102*
Meerbarben 22, *22*, *166*
Meerbrassen *164*
Meere 34-38, *34*, 46-47, *46-47*
- Gezeiten 37, 47
- Meeresströmungen 36, 46
- Temperatur 38, 42
- Tiefsee 48-49
- Salzgehalt 37
- Wasserverteilung 35

Meerneunaugen *67*
Meerjunker *179*
Meerpfau *179*
Megalops
- *M. atlanticus* 100, *100*
- *M. cyprinoides* *100*

Melanogrammus aeglefinus 141, *141*
Melanotaeniidae *143*
Melichthys niger 46, *46*
Menschenhaie 50, *51*, 77, *77*
Menticirrhus undulatus 165, *165*
Merluccius merluccius 140, *140*
Messerfische 98, *98*
- Albino-Messerfisch 99, *99*

Metamorphose 130, 192-193
Microcanthus strigatus *171*
Micropterus salmoides *165*
Microtenopoma ansorgii *190*
Milchfisch 108, 109, *109*
Mimik-Feilenfisch *195*
Minytrema melanops 113, *113*
Misgurnus fossilis 116, *116*
Mittelmeer-Fahnenbarsch 39, *39*
Mittelmeermakrele *187*
Mobula mobular *89*
Mola mola 199, *199*
Mönchsfische 141, *141*
Mondauge *98*
Mondfisch 199, *199*
Mondsicheljunker 179, *179*
Mondsichel-Juwelenbarsch 160, *160*
Monocentris japonica 56, *56*, *149*
Monocirrhus polyacanthus *54*, 55, 171, *171*
Monodactylus argenteus 167, *167*
Monopterus albus 154, *154*
Mordacia praecox 66
Mormyrus longirostris *99*
Morone
- *M. mississippiensis* *158*
- *M. saxatilis* 158, *158*

Moronidae 158, *158*
Moskitofisch 59, 148, *148*
Mullcidichthys vanicolensis 22, *22*
Mullus surmuletus 166, *166*
Muraena helena *101*
Muränen 100, 101, *101*
- Blattnasenmuräne *101*
- Graue Muräne *101*
- Große Netzmuräne 101, *101*
- Grüne Muräne 101, *101*
- Leopard-Drachenmuräne 101, *101*
- Zwergmuräne *101*

Muränenaal 100, 101, *101*, 102, *103*, 160
Muskellunge *127*
Mustelus mustelus *74*
Mutualismen 168
Mycteroperca venenosa *159*
Myctophiformes 136, *136*
Myleus rubripinnis 120, *120*
Myliobatis
- *M. aquila* *89*
- *M. californica* 89, *89*

Myoxocephalus scorpius 157, *157*
Myripristis adusta 149, *149*
Mystus vittatus 121, *121*
Myxine glutinosa 67, *67*
Myxocyprinus asiaticus 112, *112*

N

Nachahmung *54*, 55
Nagasakifisch *171*
Nagelbarsch 171, *171*
Nagelhai *79*
Nagelrochen *86*
Nahrung
- Beutefang 24
- Nahrungskette 23, *23*, 39
- Nahrungssuche 24

Nannostomus
- *N. harrisoni* *118*
- *N. trifasciatus* *118*

Napoleonfische 46
Narcine brasiliensis *85*
Nasendoktorfische *186*
- Kahlkopffisch *186*
- Langnasen-Nashornfisch *186*

Nasenmuräne 107, *107*
Naso
- *N. breirostris* *186*
- *N. lituratus* *186*

Naucrates ductor 162, *162*
Nematistius pectoralis *162*
Nematobrycon palmeri *119*
Neoceratodus forsteri 92, *93*
Neontetra 120, *120*
Neopterygii 20
- primitive 96, *96-97*

Netz-Feilenfisch *194*
Neunaugen 14, 16, 20, 66, *66*
- Australisches Neunauge 67, *67*
- Bachneunauge *67*
- Flussneunauge *67*
- Meerneunauge *67*
- Pazifisches Neunauge 67, *67*

Neunstachliger Stichling *150*
Nilbarsch 59, *60*
Nil-Fransenlipper *109*
Nil-Stachelwels *121*
Nomenklatur *siehe* wissenschaftliche Namen
Nomeus gronovii *188*
Nomorhamphus ravnaki *146*
Nördlicher Bootsmannfisch *140*
Nördlicher Schlangenkopf 191, *191*
Nördliches Perlauge *135*
Nothobranchius
- *N. patrizii* 147, *147*
- *N. rachovii* *147*

Nototheniodei 39
Noturus baileyi 111

O

Oblada melanura *164*
Ochsenauge *100*
Odonus niger *194*
Offiziersbarsch *siehe* Kobia
Oktopusse 50, *50*
Ompok bimaculatus *123*
Oncorhynchus
- *O. aguabonita* *129*
- *O. apache* *128*
- *O. clarki* *128*
- *O. gorbuscha* *129*
- *O. keta* *129*
- *O. kisutch* *129*
- *O. masou* *129*
- *O. mykiss* 126, 129, *129*
- *O. nerka* *129*, *130*
- *O. tshawytscha* 129, *129*

Ophiodon elongatus *155*
Ophisurus serpens *102*
Opisthonema oglinum *105*
Opistognathus *28*, 29
Orange-Buschfisch *190*
Orangestreifen-Drückerfisch *194*
Orangestreifen-Falterfisch *167*
Oryzias latipes 146, *146*
Osmeriformae 126
Osmoregulation 34
Osphronemus goramy 190, *190*
Ostariophysi 20, 108-13, 116-125
Ostasiatischer Kiemenschlitzaal 154, *154*
Osteichthyes 18, 20
Osteoglossiformes 98-9 98-9
Osteoglossomorpha 20, 98-9
Ostracion meleagris 195, *195*
Oxycirrhites typus 171, *171*
Oxymonacanthus longirostris 194, *194*
Ozeane *siehe* Meere

P

Paarungsverhalten *siehe* Fortpflanzung
Pachypanchax playfairii 147, *147*
Paddelfische 58, 62, 94, *94*

Pagellus erythrinus *164*
Pagrus pagrus *164*
Palembang-Kugelfisch *198*
Paletten-Doktorfisch *185*
Paletten-Feilenfisch 194, *194*
Pampus argenteus *188*
Pangasius hypophthalmus *123*
Pangio kuhlii *116*
Pantodon buchholzi *98*
Papageifische 25, 107, *107*, 142, *142*
  Blauer Papageifisch 180, *180*
  Büffelkopf- Papageifisch 180, *180*
  Gestreifter Papageifisch *180*
  Grüner Papageifisch 180, *180*
  Königspapageifisch 180, *180*
Parablennius gattorugine 182, *182*
Paracanthopterygii 20, 138-141
Paracanthurus hepatus *185*
Paracentropyge multifasciatus *170*
Parachanna obscura *191*
Paracheilinus
  P. filamentosus *179*
  P. octotaenia 179, *179*
Paracheirodon
  P. axelrodi *120*
  P. innesi 120, *120*
Paradiesfisch 190, *190*
Parakneria cameronensis *109*
Paralichthys dentatus *191*
Paraluteres prionurus *195*
Parasitismus 123
  sexueller 140
Pareutropius debauwi *123*
Pazifischer Barrakuda *186*
Pazifischer Lachs 126
Pazifischer Makrelenhecht *146*
Pazifischer Schlafhai 77, *77*
Pazifisches Neunauge 67, *67*
Perlaugen *135*
Perlen-Gurami *190*
Pelecus cultratus *110*
Pelikanaal 102, *102*
Pelvicachromis pulcher 175, *175*
Perca fluviatilis 29, *29*, 161, *161*
Perciformes 39, 42
Percopsis omisomaycus *138*
Periophthalmus barbarus *183*
Peristedion cataphractum *154*
Perlhuhn-Kugelfisch *198*
Perlhuhnwels *124*
Pervagor spilosoma *194*
Petermännchen *181*
Petersfisch 150, *150*
Petrocephalus simus *99*
Petromyzon marinus *67*
Pfauenaugen-Buntbarsch 174, *174*
Pfauenaugengaukler *167*
Pfauenaugen-Stechrochen 87, *87*
Pfauenbutt *192*, 193
Pflege des Nachwuchses 28-29, 150, 153, 161, 174
Phallichthys amates *147*
Pholis gunnellus *181*
Photoblepharon steinitzi 56, *57*
Photophoren 57, *57*
Phractolaemus ansorgii 109, *109*
Phycodorus eques *28*, 29, 151, *151*
Phytoplankton 39, 46
Pinzettfisch 167, *167*
  Langmaul-Pinzettfisch 167, *167*
  Kupferstreifen-Pinzettfisch *167*
Pfeifenfische 29
Piranhas 108, *108*
  Roter Piranha 119, *119*
  Schwarzer Piranha *120*
  Wimpelpiranha 120, *120*
Piratenbarsch *138*
Plagiotremus rhinorhyncos 182, *182*
Platax orbicularis 184, *184*
Platichthys
  P. flesus 191, *191*
  P. stellatus 191, *191*, *192*, 193
Plattfische 192, *193*
Plecoglossidae *127*
Plectorhinchus
  P. gaterinus *163*
  P. lineatus 142, *142*
  P. orientalis 163, *163*
  P. picus 21, *21*
Pleuronectes platessa *191*
Pleuronectidae 192
Plotosus lineatus *108*, 114, *114*, 124, *124*
Poecilia reticulata, 148, *148*
Pogonias cromis *166*
Polarregionen 39, 48
Polydactylus virginicus 165, *165*
Polymixia
  P. berndti 136, *136*
  P. nobilis 136, *136*
Polymixiiformes 136, *136*
Polymixiomorpha 20, 136
Polyodon spathula 94, *94*
Polypen 42
Polypterus weeksii *94*
Pomacanthidae 21, 170, *170*, 172
Pomacanthus
  P. imperator 170, *170*
  P. navarchus *170*
  P. paru 172, *172*
  P. xanthometopon *170*
Pomacentrus sulfureus *176*
Pomatomus caeruleum 161, *161*
Pomoxis nigromaculatus *165*
Ponyfische 56, *163*
Porichthys notatus *140*
Potamotrygon motoro 87, *87*
Prachtkärpflinge
  Amiets Prachtkärpfling 147, *147*
  Gardners Prachtkärpfling *147*
Priacanthus arenatus 161, *161*
Priesterfisch 143, *143*
Prionace glauca *74*
Pristiophorus cirratus *79*
Pristis pristis 85, *85*
Procatopus nototaenia *148*
Protacanthopterygii 20, 126-33
Protopterus
  P. aethiopicus *93*
  P. annectens 92, *92*, *93*
Psephurus gladius *94*
Psetta maxima *191*
Psettodidae 192
Pseudanos trimaculatus *118*
Pseudanthias squamipinnis *44*, 45, 159, *159*
Pseudomugil
  P. furcatus *143*
  P. gertrudae *143*
Pseudupeneus maculatus *166*
Pterois *155*
  P. volitans 91, *91*, 155, *155*, *156*, 157
Pterophyllum scalare 174, *174*
Pungitius pungitius *150*
Puntius
  P. conchonius 112, *112*
  P. filamentosus *112*
  P. lateristriga 112, *112*
  P. nigrofasciatus *112*
  P. tetrazona 112, *112*
  P. titteya *112*
Purpurprachtbarsch 175, *175*
Putzerfische 168 , 178, *178*, 182, *182*
Pygocentrus nattereri 119, *119*
Pygoplites diacanthus 21, *21*, 170, *170*
Pyramiden-Kofferfisch *195*

Q

Quallen 42, 46, 50, *51*
Quallenfisch 46, *188*
Quappe (Aalrutte) 140, *140*
Quetzal-Buntbarsch *174*
Quinnat 129, *129*

R

Rachycentron canadum 162, *162*
Raja
  R. clavata *86*
  R. microocellata *86*
Raniceps raninus *141*
Ranzania laevis *199*
Rattenschwänze 50, *51*
Raubfische 24-25, 70
Regenbogenfische 143, *143*
  Fadenflossen-Regenbogenfisch 143, *143*
  Roter Regenbogenfisch 143, *143*
Regenbogenforelle 126, 129, *129*
Rhincodon typus 71, *71*
Rhinecanthus aculeatus *194*
Rhinobatos lentiginosus 85, *85*
Rhinomuraena quaesita *101*, 107, *107*
Rhinopias aphanes *155*
Rhinoptera bonasus *89*
Rhinoraja odai *86*
Rhipidistians 18
Rhodeus sericeus 110, *110*
Riesengrundel 183, *183*
Riesenhai 78, *78*, 82, *83*
Riesenkugelfisch 198, *198*
Ritterfisch 166, *166*
Rochen 20, 22, 68-9, 84, *84*
  Atlantischer Stachelrochen 86, *86*
  Blauflecken-Stachelrochen 69, *69*, 87, *87*
  Gefleckter Adlerrochen 87, *87*
  Geigenrochen 85, *85*
  Gewöhnlicher Adlerrochen *89*
  Gewöhnlicher Stachelrochen 86, *86*
  Glattrochen 86, *86*
  Indo-Australischer Tüpfelrochen *87*
  Japanischer Schmetterlingsrochen *87*
  Kalifornischer Adlerrochen 89, *89*
  Kleinäugiger Rochen *86*
  Kleiner Teufelsrochen *89*
  Kuckucksrochen *85*
  Kuhkopfrochen *89*
  Manta 89, *89*, 168, *169*
  Nagelrochen *86*
  Pfauenaugen-Süßwasserrochen 87, *87*
  Rhinoraja Odai *86*
  Runder Stechrochen *87*
  Sandrochen *86*
  Schwarzer Zitterrochen 85, *85*
  Tiefsee-Rochen 50, *50*
  Zitterrochen 84, 85, *85*
Roho-Labeo *109*
Röhrenaugen 137
Romanichthys valsanicola 58
Rondeletiidae *149*
Rotbrasse *164*
Roter Gabeldorsch *140*
Roter Knurrhahn 154 *154*
Roter Neon *120*
Roter Piranha 119, *119*
Roter Regenbogenfisch 143, *143*
Roter Thun 91, *91*, *188*
Roter Zackenbarsch *159*
Rotkiemen-Elefantenfisch *99*
Rotkopfsalmler *120*
Rotlippen-Papageifisch *180*
Rotmeer-Doktorfisch 14, *14-15*, *185*
Rotmeer-Zwerglippfisch 179, *179*
Rotzahn-Drückerfisch *194*
Rundkopf-Fledermausfisch 184, *184*
Rundnasen-Elefantenfisch *99*
Rypticus saponaceus *160*

S

Säbelkärpfling (Flügelflosser) 148, *148*
Säbelzahnfische 135
Saccopharynx ampullaceus *102*
Sacura margaritacea 160, *160*
Sägefische 84, 87
  Gewöhnlicher Sägefisch 85, *85*
Saiblinge *siehe* Forellen
Salmler 31, 108, *108*
  Blauer Kongosalmler *119*
  Dreibinden-Ziersalmler *118*
  Fahnen-Kirschflecksalmler *120*
  Goldbinden-Ziersalmler *118*
  Haken-Scheibensalmler 119, *119*
  Jagdsalmler 119, *119*
  Kaisersalmler *119*
  Karfunkelsalmler *120*
  Langflossensalmler *120*
  Rotkopfsalmler *120*
  Spritzsalmler 118, *118*
Salmo
  S. salar 41, 128, *128*
  S. trutta 26, *26*, 128, *128*
Salvelinus
  S. fontinalis *132*
  S. namaycush 132, *132*
Salzgehalt 37
Sandbänke 47, *47*
Sandtiger *58*, 59, 78, *78*
Sandtorpedobarsch *161*
Sander lucioperca *161*
Sarcopterygii 18, 20, 90, 92-3
Sarda sarda *187*
Sardina
  S. ciega *106*
  S. pilchardus *106*
Sardine *106*
Sardinella aurita *105*
Sardinen 26, 38, 50, *50*, 56, 105-106, *105-106*
Sardinops sagax 106, *106*
Sargassofisch 141, *141*
Sargocentron diadema 149, *149*
Sattel-Spitzkopf-Kugelfisch *195*
Sauger 113, *113*, 168, *169*
  Gefleckter Sauger 113, *113*
  Großmäuliger Büffelsauger *113*
  Flusskarpfensauger 113, *113*
  Nordschweinsauger 113, *113*
  Weißer Sauger 113, *113*
Scarops rubroviolaceus *180*
Scarus
  S. coeruleus 180, *180*
  S. ovifrons *180*
  S. taeniopterus *180*
  S. vetula 180, *180*
Scatophagus argus 184, *184*
Schachbrett-Schlankcichlide *175*
Schafskopf 164, *164*, 178, *178*
Scheibenbauch *157*
Schellfisch 138, 141, *141*
Schiffshalter 56, *140*
Schilbe mystus *123*
Schlammpeitzger 116, *116*
Schlammspringer 18, *18*, 30, 40, 142, 183
Schlangenköpfe 191, *191*
Schlangenmakrele 186, *186*
Schleie *110*
Schleimfische 14, *14*, 45, 46
  Geweihschleimfisch *182*
  Sphinx-Schleimfisch *182*
  Zweifarben-Schleimfisch *182*
Schlinger *102*
Schmerlen 113, *113*, 116, *116*
  Borneoschmerle 113, *113*
  Mausschmerle *116*
  Netzschmerle 116, *116*
  Prachtschmerle *116*
  Siamesische Saugschmerle 116, *116*
Schmetterlingsfisch 30, *98*
Schmuck-Feilenfisch *194*
Schnepfenfisch *150*
Schleimkopfartige 20, 136, *136*
Schnepfenmesserfisch 150, *150*
Scholle *191*
Schönflossenbärbling 111, *111*
Schönflossige Rüsselbarbe *111*
Schuppenformen 14, *14*
Sciaena umbra *166*
Sciaenops ocellatus 166, *166*
Schrätzer *161*
Schrägschwimmer *119*
Schriftbarsch *160*
Schützenfische 24, 167, *167*
Schwarzachsel-Schwalbenschwänzchen 37, *37*

Schwarzbinden-Soldatenfisch 149, *149*
Schwarze Grundel *183*
Schwarzer Dornhai 29, *29*
Schwarzer Drückerfisch 46, *46*
Schwarzer Piranha *120*
Schwarzer Umberfisch *166*
Schwarzer Zwergwels 114, *114*, 121, *121*
Schwarzfleck-Gabelmakrele *162*
Schwarzflecken-Kugelfisch 198, *198*
Schwarzgefleckter Sonnenbarsch *165*
Schwarzflossen-Anemonenfisch *176*
Schwarzflossen-Thun *188*
Schwarzgepunktete Süßlippe *163*
Schwarzweiß-Riffbarsch *176*
Schwertfische 46, 94, *94*, 188, *188*
Schwertträger 142
Schwielenwels (Malerwels) *125*
Scomber
- *S. japonicus* *187*
- *S. scombrus* 187, *187*

Scomberesox saurus *146*
Scomberomorus regalis 187, *187*
Scopelomorpha 20, 136
Scophthalmus rhombus 191, *191*
Scorpaena
- *S. porcus* *155*
- *S. scrofa* *155*

Sebastes marinus 155, *155*
Sechskiemer *79*
Seehechte 50, *51*, 140, *140*
Seepferdchen 151, *151*, 152-153, *152-153*
Seesaibling 132, *132*
Seeskorpion 157, *157*
Seezunge *191*
- Zebra-Seezunge *191*

Seidenhai 77, *77*
Seifenfische 159, *159*, *160*
Seitenlinienorgane 49
Selene vomer *162*
Semaprochilodus insignis 117, *117*
Semicossyphus pulcher 178, *178*
Semotilus corporalis 110, *110*
Serranus scriba *160*
Serrasalmus rhombeus *120*
Serrivomer beanii *102*
Shosaifugu 198, *198*
Siamesische Saugschmerle 116, *116*
Siamesischer Kampffisch 190, *190*
Sichling *110*
Siganidae 184, *184*
Siganus
- *S. stellatus* *184*
- *S. vermiculatus* *184*
- *S. vulpinus* 184, *184*

Silberbeilbauch 119, *119*
Silber-Brandungsbarsch 176, *176*
Silberflossenblatt 167, *167*
Silberne Pampel *188*
Silber-Sillago *161*
Silurus glanis 123, *123*
Simenchelys parasitica *102*
Sinnesorgane 22, 72
- Augen 22, 69, 70, 72
- Gehör 22, 70, 72, 105, 108
- Geruch 22, 70, 72, 73
- Geschmacksinn 73
- Haie 72
- Tastsinn 73

Skalar 174, *174*
Skorpionfische 57, 142, *155*
Solea solea *191*
Solenostomus paradoxus 151, *151*
Somalia-Prachtgrundkärpfling 147, *147*
Sommerflunder *191*
Somniosus microcephalus *79*
Spanfisch *137*
Spanienkärpfling 148, *148*
Sparisoma viride, 180, *180*
Speoplatyrhinus poulsoni 138
Sphinx-Schleimfisch *182*
Spiegelfleck-Lippfisch *178*
Sphyraena
- *S. argentea* *186*
- *S. barracuda* 25, *25*, 186, *186*
- *S. sphyraena* *186*

Sphyrna zygaena 74, *74*
Spicara smaris *165*
Spiraculum 69
Springbarsche *161*
Spritzsalmler 118, *118*
Squalus acanthias *79*
Squatina squatina *79*
Stachelmakrele *162*
Stachelrochen 55, *55*, 57, 84, *84*, 86, *86*, *87* *siehe auch* Rochen
Stachelschweinfisch *199*
Steatocranus casuarius 175, *175*
Stegostoma fasciatum *71*
Steinbutt *191*
Steinfische 56, *56*, 155, *155*
Steinpicker *157*
Stenodus leucichthys 133, *133*
Stenopterygii 20, 134
Sterlet 95, *95*
Sternflunder 191, *191*
Sterngucker *181*
Sternhausen 95, *95*
Sternseefledermaus *141*
Stichlinge 28, *150*
Stint 128, *128*
Stomias boa *134*
Stomiidae 134
Stomiiformes 134
Störe 58, 62, 94
- Atlantischer Stör *95*
- Baltischer Stör *95*
- Europäischer Hausen 95, *95*
- Sterlet 95, *95*
- Sternhausen 95, *95*
- Weißer Stör 95, *95*

Strahlenfeuerfisch *155*
Strahlenflosser 94-95, *94*
Strand-Schildbauch 182, *182*
Streber *161*
Streifenbarsch 158, *158*
Stylephorus chordatus 137
Südamerikanische Makrele 106, *106*
Südamerikanische Sardelle *105*
Südamerikanische Sardine 106, *106*
Südlicher Glatthai *74*
Südlicher Kaiserbarsch *149*
Süßlippen 21, *21*, *142*, 163, *163*
Süßwasseraale 30, 100
Symphysodon aequifasciatus 174, *174*
Synanceia 56, *56*
- *S. verrucosa* 155, *155*

Synchiropus
- *S. picturatus* *183*
- *S. splendidus* 26, *26*, 183, *183*

Syngnathus acus *151*
Synodontis
- *S. angelicus* *124*
- *S. nigriventris* *124*

Synodus variegatus 135, *135*
Systematik 20-21

T

Taeniura lymma 69, *69*, 87, *87*
Takifugu vermicularis 198, *198*
Tandanus tandanus 124, *124*
Tanichthys albonubes 111, *111*
Tarnung 24, *54-55*, 55, 56
Tarpon 100, *100*
Tausenddollarfisch 99, *99*
Teiche und Seen 33, *33*
Teleostei 20, 105-6
Teleskopefische 135, *135*
Tenualosa thibaudeaui 106
Teppichhai 76-77, *76-77*
Terranatos dolichopterus 147, *147*
Tetraodon
- *T. biocellatus* *198*
- *T. mbu* 199, *199*
- *T. miurus* *198*

Tetrapoden 90
Teufelskärpfling 58
Texas-Buntbarsch *174*
Thalassoma
- *T. bifasciatum* 168
- *T. lunare* 179, *179*
- *T. pavo* *179*

Thaleichthys pacificus *128*
Thayeria boehlkei *119*
Thunfische 46
- kommerzieller Fang 62
- Roter Thun 91, *91*, *188*
- Schwarzflossen-Thun *188*
- Weißer Thun 187, *187*

Thunnus
- *T. alalunga* 187, *187*
- *T. atlanticus* *188*
- *T. thynnus* 91, *91*, *188*

Thymallus
- *T. arcticus* *132*
- *T. thymallus* 132, *132*

Tiefsee-Aal 50, *51*
Tiefsee-Asseln 50, *51*
Tiefsee-Elritze *134*
Tiefseefische 48-50, *50-51*, 134
Tiefsee-Rochen 50, *50*
Tiefsee-Tintenfische 50, *51*
Tigerbarsch *163*
Tigerhai 71, *73*, *74*, 83, *83*
Tigerfische 119, *119*, *163*
Tigersalmler 117, *117*
Tigerspatelwels *125*
Tinca tinca *110*
Tintenfische 50, *51*
- Tiefsee-Tintenfische 50, *51*

Tor putitoria 110, *110*
Totoaba macdonaldi 60
Toxine 196, 199
Toxotes jaculatrix, 167, *167*
Trachinocephalus myops *135*
Trachinotus ovatus *162*
Trachinus draco *181*
Trachipterus trachypterus 137, *137*
Trachurus trachurus *162*
Transparenz 55, *55*
Traumkaiserfisch 170, *170*
Trichiurus lepturus 186, *186*
Trichogaster
- *T. chuna* *190*
- *T. leerii* *190*
- *T. trichopterus* *190*

Triodon macropterus *195*
Trisopterus luscus *141*
Trompetenfische 151, *151*
Tropheus moorii *175*
Tropische Regionen 38, *38*, 42
Tüpfelhechtling 147, *147*
Tüpfel-Kaninchenfisch *184*
Twee-Rotflosser 109

U

Überfischung 59
Umberfische 142, 166, *166*
Umbra krameri 127, *127*
Umbrina cirrosa *166*
Umweltveränderungen 60
Umweltverschmutzung 59, *60*, 62
Uranoscopidae *181*
Uranoscopus scaber 181, *181*
Urobatis halleri *87*
Urophycis chuss *140*

V

Valencia hispanica 148, *148*
Valenciakärpfling 148, *148*
Valenciennea puellaris 47, *47*
Variola louti 160, *160*
Verhalten 22-29
Vieja synspila *174*
Vierauge 148, *148*
Vierbinden-Preußenfisch *176*
Viperfische 50, *51*
- *Chauliodus macouni* *134*

Vogel-Lippfisch 178, *178*

W

Wahoo *187*
Wale 50
Waldrodungen 59
Walfische 149, *149*
- *Barbourisia rufa* 149, *149*
- Glattfisch *149*
- Walfisch *149*

Walhai 68, *68*, 71, *71*, *76-7*, 77
wandernde Körperteile 192-193, *192-193*
Wanderungen 52, *52-53*, 69, 75, 91, 126, 130-131
Weberscher Apparat 108
Weißer Hai 46, 80, *80-81*
Weißer Thun 187, *187*
Weißgepunkteter Grünling *157*
Weißkehl-Doktorfisch *185*
Weißlachs 133, *133*
Weißpunkt-Ferlenfisch 194, *194*
Weißstirn-Messerfisch 125, *125*
Welse 20, 31, 57, 108, *108*, 114, *114*
- Afrikanischer Stachelwels 121, *121*
- Angola-Wels 30, *123*
- Australischer Tauwels 124, *124*
- Blauer Katzenwels 121, *121*
- Doppelfleck-Glaswels *123*
- Elektrischer Wels 124, *124*
- Europäischer Wels (Waller) 123, *123*
- Fettkopf-Aalwels *123*
- Getüpfelter Gabelwels 121, *121*
- Haiwels *123*
- Hexenwels *125*
- Indischer Glaswels 123, *123*
- Kleiner Korallenwels 124, *124*
- Liniendornwels *125*
- Rückenschwimmender Kongowels *124*
- Seewels *124*
- Tigerspatelwels *125*
- Westamerikanischer Kreuzwels *124*
- Zwergwelse 114, *114*, 121, *121*

Weißer Hai 76, *76*, *78*, 82-3, *82*
Weißer Stör 95, *95*
Wimpelkarpfen 112, *112*
Wimpelpiranha 120, *120*
wissenschaftliche Namen 21
Wolfssalmler 119, *119*

X

Xanthichthys auromarginatus *194*
Xenomystus nigri 98, *98*
Xiphias gladius 188, *188*

Z

Zackenbarsche 45, 59, *59*, 142
- Gelbflossen-Zackenbarsch *160*
- Judenfisch 159, *159*
- Nassau-Zackenbarsch 159, *159*
- Roter Zackenbarsch *159*

Zanclus cornutus 184, *184*
Zander *161*
Zähne 68, 83, *83*, 108, *108*, 127, *127*
Zebrabärbling 110, *110*
Zebra-Hai 52, *52*, *71*
Zebra-Lyra-Kaiserfisch 107, *107*
Zebra-Seezunge *191*
Zebrasoma flavescens 185, *185*
Zebra-Zwergkaiserfisch *170*
Zebrias zebra *191*
Zeus faber 150, *150*
Ziersalmler *118*
Zitteraal 108, 125, *125*
Zitterrochen 84, 85, *85*
Zoarces vivparus 181, *181*
Zooplankton 23, *23*, 46, 50, 90
Zweibinden-Brasse 164, *164*
Zweifarben-Schleimfisch *182*
Zweifarben-Zwergkaiserfisch *170*
Zweifarbiger Bratpfannenwels *125*
Zwergdrachenflosser 120, *120*
Zwerghai 77, *77*
Zwerghundsfisch *127*
Zwitter 45, 107, 134

BILDNACHWEIS

o=oben; l=links; r=rechts; ol=oben links; oml=oben Mitte links; om=oben Mitte; omr=oben Mitte rechts; or=oben rechts; ml=Mitte links; m=Mitte; mr=Mitte rechts; u=unten; ul=unten links; uml=unten Mitte links; um=unten Mitte; umr=unten Mitte rechts; ur=unten rechts

AFP = Agence France-Presse; APL = Australian Picture Library; APL/CBT = Australian Picture Library/Corbis; APL/MP = Australian Picture Library/Minden Pictures; AUS = Auscape International; GI = Getty Images; IFR = Ifremer; IQ3D = imagequestmarine.com; N_EO = NASA/Earth Observatory; N_ES = NASA/Earth from Space; N_V = NASA/Visible Earth; NHPA = Natural History Photographic Agency; NPL=Nature Picture Library; PL = photolibrary.com; SP=Seapics.com; TSA = Tom Stack & Associates.

FOTOGRAFIEN

Umschlag ol, om, m GI; or Corel Corp.
1m GI; **2**m GI; **4**m GI; **6**ml GI; **8**ml APL/CBT; **12**m GI; **14**uml GI; mr PL; **16**u TSA; **18**ul APL/CBT; ur PL; **19**u PL; **21**u, or GI; **22**ur PL; or GI; **23**ol GI; or NHPA; **24**u GI; **25**u GI; or AUS; **26**ml APL/MP; ol AUS/Clive Bromhall; **27**m GI; **28**u, or APL/MP; **29**ur NHPA; or APL/CBT; **30**u PL; or GI; **31**r NHPA; **32**ul PL; ur AUS; ol GI; **33**u APL/MP; or APL/CBT; **34**m N_EO/Goddard Space Flight Center; **35**ur GI; **36**ml N_V; mr N_EO; **37**or NHPA; **38**ur APL/CBT; **39**o PL; om APL/CBT; **40**u APL/MP; ol PL; **41**ur N_ES; or APL/CBT; **42**ur APL/CBT; o GI; **43**m APL/CBT; **44**m PL; **45**u PL; **46**u PL; om NHPA; **47**ur APL/CBT; o PL; **48**u PL; **49**u, or APL/CBT; **52**u APL/MP; **53**m GI; **54**m PL; **55**u PL; m Digital Stock; o Corel Corp.; **56**ul, ol GI; **57**u APL/MP; **58**u PL; **59**ul, ur APL/MP; or PL; **60**t GI; **61**u PL; or APL/CBT; **62**ur AFP; or APL/CBT; **63**u APL/CBT; or PL; **64**m GI; **66**u NPL/Reijo Juurinen/Naturbild; m AUS **68**ml PL; or APL/CBT; **69**or SP/Doug Perrine; m SP/Phillip Colla; **70**m AFP; ml PL; **72**om APL; **73**um GI; mr APL/CBT; or PL; **75**m APL/MP; ol PL; or APL/CBT; **81**mr GI; **82**ur APL/CBT; l, or PL; **83**um SP/Ben Cropp Productions; **84**um APL/CBT; ur PL; ml GI; **87**ur PL; **88**m APL/CBT; **90**um NHPA; ml AUS; **91**mr SP; ol AUS; or APL/CBT; **92**mr PL; **93**ur GI; **94**m AUS; ml PL; **96**ml APL/CBT; mr SP; **97**m Norbert Wu Productions; **98**c PL; ml naturalvisions.co.uk; **100**m PL; **103**m APL; **104**ol PL; or NPL; **105**ur APL/MP; m IQ3D/Masa Ushioda; **107**ol PL; **108**um, ur PL; ml APL/MP; **114**mr PL; l NHPA; **122**m PL; **126**ul APL/CBT; m SP/Mark Conlin; ml APL; **130**m GI; **134**ml AUS; **135**ur Foto mit einer ROV Victor 6000 von Ifremer, in einer Tiefe von 2500 m, copyright Ifremer/biozaire2–2001; ml Kevin Deacon; **136**ul John E. Randall; ml PL **137**m Carlos Ivan Garces del Cid & Gerardo Garcia; **138**m GI; **139**m PL; **142**ul PL; ml GI **144**u APL/CBT; mr Bruce Coleman Limited; **152**u, or PL; **153**l, r PL; **156**m GI; **168**ul APL/CBT; ur IQ3D/James D Watt; mr PL; or APL/MP; **169**m PL; **172**m APL/CBT; r GI; **177**m PL; **189**m APL/CBT; **192**u APL/CBT; or PL; **193**u NHPA; **196**ul APL/CBT; r GI.

ILLUSTRATIONEN

Alle Illustrationen © MagicGroup s.r.o. (Czech Republic) - www.magicgroup.cz; ausgenommen der folgenden Abbildungen:
Alistar Barnard 130m; **Peter Bull Art Studio** 23u, 34ul, 50r, 57or; **Martin Camm** 52m om, 69r, 78ul, 83ur; **Marjorie Crosby-Fairall** 75ul; **Kevin Deacon** 69ol; **Chris Forsey** 76m; **Ray Grinaway** 68u, 71bor ur, 72m; **Gino Hasler** 70ur, 72bl ur or, 73ul ur ol, 74ul, 80u, 83or; **Suzanne Keating/Weldon Owen** 104m; **David Kirshner** 14uml bl m ml oml, 17u m o, 18o, 20u m ml, 57ol, 67ur, 91u, 107or, 113ur, 193o, 195u; **Frank Knight** 19o; **Roger Swainston** 52o, 79ur, 84ul; **Guy Troughton** 104u; **Rod Westblade** 78ul; **Wildlife Art Ltd** 24or, 26u, 86ul, 89umr, 92ml, 102ul, 107u, 118ul, 123ur, 125ur, 127ur, 140ul, 141ur, 150ul, 157ur, 167ur, 174ul, 183ur, 199ur.

LANDKARTEN/WELTKARTEN

Alle Land- bzw. Weltkarten stammen von **Andrew Davies/Creative Communication** und **Brian Johnston.**

REGISTER

Sarah Plant/Puddingburn Editorial Services.

Die Herausgeber möchten Helen Flint und Kathryn Morgan für die Unterstützung bei den Vorbereitungen zur Zusammenstellung dieses Buches danken.

ABBILDUNGEN

Seite 1 Pazifische Doppelsattel-Falterfische leben in Paaren auf Korallenriffen oder in Schwärmen in der Umgebung der zentral- und westpazifischen Inseln.
Seite 2 Das Seepferdchen hält sich mit dem Schwanz als Anker an einer Riesenfächerkoralle fest.
Seite 4–5 Das dreieckige Silberflossenblatt hat gelbe Rücken- und Afterflossen.
Seite 6 Ein Schwarm Halsband-Falterfische schwimmt um ein Riff.
Seite 8 Ein Tarpon wandert in tiefere, salzige Küstengewässer.
Seite 12–13 Neunaugen heften sich mit ihren Saugmäulern an ihre Beutetiere und trinken deren Blut.
Seite 64–65 Ein Schwarm Atlantischer Lachse schwimmt zum Laichen flussaufwärts.